计算方法与实习

（第5版）

孙志忠　吴宏伟
袁慰平　闻震初　编著

东南大学出版社
·南京·

内容提要

全书分两篇。第1篇为计算方法，包括误差分析、方程求根、线性方程组数值解法、插值法、曲线拟合、数值积分与数值微分、常微分方程数值解法及矩阵的特征值及特征向量的计算等8章，各章末有应用实例、内容小结、复习思考题和习题；第2篇为计算实习，供学生自学，用于指导学生上机实习，与第1篇各章相应共有8个实习，每一实习均给出了该实习的目的与要求、算法概要、用C++语言和Matlab编写并调试通过的程序、实例及上机实习题和答案。

本书取材适当，思路清晰，富有启发性，便于教学，可作为高等工科院校非数学专业学生的教材，也可作同等程度的自学教材，或科技人员的参考书。

图书在版编目（CIP）数据

计算方法与实习／孙志忠等编著. —5版. —南京：东南大学出版社，2011.7（2021.12重印）

ISBN 978-7-5641-2895-1

Ⅰ.①计… Ⅱ.①孙… Ⅲ.①数值计算—计算方法—高等学校—教材 Ⅳ.① O241f

中国版本图书馆CIP数据核字（2011）第134662号

计算方法与实习(第5版)

出版发行 东南大学出版社
出 版 人 江建中
社　　址 南京市四牌楼2号
邮　　编 210096
经　　销 全国各地新华书店
印　　刷 南京京新印刷有限公司
开　　本 700mm×1000mm 1/16
印　　张 18.25
字　　数 358千字
版　　次 2011年7月第5版
印　　次 2021年12月第12次印刷
书　　号 ISBN 978-7-5641-2895-1
定　　价 33.80元

第 5 版修订说明

随着科学技术的发展，作为科学计算的基础——计算方法越来越显示出它的重要性。本书为高等工科院校非数学专业大学本科生教材，自1988 年出版以来，一直受到广大读者的关注和喜爱，并成为全国优秀的畅销书，这是对我们的鞭策和鼓励。编者根据广大读者的建议以及近年来在教学研究中的体会，对第 4 版的内容做了如下修改。

1. 在 1.2.5 节中增加了一元函数绝对误差和相对误差的分析。

2. 改写了第 3 章中的高斯消去法和矩阵的直接分解法，补充了矩阵严格对角占优和对称正定的定义。

3. 重写了 6.6 节重积分的计算。用复化梯形公式代替了原来的复化辛卜生公式，并分析了截断误差。

4. 调整和更新了部分例题和习题。

5. 在第 2 篇计算实习中重写了部分程序代码，更新了大部分数值算例。

本书全部习题解答可见由孙志忠编著的《计算方法与实习学习指导与习题解析》(第 2 版)。

书中疏漏及不妥之处，恳请读者给出指正，并祈求各位同行、读者的好建议。电子邮箱：zzsun@seu.edu.cn。

孙志忠　吴宏伟

2011 年 5 月

前　言

随着计算机的迅速发展和广泛应用，在众多的领域内，人们愈来愈认识到科学计算是科学研究的第3种方法，而当今理工科大学生则更应该具备这方面的知识与能力。“计算方法”是科学计算的一门主干课程，绝大多数理工科专业都已经开设了这门课程，并作为必修课程。计算数学是数学与计算机科学的交叉学科，它兼有这两门学科的基本特征，即既有数学的抽象性与严密性，又有计算机科学的实践性与技术性。基于以上认识，我们认为“计算方法”课程不但要讲授常用的计算方法，也要注重使学生能将所学内容在计算机上具体实现。在教材中，我们专门安排了计算实习的有关内容。

本书分两篇，第1篇为计算方法，用于课堂讲授，其中第2章、第4章至第7章均有应用实例一节，使学生知道计算方法在实际问题中的应用，这些内容可由学生自学；第2篇为计算实习，用于学生上机演算，应与第1篇平行使用。

1988年出了本书第1版，而当时计算方法与计算实习两者紧密结合的教材还不多见，故出版后深受同行的关注与支持。在吸取了广大读者的宝贵意见并结合自身在教学实践中的经验与体会，我们做了多次修改，不断完善，使之形成今天的第4版。第4版着重对第2篇计算实习作了修改，一是将原来的C语言程序改为C++程序；二是增加了Matlab语言编写的程序；三是给出了部分实习题答案。

学有余力的同学课外可同步阅读参考文献[1]。

本书第1版和第2版由袁慰平、张令敏、黄新芹、闻震初编写，从第3版开始由孙志忠、吴宏伟、袁慰平、闻震初编写。我们在编写中力求准确、精炼，但限于水平，可能还会有疏漏和不妥之处，恳请读者批评指正。

本书在编写过程中得到了东南大学教务处、数学系及东南大学出版社等领导和计算数学教研室的老师们的关心和支持，在此一并表示感谢。

编　者

2005年4月

目　　录

第1篇　计算方法

第 2 篇　计算实习

第1篇　计 算 方 法

1　绪论

1.1　计算方法的对象与特点

计算方法是研究数学问题的数值解及其理论的一个数学分支，它涉及面很广，如代数、微积分、微分方程等都有数值解的问题。自电子计算机成为数值计算的主要工具以来，计算方法主要研究适合于在计算机上使用的数值计算方法及与此相关的理论，包括方法的收敛性、稳定性以及误差分析，还要根据计算机的特点研究计算时间最短、需要计算机内存最少的计算方法。某些在理论上虽然不够严格，但通过实际计算、对比分析等手段，被证明是行之有效的方法也可采用。因此计算方法除具有数学的抽象性与严格性外，还具有应用的广泛性与实际试验的技术性等，是一门与计算机密切结合的实用性很强的课程。

1.2　误差的来源及误差的基本概念

1.2.1　误差的来源

一个物理量的真实值和我们算出的值往往不相等，其差称为误差。引起误差的原因是多方面的。

(1) 将实际问题转化为数学问题，即建立数学模型时，对被描述的实际问题进行了抽象和简化，忽略了一些次要因素，这样建立的数学模型虽然具有“精确”、“完美”的外衣，其实只是客观现象的一种近似。这种数学模型与实际问题之间出现的误差称为**模型误差**。

(2) 在给出的数学模型中往往涉及一些根据观测得到的物理量，如电压、电流、温度、长度等，而观测不可避免会带有误差，这种误差称为**观测误差**。

(3) 在计算中常常遇到只有通过无限过程才能得到的结果，但实际计算时，只能用有限过程来计算(如无穷级数求和，只能取前面有限项求和来近似代替)，于是产生了有限过程代替无限过程的误差，称为**截断误差**。这是计算方法本身出现的误差，所以也称为方法误差，这种误差是本课程中需要特别重视的。

(4) 在计算中遇到的数据可能位数很多，也可能是无穷小数，如$\sqrt{2}$，1/3，…，但计算时只能对有限位数进行运算，因而往往进行四舍五入，这样产生的误差称为**舍入误差**。少量舍入误差是微不足道的，但在电子计算机上完成了千百万次运算后，舍入误差的积累有时可能是十分惊人的。

由以上误差来源的分析可以看到：误差是不可避免的，要求绝对准确、绝对严格实际上是办不到的。既然描述问题的方法都是近似的，那么要求解的绝对准确也就没有意义了。因此在计算方法里讨论的都是近似解，那种认为近似解是不可靠的、不准确的看法是错误的，应该认为求近似解是正常的，问题是怎样尽量设法减少误差，提高精度。在上述四种误差来源的分析中，前两种误差是客观存在的，后两种是由计算方法及计算过程所引起的。本课程是研究数学问题的数值解法，因此只涉及后两种误差。

1.2.2　绝对误差与绝对误差限

定义 1.1　设x^*为准确值，x是x^*的一个近似值，称$e=x^*-x$为近似值x的**绝对误差**，简称**误差**。

这样定义的误差e可正可负，所以绝对误差不是误差绝对值。通常我们不能算出准确值x^*，也不能算出误差e的准确值，因为这个值虽然客观存在，但实际计算中是得不到的，得到的只能是误差的某个范围，即根据测量工具或计算情况估计出误差的绝对值不超过某正数ε，即

$$|e|=|x^*-x|\leqslant\varepsilon$$

称ε为近似值x的**绝对误差限**，简称**误差限**，有时也可以表示成$x^*=x\pm\varepsilon$。

例如，用毫米刻度的直尺测量一长度为x^*的物体，测得其长度的近似值为$x=123$ mm，由于直尺以毫米为刻度，所以其误差不超过0.5 mm，即

$$|x^*-123|\leqslant 0.5$$

从这个不等式我们不能得出准确值x^*，但却知道x^*的范围，即

$$122.5\leqslant x^*\leqslant 123.5$$

对于给定的正数ε，若近似值x满足

$$|x^*-x|\leqslant\varepsilon$$

则在允许误差ε范围内认为x就是x^*，也即近似值x和真值x^*关于允许误差ε可以看成是“重合”的，或者说值x关于允许误差ε是“准确”的。

1.2.3　相对误差与相对误差限

误差限的大小还不能完全表示出近似值的好坏。例如，测得光速的近似值为$x=299\ 796$ km/s，误差限为4 km/s，约为光速本身的十万分之一，显然测量是非

常准确的;又如测量运动员的跑速,误差限是 0.01 km/s,即 10 m/s,该值接近运动员的真正跑速,显然这是十分粗糙的测量。为了较好地反映近似值的精确程度,必须考虑误差与真值的比值,即相对误差。

定义 1.2 设 x^* 为准确值,x 是 x^* 的一个近似值,则称 $(x^*-x)/x^*=e/x^*$ 为近似值 x 的**相对误差**,记作 e_r。

在实际计算中,通常真值 x^* 总是难以求得的。人们常以

$$\bar{e}_r=\frac{x^*-x}{x}$$

作为相对误差。事实上,有

$$\bar{e}_r-e_r=\frac{\bar{e}_r^2}{1+\bar{e}_r}=\frac{e_r^2}{1-e_r}$$

因而当 $\bar{e}_r$ 和 e_r 有一为小量时,$\bar{e}_r-e_r$ 是该小量的二阶小量。

计算相对误差与计算绝对误差具有相同的困难,因此通常也只能考虑相对误差限,即如果有正数 ε_r,使

$$|e_r|\leqslant\varepsilon_r \quad 或 \quad |\bar{e}_r|\leqslant\varepsilon_r$$

则称 ε_r 为 x 的**相对误差限**。

1.2.4 有效数字

在工程上对于测量得到的数经常表示成 $x\pm\varepsilon$,它虽然表示了近似值 x 的准确程度,但用这个量进行数值计算太麻烦,因此希望所写出的数本身就能表示它的准确程度,于是需要引进有效数字的概念。另外,当准确值 x^* 有很多位数时,常常按四舍五入原则得到 x^* 的前几位近似值 x。例如:

$$x^*=\sqrt{3}=1.732\,050\,808\cdots$$

取 3 位,$x_1=1.73$,$\varepsilon_1<0.005$;取 5 位,$x_2=1.732\,1$,$\varepsilon_2<0.000\,05$。它们的误差都不超过末位的半个单位,即

$$|\sqrt{3}-1.73|<\frac{1}{2}\times10^{-2}, \quad |\sqrt{3}-1.732\,1|<\frac{1}{2}\times10^{-4}$$

定义 1.3 如果近似值 x 的误差限是其某一位上的半个单位,且该位直到 x 的第 1 位非零数字一共有 n 位,则称近似值 x 有 n 位**有效数字**(见图 1-2-1)。

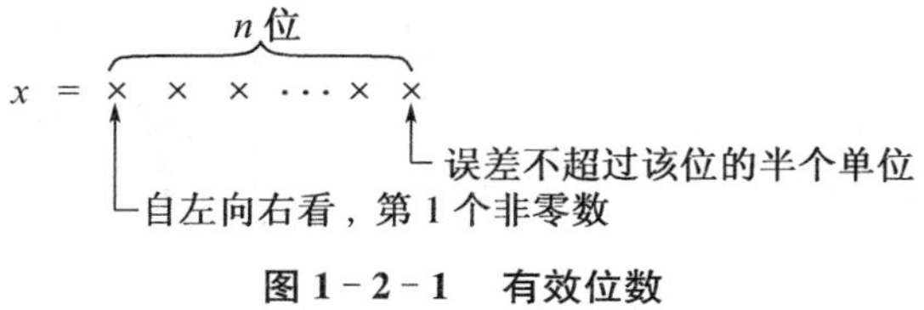

图 1-2-1 有效位数

如$\sqrt{3}$的近似值取$x_1=1.73$，则x_1有3位有效数字；取$x_2=1.7321$，则x_2有5位有效数字；若取$x_3=1.7320$，则x_3只有4位有效数字，因为它的误差限已超过$\frac{1}{2}\times 10^{-4}$。

在讲了有效数字之后，我们规定今后所写出的数都应该是有效数字，如$\sqrt{3}$的近似值根据所需要的不同位数的有效数字应是1.73或1.732或1.7321，而不能是1.7320。同时，在同一问题中，参加运算的数都应尽可能有相同位数的有效数字。

例1.1 对下列各数写出具有5位有效数字的近似值：

$$236.478,\quad 0.00234711,\quad 9.000024,\quad 9.000034\times 10^3$$

按定义，上述各数具有5位有效数字的近似值分别是

$$236.48,\quad 0.0023471,\quad 9.0000,\quad 9.0000\times 10^3$$

注意$x^*=9.000024$的5位有效数字近似值是9.0000，而不是9，因为9只有1位有效数字。

例1.2 指出下列各数有几位有效数字：

$$2.0004,\quad -0.00200,\quad -9000,\quad 9\times 10^3,\quad 2\times 10^{-3}$$

按定义，上述各数的有效位数分别是5,3,4,1,1。

1.2.5 数据误差的影响

数值运算中由于所给数据的误差必然引起函数值的误差，这种数据误差的影响较为复杂，一般采用泰勒级数展开的方法来估计。

对于一元函数$y=f(x)$，设x是近似值，则由此得到的y也只能是近似值。我们来研究y的绝对误差和相对误差。设x^*是准确值，相应的函数y的准确值$y^*=f(x^*)$，则函数值y的绝对误差为

$$e(y)=y^*-y=f(x^*)-f(x)$$

将$f(x^*)$在x处作Taylor展开，并取一阶Taylor多项式，得$e(y)$的近似表达式

$$e(y)\approx f'(x)(x^*-x)=f'(x)e(x)$$

式中$e(x)=x^*-x$；函数y的相对误差

$$e_{\mathrm{r}}(y)=\frac{e(y)}{y}\approx\frac{f'(x)e(x)}{y}=\frac{xf'(x)}{f(x)}e_{\mathrm{r}}(x)$$

对于二元函数$y=f(x_1,x_2)$，设给定值（即数据）x_1,x_2是近似值，则由此计算得到的y也只能是近似值，现在来研究y的绝对误差与相对误差。

设x_1^*,x_2^*为准确值，其函数准确值为$y^*=f(x_1^*,x_2^*)$，于是函数值y的绝对误差是

$$e(y)=y^*-y=f(x_1^*,x_2^*)-f(x_1,x_2)$$

将$f(x_1^*,x_2^*)$在(x_1,x_2)处作泰勒展开，并取一阶泰勒多项式，则得$e(y)$的近似表

示式为

$$e(y)=y^*-y\approx\frac{\partial f(x_1,x_2)}{\partial x_1}(x_1^*-x_1)+\frac{\partial f(x_1,x_2)}{\partial x_2}(x_2^*-x_2)$$
$$=\frac{\partial f(x_1,x_2)}{\partial x_1}e(x_1)+\frac{\partial f(x_1,x_2)}{\partial x_2}e(x_2)\tag{2.1}$$

式中，$e(x_1)=x_1^*-x_1$；$e(x_2)=x_2^*-x_2$。

式(2.1)的左端实际上就是函数 $y=f(x_1,x_2)$ 在(x_1,x_2)处分别有增量 $\Delta x_1=x_1^*-x_1=e(x_1)$，$\Delta x_2=x_2^*-x_2=e(x_2)$时，函数的全增量 Δy，因此 $e(y)$ 的近似表达式实质上就是 y 的全微分 $\mathrm{d}y$，即

$$e(y)=\Delta y\approx\mathrm{d}y=\frac{\partial f(x_1,x_2)}{\partial x_1}\mathrm{d}x_1+\frac{\partial f(x_1,x_2)}{\partial x_2}\mathrm{d}x_2$$

函数的相对误差

$$e_{\mathrm{r}}(y)=\frac{e(y)}{y}\approx\frac{\partial f(x_1,x_2)}{\partial x_1}\frac{x_1}{y}\frac{e_1}{x_1}+\frac{\partial f(x_1,x_2)}{\partial x_2}\frac{x_2}{y}\frac{e_2}{x_2}$$
$$=\frac{\partial f(x_1,x_2)}{\partial x_1}\frac{x_1}{y}e_{\mathrm{r}}(x_1)+\frac{\partial f(x_1,x_2)}{\partial x_2}\frac{x_2}{y}e_{\mathrm{r}}(x_2)\tag{2.2}$$

式中，$e_{\mathrm{r}}(x_1)$，$e_{\mathrm{r}}(x_2)$ 分别是 x_1，x_2 的相对误差。

利用函数值的误差估计式(2.1)和(2.2)，可以得到两数和、差、积、商的误差估计：

$$e(x_1+x_2)\approx e(x_1)+e(x_2)$$
$$e(x_1-x_2)\approx e(x_1)-e(x_2)$$
$$e(x_1x_2)\approx x_2e(x_1)+x_1e(x_2)$$
$$e\left(\frac{x_1}{x_2}\right)\approx\frac{1}{x_2}e(x_1)-\frac{x_1}{x_2^2}e(x_2)\quad(x_2\neq0)$$
$$e_{\mathrm{r}}(x_1+x_2)\approx\frac{x_1}{x_1+x_2}e_{\mathrm{r}}(x_1)+\frac{x_2}{x_1+x_2}e_{\mathrm{r}}(x_2)$$
$$e_{\mathrm{r}}(x_1-x_2)\approx\frac{x_1}{x_1-x_2}e_{\mathrm{r}}(x_1)-\frac{x_2}{x_1-x_2}e_{\mathrm{r}}(x_2)$$
$$e_{\mathrm{r}}(x_1x_2)\approx e_{\mathrm{r}}(x_1)+e_{\mathrm{r}}(x_2)$$
$$e_{\mathrm{r}}\left(\frac{x_1}{x_2}\right)\approx e_{\mathrm{r}}(x_1)-e_{\mathrm{r}}(x_2)\quad(x_2\neq0)$$

例 1.3　已测得某物体行程 s^* 的近似值 $s=800\ \mathrm{m}$，所需时间 t^* 的近似值 $t=35\ \mathrm{s}$。若已知 $|t^*-t|\leqslant0.05\ \mathrm{s}$，$|s^*-s|\leqslant0.5\ \mathrm{m}$，试求平均速度 v 的绝对误差限和相对误差限。

解　因为 $v=\frac{s}{t}$，由商的误差估计式有

$$e(v)=e\left(\frac{s}{t}\right)\approx\frac{1}{t}e(s)-\frac{s}{t^2}e(t),\quad e_{\mathrm{r}}(v)=e_{\mathrm{r}}\left(\frac{s}{t}\right)\approx e_{\mathrm{r}}(s)-e_{\mathrm{r}}(t)$$

得

$$
\begin{aligned}
|e(v)| &\approx \left|\frac{1}{t}e(s)-\frac{s}{t^2}e(t)\right| \\
&\leqslant \frac{1}{t}|e(s)|+\frac{s}{t^2}|e(t)| \\
&\leqslant \frac{1}{35}\times 0.5+\frac{800}{35^2}\times 0.05 \approx 0.0469 \leqslant 0.05
\end{aligned}
$$

$$
\begin{aligned}
|e_r(v)| &\approx |e_r(s)-e_r(t)| \\
&\leqslant |e_r(s)|+|e_r(t)| \\
&\leqslant \frac{0.5}{800}+\frac{0.05}{35} \approx 0.00205
\end{aligned}
$$

所以平均速度 v 的绝对误差限和相对误差限分别为 0.05 和 0.002 05。

应该指出，在由误差估计式得出绝对误差限和相对误差限的估计时，由于取了绝对值并用三角不等式放大，因此是按最坏情形得出的，所以由此得出的结果是很保守的。事实上，出现最坏情形的可能性是很小的。因此近年来出现了一系列关于误差的概率估计。一般说来为了保证运算结果的精确度，只要根据运算量的大小，比结果中所要求的有效数字的位数多取 1 位或 2 位进行计算就可以了。

1.3　机器数系

1.3.1　数的浮点表示

一个实数在科学计算中常常被表示成浮点形式。例如 456.789，－6.473，0.005 67，0.321 等被分别表示成 0.456789×10^3，-0.6473×10^1，0.567×10^{-2}，0.321×10^0，其中 0.456 789，－0.647 3，0.567，0.321 等称为浮点表示的**尾数部**，10^3，10^1，10^{-2}，10^0 等称为浮点表示的**定位部**，这种表示形式可以使得一个数的数量级一目了然，更重要的是它可以扩大计算机表示数的范围。

一个**基数**为 β 的 t 位数字的浮点表示形式为

$$x=(\pm 0.a_1a_2\cdots a_t)\beta^p \tag{3.1}$$

式中，$\beta\geqslant 2$ 是整数，通常取 $\beta=2,8,10,16$；每个 a_i 都是整数，且 $0\leqslant a_i\leqslant\beta-1$；$t$ 是计算机的**字长**；带有符号的整数 p 称为指数，也称为计算机的**阶码**，它有固定的**下限** L 和**上限** U，即 $L\leqslant p\leqslant U$。这里 L，U 和 t 是由该计算机的硬件所决定的某些常数。尾数部

$$s=\pm 0.a_1a_2\cdots a_t=\pm\left(\frac{a_1}{\beta}+\frac{a_2}{\beta^2}+\cdots+\frac{a_t}{\beta^t}\right) \tag{3.2}$$

而

$$x = s \times \beta^{p} \tag{3.3}$$

若规定 $a_1 \neq 0$，则 $\beta^{-1} \leqslant |s| < 1$，此时 x 称为**规格化浮点数**。今后除特别指出外，都认为浮点数是规格化表示的。

1.3.2 机器数系

上述数的浮点表示，几乎是当今所有计算机都采用的表示法。把计算机中浮点数所组成的集合加上“机器零”记为 F，则 F 被以下 4 个参数所描述：基数 β、字长 t、阶码范围 $[L, U]$。我们称这个集合 F 为**机器数系**，需要指出的是机器数系 F 是一个离散的分布不均匀的有限集。

例如，设有一个二进制的 2 位字长的计算机，即 $\beta = 2, t = 2$，其指数 $p \in [-1, 1]$，则它所能表示的数只有如下几个：

当 $p = -1$ 时，有 $\pm(0.10 \times 2^{-1})_2 = \pm(0.25)_{10}$，$\pm(0.11 \times 2^{-1})_2 = \pm(0.375)_{10}$；

当 $p = 0$ 时，有 $\pm(0.10 \times 2^{0})_2 = \pm(0.5)_{10}$，$\pm(0.11 \times 2^{0})_2 = \pm(0.75)_{10}$；

当 $p = 1$ 时，有 $\pm(0.10 \times 2^{1})_2 = \pm(1)_{10}$，$\pm(0.11 \times 2^{1})_2 = \pm(1.5)_{10}$。

加上机器零，共 13 个数，它们在数轴上的表示见图 1-3-1。

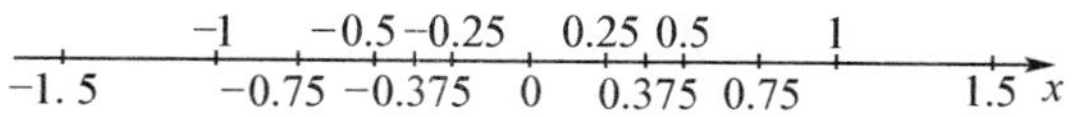

图 1-3-1 机器数的表示

不难证明集合 F 仅含有

$$1 + 2(\beta - 1)\beta^{t-1}(U - L + 1) \tag{3.4}$$

个数，而且这些数不是等间隔地分布在数轴上。

当 $\beta = 10, t = 4, -L = U = 99$ 时，此计算机的机器数系 F 仅含有 3 582 001 个数，-0.1000×10^{-99} 和 0.1000×10^{-99} 是该数系 F 中绝对值最小的非零数，而 -0.9999×10^{99} 和 0.9999×10^{99} 分别是此数系 F 中的最小数和最大数，若计算的中间结果超出了上述范围，则称为**溢出**。

由于机器数系有上述特性，因此一个实数 x 进入计算机后，成为计算机里的数，称它为 x 的机器数，用 $\mathrm{fl}(x)$ 表示。一般讲 $\mathrm{fl}(x)$ 只是 x 的一个近似值。例如，对于数 $x = 0.6$，在上述二进制 2 位字长计算机的机器数系 F 里找不到这个数，通常取与 x 最靠近的数 0.5 作为 x 的近似值，即它的机器数 $\mathrm{fl}(0.6) = (0.10 \times 2^{0})_2$。

目前的计算机分截断机和舍入机两种。对于截断机，$\mathrm{fl}(x)$ 取 x 的前 t 位数字；对于舍入机，$\mathrm{fl}(x)$ 按四舍五入原则取 x 的前 t 位数字。

例 1.4　假设具有十进制、3位字长、$-L=U=5$的两台计算机，其中一台是截断机，另一台是舍入机，则它们对下述实数的规格化浮点数如表1-3-1所示。

表 1-3-1　实数的浮点表示

实　　数	截断机浮点数	舍入机浮点数
1278	0.127×10^4	0.128×10^4
$-43\frac{1}{3}$	-0.433×10^2	-0.433×10^2
0.005 669	0.566×10^{-2}	0.567×10^{-2}
123 456	溢出	溢出

这两台计算机能表示的最大数和最小数分别是0.999×10^5，-0.999×10^5，而数123 456超出了它所能表示的范围，故溢出。

1.3.3　机器数的相对误差限

设$x=(\pm0.b_1b_2\cdots b_tb_{t+1}\cdots)\beta^p$，$b_1\neq0$。对于舍入机，当$|b_{t+1}|\geqslant\frac{\beta}{2}$时，$\mathrm{fl}(x)=(\pm0.b_1b_2\cdots\overline{b_t+1})\beta^p$；当$|b_{t+1}|<\frac{\beta}{2}$时，$\mathrm{fl}(x)=(\pm0.b_1b_2\cdots b_t)\beta^p$。无论哪种情形均有$|x-\mathrm{fl}(x)|\leqslant\frac{1}{2}\beta^{-t}\beta^p$。因而

$$\left|\frac{x-\mathrm{fl}(x)}{x}\right|\leqslant\frac{\frac{1}{2}\beta^{-t}\beta^p}{\beta^{-1}\beta^p}=\frac{1}{2}\beta^{1-t}$$

对于截断机，$|x-\mathrm{fl}(x)|\leqslant\beta^{-t}\beta^p$，因而$\left|\frac{x-\mathrm{fl}(x)}{x}\right|\leqslant\beta^{1-t}$。

综上所述，我们有如下结论：在浮点数范围内，每个非零数x，其机器数$\mathrm{fl}(x)$的相对误差限为

$$\frac{|x-\mathrm{fl}(x)|}{|x|}\leqslant\begin{cases}\frac{1}{2}\beta^{1-t}, & \text{舍入机；}\\ \beta^{1-t}, & \text{截断机}\end{cases}\tag{3.5}$$

所以当使用的计算机确定后，相应的机器数的相对误差限也就确定了，此相对误差限通常称为计算机的精度。如通常用的8位字长的十进制计算机，其机器数的相对误差限为

$$\begin{cases}\frac{1}{2}\times10^{1-8}=\frac{1}{2}\times10^{-7}, & \text{舍入机；}\\ 10^{1-8}=10^{-7}, & \text{截断机}\end{cases}$$

1.4 误差危害的防止

误差分析在数值运算中是一个重要而又复杂的问题，因为每步运算都有可能产生误差，而一个工程或科学计算问题往往要算千万次，如果每步运算都分析误差，这是不可能的，也是不必要的。这里提出的若干原则，就是为了鉴别计算结果的可靠性和防止误差危害现象的产生。

1.4.1 使用数值稳定的计算公式

什么是数值稳定的计算公式呢?我们先来研究一个例子。

例 1.5 建立积分

$$I_n = \int_0^1 \frac{x^n}{x+10}\mathrm{d}x \quad (n = 0,1,\cdots,20)$$

的递推关系式，并研究它的误差传递。

解 由

$$\begin{aligned} I_n &= \int_0^1 \frac{x^n + 10x^{n-1} - 10x^{n-1}}{x+10}\mathrm{d}x \\ &= \int_0^1 \left(x^{n-1} - 10\frac{x^{n-1}}{x+10}\right)\mathrm{d}x = \frac{1}{n} - 10I_{n-1} \quad (n = 1,2,\cdots,20) \end{aligned}$$

和

$$I_0 = \int_0^1 \frac{\mathrm{d}x}{x+10} = \ln 1.1$$

可建立下列递推公式

$$\begin{cases} I_n = -10I_{n-1} + \dfrac{1}{n} \quad (n = 1,2,\cdots,20); \\ I_0 = \ln 1.1 \end{cases} \tag{4.1}$$

计算出 I_0 后，由递推关系式可逐次求出 $I_1, I_2, \cdots, I_{20}$ 的值。但在计算 I_0 时有舍入误差，设为 e_0，并设求得的 I_0 的近似值为 $\bar{I}_0$，即 $e_0 = I_0 - \bar{I}_0$。因而实际所得数值结果是按如下递推公式

$$\begin{cases} \bar{I}_n = -10\bar{I}_{n-1} + \dfrac{1}{n} \quad (n = 1,2,\cdots,20); \\ \bar{I}_0 = I_0 - e_0 \end{cases} \tag{4.2}$$

计算得来的。因此在使用递推公式中，实际算得的都是近似值 $\bar{I}_n (n = 1,2,\cdots,20)$。现在来研究误差 e_0 是怎么传递的。

将式(4.1)和式(4.2)相减得

$$I_n - \bar{I}_n = (-10)(I_{n-1} - \bar{I}_{n-1}) \quad (n = 1,2,\cdots,20)$$

递推得到

$$I_n-\bar{I}_n=(-10)^n e_0 \quad (n=1,2,\cdots,20)$$

由此看出误差 e_0 对第 n 步的影响是扩大 10^n 倍。当 n 较大时，误差将淹没真值。因此用 $\bar{I}_n$ 近似 I_n 显然是不正确的，这种递推公式不宜采用。但是，我们若由

$$I_n=-10I_{n-1}+\frac{1}{n}$$

解出

$$I_{n-1}=-\frac{1}{10}I_n+\frac{1}{10n} \tag{4.3}$$

如能先求出 I_{20}，则由递推式(4.3) 亦可依次算出 $I_{19},I_{18},\cdots,I_1,I_0$。

由

$$I_n=\int_0^1\frac{x^n}{x+10}\mathrm{d}x$$

使用第二积分中值定理*有

$$I_n=\frac{1}{\xi+10}\int_0^1 x^n\mathrm{d}x=\frac{1}{\xi+10}\cdot\frac{1}{n+1} \quad (0<\xi<1)$$

所以

$$\frac{1}{11(n+1)}<I_n<\frac{1}{10(n+1)}$$

于是

$$\frac{1}{11\times 21}<I_{20}<\frac{1}{10\times 21}$$

粗略地取

$$I_{20}\approx\frac{\dfrac{1}{11\times 21}+\dfrac{1}{10\times 21}}{2}\approx 0.004\ 545\ 454\ 5$$

由此得到计算 I_n 的另一递推公式

$$\begin{cases}\bar{I}_{n-1}=-\dfrac{1}{10}\bar{I}_n+\dfrac{1}{10n} \quad (n=20,19,\cdots,1);\\ \bar{I}_{20}=0.004\ 545\ 454\ 5\end{cases} \tag{4.4}$$

用上述同样方法研究 I_{20} 的舍入误差 e_{20} 传递情况，可得

$$I_{n-1}-\bar{I}_{n-1}=\left(-\frac{1}{10}\right)(I_n-\bar{I}_n) \quad (n=20,19,\cdots,1)$$

递推可得

---

* 若函数 $\varphi(x)$ 在区间$[a,b]$上不变号且可积，$f(x)$ 连续，则存在 $\xi\in[a,b]$，使得

$$\int_a^b f(x)\varphi(x)\mathrm{d}x=f(\xi)\int_a^b\varphi(x)\mathrm{d}x$$

$$I_0 - \bar{I}_0 = -\frac{1}{10}(I_1 - \bar{I}_1) = \cdots = \left(-\frac{1}{10}\right)^n (I_n - \bar{I}_n)$$

所以

$$e_0 = \left(-\frac{1}{10}\right)^{20} e_{20}$$

因此误差的传递是逐步缩小的。由

$$|e_{20}| = |I_{20} - \bar{I}_{20}| \leqslant \frac{1}{2} \times \left(\frac{1}{10 \times 21} - \frac{1}{11 \times 21}\right) = \frac{1}{4\,620}$$

知 $|e_0| \leqslant \frac{10^{-20}}{4\,620} \leqslant \frac{1}{2} \times 10^{-23}$。这说明递推公式(4.4)使误差 e_{20} 缩小的效果是显著的，因此应采用递推公式(4.4)而放弃递推公式(4.2)。

我们把计算过程中舍入误差对计算结果影响不大的算法称为**数值稳定**的算法，影响严重的算法称为数值不稳定的算法。如果第 $(n+1)$ 步的误差 e_{n+1} 与第 n 步的误差 e_n 满足

$$\left|\frac{e_{n+1}}{e_n}\right| \leqslant 1$$

则称此计算公式是**绝对稳定**的，否则称为不是绝对稳定的。

1.4.2　尽量避免两相近数相减

由两数差的相对误差关系式

$$e_r(x_1 - x_2) \approx \frac{x_1}{x_1 - x_2} e_{1r} - \frac{x_2}{x_1 - x_2} e_{2r}$$

可以看出：当 2 个相近的数 x_1 和 x_2 相减时，$\frac{x_1}{x_1 - x_2}$ 或 $\frac{x_2}{x_1 - x_2}$ 的绝对值很大。这时 $|e_r(x_1 - x_2)|$ 可能比 $|e_{1r}| + |e_{2r}|$ 大得多。因此，在实际计算中应当避免两相近数相减，否则会严重损失有效数字。

例 1.6　计算 $\sqrt{2\,001} - \sqrt{1\,999}$。

解　记 $x_1^* = \sqrt{2\,001}$，$x_2^* = \sqrt{1\,999}$，则它们的 6 位有效数字分别为 $x_1 = 44.732\,5$，$x_2 = 44.710\,2$。

第一种方法

$$x_1^* - x_2^* \approx x_1 - x_2 = 44.732\,5 - 44.710\,2 = 0.022\,3$$

第二种方法

$$x_1^* - x_2^* = \frac{2}{x_1^* + x_2^*} \approx \frac{2}{x_1 + x_2} = \frac{2}{44.732\,5 + 44.710\,2}$$
$$= 0.022\,360\,684\,5\cdots \approx 0.022\,360\,7$$

现在来分析上述两种方法的精度。由

$$|e(x_1-x_2)|\approx|e(x_1)-e(x_2)|\leqslant|e(x_1)|+|e(x_2)|$$
$$\leqslant\frac{1}{2}\times10^{-4}+\frac{1}{2}\times10^{-4}=10^{-4}<\frac{1}{2}\times10^{-3}$$

知，按第一种方法计算只能断定其结果至少具有2位有效数字。由

$$\left|e\left(\frac{2}{x_1+x_2}\right)\right|\approx\left|-\frac{2}{(x_1+x_2)^2}e(x_1+x_2)\right|$$
$$\approx\left|-\frac{2}{(x_1+x_2)^2}[e(x_1)+e(x_2)]\right|$$
$$\leqslant\frac{2}{(x_1+x_2)^2}[|e(x_1)|+|e(x_2)|]$$
$$\leqslant\frac{2}{(44.7325+44.7102)^2}\left(\frac{1}{2}\times10^{-4}+\frac{1}{2}\times10^{-4}\right)$$
$$\approx0.25\times10^{-7}<\frac{1}{2}\times10^{-7}$$

知，按第二种方法计算至少具有6位有效数字。

记 $y_1=x_1-x_2, y_2=\frac{2}{x_1+x_2}$，则

$$|e(y_1)|=|y^*-y_1|=|y_2-y_1+y^*-y_2|$$
$$\geqslant|y_2-y_1|-|y^*-y_2|\geqslant0.000\,607-\frac{1}{2}\times10^{-7}>0.000\,6$$

所以第一种算法确实只有2位有效数字。

1.4.3 尽量避免用绝对值很大的数作乘数

由

$$e(x_1x_2)\approx x_2e_1+x_1e_2$$

可知，当乘数 x_1 或 x_2 的绝对值很大时，$|e(x_1x_2)|$ 可能很大；又由

$$e\left(\frac{x_1}{x_2}\right)\approx\frac{1}{x_2}e_1-\frac{x_1}{x_2^2}e_2$$

可知，当 x_2 接近于0时，$\left|e\left(\frac{x_1}{x_2}\right)\right|$ 也可能很大。

这说明在实际计算中，应尽可能避免用绝对值很大的数来作乘数，或用接近于0的数作除数，否则会严重影响计算结果的精度，减少有效位数。

1.4.4 防止大数“吃掉”小数

在数值运算中参加运算的数有时数量级相差很大，而计算机位数有限，又要作对阶处理，如不注意运算次序，就可能出现大数“吃掉”小数的现象，影响结果的可靠性。

例 1.7 在一台 4 位十进制计算机上计算 $S = A + \delta$，其中 $A = 10\,000$，$\delta = 1$。

解 $\mathrm{fl}(A) = 0.100\,0 \times 10^5$，$\quad \mathrm{fl}(\delta) = 0.100\,0 \times 10^1$

$$\begin{aligned}\mathrm{fl}(S) &= \mathrm{fl}(A) + \mathrm{fl}(\delta) = 0.100\,0 \times 10^5 + 0.100\,0 \times 10^1 \\ &= 0.100\,0 \times 10^5 + 0.000\,0 \times 10^5 \\ &= (0.100\,0 + 0.000\,0) \times 10^5 \\ &= 0.100\,0 \times 10^5\end{aligned}$$

在计算机内作加法运算时，首先要对加数作对阶处理。由于 δ 与 A 相比是一个小量，加之计算机字长有限，δ 被作为机器零处理了，与 A 相加实际上是被 A“吃掉”了。因此应尽量避免这种现象发生。

对于多个数相加，应按绝对值从小到大的顺序依次相加。设 $S_N = \sum\limits_{j=2}^{N} \dfrac{1}{j^2 - 1}$，在 486 PC 机上计算 S_{10^3}，S_{10^4}，S_{10^5}。若按从小到大的顺序依次相加，计算结果均达到 8 位有效数字；若按从大到小的顺序相加，计算结果依次有 6 位、4 位及 3 位有效数字。

1.4.5 注意简化计算步骤，减少运算次数

同样一个计算问题，如果能减少运算次数，不但可以节省计算机的计算时间，而且还能减少舍入误差，这是数值计算必须遵守的原则，也是“计算方法”要研究的重要内容。

例 1.8 计算 x^{31} 的值。

若将 x 的值逐个相乘，那么要做 30 次乘法。注意到

$$x^{31} = x x^2 x^4 x^8 x^{16}$$

若令

$$x_2 = xx, \quad x_4 = x_2 x_2, \quad x_8 = x_4 x_4, \quad x_{16} = x_8 x_8$$

则

$$x^{31} = x x_2 x_4 x_8 x_{16}$$

只要作 8 次乘法运算就可以了。进一步，若按 $x^{31} = \dfrac{x_{16} \cdot x_{16}}{x}$ 进行计算，则只需作 6 次乘除法。

又如计算多项式

$$f(x) = a_0 x^n + a_1 x^{n-1} + \cdots + a_{n-1} x + a_n$$

的值。若直接计算 $a_i x^{n-i}$ 再逐项相加，一共需做

$$n + (n-1) + \cdots + 2 + 1 = \frac{n(n+1)}{2}$$

次乘法和 n 次加法。但若将前 n 项提出 x，则有

$$f(x) = (a_0 x^{n-1} + a_1 x^{n-2} + \cdots + a_{n-1}) x + a_n$$

于是括号内是$(n-1)$次多项式，对它再施行同样手续，又有

$$f(x)=[(a_0x^{n-2}+a_1x^{n-3}+\cdots+a_{n-2})x+a_{n-1}]x+a_n$$

对内层括号的$(n-2)$次多项式再施行上述同样手续，又得一个$(n-3)$次多项式，这样每作一步，最内层的多项式就降低一次，最终可将多项式表述成如下嵌套形式：

$$f(x)=\{\cdots[(a_0x+a_1)x+a_2]x+\cdots+a_{n-1}\}x+a_n$$

利用此式结构上的特点，从里往外一层层地计算。设

$$\begin{aligned}
b_0&=a_0\\
b_1&=b_0x+a_1\\
b_2&=b_1x+a_2\\
&\vdots\\
b_k&=b_{k-1}x+a_k\\
&\vdots\\
b_n&=b_{n-1}x+a_n=f(x)
\end{aligned}$$

得递推公式

$$\begin{cases}b_k=b_{k-1}x+a_k\quad(k=1,2,\cdots,n);\\ b_0=a_0\end{cases}$$

于是$f(x)=b_n$，此即秦九韶法*。按此法求$f(x)$只需做n次乘法和n次加法，工作量少，由于使用的是递推公式，极便于编制程序。

若采用计算器或手算也是极方便的。我们把$f(x)$按降幂排列的系数写在第1行，把欲求某点之值x_0及b_kx_0写在第2行，第3行为第1、第2两行相应值之和b_k，最后得到的b_n即为所求$f(x_0)$之值（如下所示）。

	a_0	a_1	a_2	$\cdots$	a_{n-1}	a_n
$x=x_0$		b_0x_0	b_1x_0	$\cdots$	$b_{n-2}x_0$	$b_{n-1}x_0$
	b_0	b_1	b_2	$\cdots$	b_{n-1}	$\boxed{b_n}=f(x_0)$

例1.9　求$f(x)=2+x-x^2+3x^4$在$x_0=2$的值。

解　由

	3	0	-1	1	2
$x=2$		6	12	22	46
	3	6	11	23	$\boxed{48}=f(2)$

* 秦九韶，宋代数学家，此法由他最早提出。国外称此法为Horner法，其实Horner比秦九韶晚了五六个世纪。

得

$$f(2)=48$$

小 结

本章介绍了计算方法和误差的基本概念。误差的分析及其危害的防止是数值计算中一个很基本且很重要的问题,应引起读者的充分注意。

实数是一个稠密的、连续的、不可数的无限集合,但机器数系却是一个离散的、分布不均匀的、可数的有限集合。因此要注意机器数系所能表示的数的区间,超出了这个区间就会产生溢出;实数运算符合结合律与分配律,但在计算机里,机器数的运算就不一定符合了。

用秦九韶法求多项式的值能减少运算次数,非常适合于计算机及手算,必须熟练掌握。

复 习 思 考 题

1. 计算方法的主要研究对象是什么?
2. 误差为什么是不可避免的?用什么标准来衡量近似值是准确的?
3. 什么叫绝对误差、相对误差和有效数字?
4. 机器数系的特征是什么?计算机的精度与字长有何关系?
5. 什么叫数值稳定的计算公式?
6. 数值运算中应注意些什么?
7. 在一台 4 位字长十进制的计算机上按所给顺序计算

$$A+\delta_1+\delta_2+\cdots+\delta_{1\,000}$$

会得到什么结果?是什么原因?其中 $A=12\,345$,$0.1\leqslant\delta_i\leqslant 0.9(1\leqslant i\leqslant 1\,000)$。

习 题 1

1. 指出下列各数有几位有效数字:

$$x_1=4.867\,5,\quad x_2=4.086\,75,\quad x_3=0.086\,75$$

$$x_4=96.473\,0,\quad x_5=96\times10^5,\quad x_6=0.000\,96$$

2. 将下列各数舍入至 5 位有效数字:

$$x_1=3.258\,94,\quad x_2=3.258\,96,\quad x_3=4.382\,000,\quad x_4=0.000\,789\,247$$

3. 若近似数 x 具有 n 位有效数字,且表示为

$$x=\pm(a_1+a_2\times10^{-1}+\cdots+a_n\times10^{-(n-1)})\times10^m\quad(a_1\neq0)$$

证明其相对误差限为

$$\varepsilon_r\leqslant\frac{1}{2a_1}\times10^{-(n-1)}$$

并指出近似数 $x_1 = 86.734$,$x_2 = 0.0489$ 的相对误差限分别是多少。

4. 求下列各近似数的误差限(其中 x_1,x_2,x_3 均为第 1 题所给的数):

(1) $x_1 + x_2 + x_3$;

(2) $x_1 x_2$;

(3) x_1 / x_2。

5. 证明

$$\bar{e}_r - e_r = \frac{\bar{e}_r^2}{1 + \bar{e}_r} = \frac{e_r^2}{1 - e_r}$$

6. 分别取 $x_1^* = \sqrt{2000}$ 和 $x_2^* = \sqrt{1999}$ 的具有 n 位有效数字的近似值为 x_1 和 x_2。

(1) 若要得到 $x_1^* x_2^*$ 的具有 7 位有效数字的近似值,则 n 的值至少应为多少?

(2) 若要得到 $x_1^* - x_2^*$ 的具有 7 位有效数字的近似值,则 n 的值至少应为多少?

7. 一台十进制、4 位字长、阶码 $p \in [-2,3]$ 的计算机,可以表示的机器数有多少个?给出它的最大数与最小数以及距原点最近的非零数,并求 $\mathrm{fl}(x)$ 的相对误差限。

8. 设 $y_0 = 28$,按递推公式

$$y_n = y_{n-1} - \frac{1}{100}\sqrt{783} \quad (n = 1,2,\cdots)$$

计算到 y_{100};若取 $\sqrt{783} \approx 27.982$(5 位有效数字),试问计算到 y_{100} 将有多大误差?

9. 设序列 $\{y_n\}$ 满足递推关系

$$\begin{cases} y_n = 5y_{n-1} - 2 \quad (n = 1,2,\cdots); \\ y_0 = \sqrt{3} \end{cases}$$

(1) 求出 y_n 的表达式。

(2) 取 $y_0 \approx 1.73$(3 位有效数字),则计算到 y_{100} 的绝对误差有多大?相对误差有多大?

10. 推导出求积分

$$I_n = \int_0^1 \frac{x^n}{10 + x^2}\mathrm{d}x \quad (n = 0,1,2,\cdots,10)$$

的递推公式,并分析这个计算过程是否稳定;若不稳定,试构造一个稳定的递推公式。

11. 设 $f(x) = 8x^5 - 0.4x^4 + 4x^3 - 9x + 1$,用秦九韶法求 $f(3)$。

2 方程求根

2.1 问题的提出

数学物理中的很多问题常常归结为解方程

$$f(x)=0 \tag{1.1}$$

如果有 x^* 使得 $f(x^*)=0$，则称 x^* 为方程(1.1)的**根**或函数 $f(x)$ 的**零点**，见图2-1-1。特别是，如果函数 $f(x)$ 能写成如下形式：

$$f(x)=(x-x^*)^m g(x)$$

且 $g(x^*)\neq 0, m\geqslant 1$，则称 x^* 为 $f(x)=0$ 的 m 重根，或为 $f(x)$ 的 m 重零点。一重根通常称为单根。如果 $f(x)$ 为超越函数，则称 $f(x)=0$ 为超越方程；如果 $f(x)$ 为 n 次多项式，则称 $f(x)=0$ 为 n 次代数方程。从理论上已证明，对于次数 $\geqslant 5$ 的代数方程，它的根不能用方程系数的解析式表示。而对于一般的超越方程，更没有求根的公式可套。在实际问题中，欲求方程的根时，不一定需要得到根的准确值，而只需要求得满足一定精度的近似根就可以了。因此这一章主要介绍各种求近似根的方法。

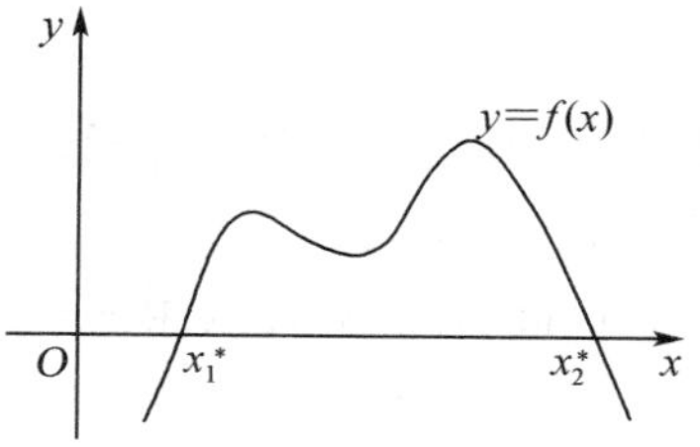

图2-1-1　方程的根与函数零点

方程的求根问题，一般分两步进行。

第1步：求根的**隔离区间**。确定根所在的区间，使方程在这个小区间内有且仅有一个根，这一过程称为根的隔离，所得小区间称为方程的根的隔离区间或**有根区间**。所求隔离区间越小越好。做好根的隔离工作，就可以获得方程各个根的近似值。

第2步：将根精确化。已知一个根的近似值后，再用一种方法把此近似值精确化，使其满足给定的精度要求。

在这一节中首先进行第1步工作，并在以后各节介绍近似根精确化过程中总假定方程的有根区间已经找到。

在数学分析中知道，设函数 $f(x)$ 在 $[a,b]$ 内连续，严格单调，且有 $f(a)f(b)<0$，则在 $[a,b]$ 内方程 $f(x)=0$ 有且仅有1个实根。根据这个结论，我们可以采用如下方法求出根的隔离区间。

(1) 作 $y=f(x)$ 的草图，由 $f(x)$ 与横轴交点的大致位置来确定根的隔离区间；

(2) 将 $f(x)=0$ 在求根区间内改写成等价形式 $f_1(x)=f_2(x)$，则可根据函数 $f_1(x)$ 和 $f_2(x)$ 交点横坐标的大致位置来确定根的隔离区间；

(3) 逐步搜索，在 $f(x)$ 的连续区间 $[a,b]$ 内选择一系列的 x 值 $x_1,x_2,x_3,\cdots,x_k$，视 $f(x)$ 在这些点处值的符号变化情况，当出现两个相邻点上函数值异号时，则在此小区间内至少有一个实根。

例 2.1　求 $f(x)=x^3-3x^2+4x-3=0$ 的有根区间。

解　函数 $f(x)$ 是一个三次多项式，可以利用函数作图将草图求出，但比较复杂。其实可以看到，$f'(x)$ 在 $(-\infty,\infty)$ 内保号，即

$$f'(x)=3x^2-6x+4=3(x-1)^2+1>0$$

因而 $f(x)$ 为一单调增加函数，于是 $f(x)=0$ 在 $(-\infty,\infty)$ 内最多只有 1 个实根。又因为 $f(0)<0,f(2)>0$，所以 $f(x)=0$ 在区间 $[0,2]$ 内有唯一实根。如果要把有根区间再缩小，可以在 $x=0.5,x=1,x=1.5$ 等点上求出函数值的符号，最后得区间 $[1.5,2]$ 内有 1 个根。

例 2.2　求 $f(x)=xe^x-2=0$ 的有根区间。

解　显然当 $x\leqslant 0$ 时 $f(x)\leqslant -2$，所以方程 $f(x)=0$ 的根只能在区间 $(0,\infty)$ 内。在 $(0,\infty)$ 内原方程等价于

$$e^x=\frac{2}{x}$$

因而原方程的根就是指数曲线 $y_1=e^x$ 及双曲线 $y_2=\dfrac{2}{x}$ 的交点的横坐标。从图 2-1-2 中可知，方程在 $[0.5,1]$ 内有唯一实根。

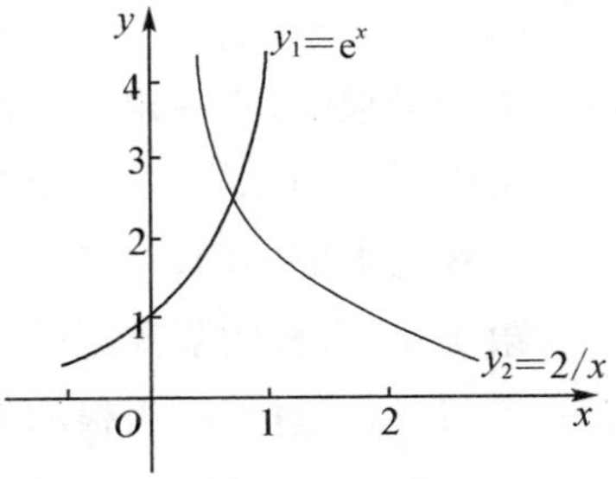

图 2-1-2　两条曲线的交点

利用根的隔离方法，将方程 $f(x)=0$ 的实根用一个一个的区间（越小越好）隔开，使得在每一区间内方程只有 1 个根；然后采用适当的方法，使其进一步精确化。

2.2　二分法

在求方程近似根的方法中，最直观、最简单的方法是二分法。

设函数 $f(x)$ 在 $[a,b]$ 上连续，严格单调，且 $f(a)f(b)<0$，则 $[a,b]$ 为 $f(x)=0$ 的一个有根区间。二分法的基本思想是用对分区间的方法根据分点处函数 $f(x)$

值的符号逐步将有根区间缩小，使在足够小的区间内方程有且仅有1个根。

为叙述方便起见，记 $a_0=a,b_0=b$。用中点 $x_0=(a_0+b_0)/2$ 将区间 $[a_0,b_0]$ 分成两个小的区间：$[a_0,x_0]$ 和 $[x_0,b_0]$。计算 $f(x_0)$，若 $f(x_0)=0$，则 x_0 为 $f(x)=0$ 的根，计算结束。否则 $f(a_0)f(x_0)<0$ 与 $f(x_0)f(b_0)<0$ 两式中有且仅有一式成立。若 $f(a_0)f(x_0)<0$，令 $a_1=a_0,b_1=x_0$；若 $f(x_0)f(b_0)<0$，令 $a_1=x_0,b_1=b_0$。不论哪种情况均有 $f(a_1)f(b_1)<0$，于是 $[a_1,b_1]$ 为新的有根区间，$[a_0,b_0]\supset[a_1,b_1]$ 且 $[a_1,b_1]$ 的长度为 $[a_0,b_0]$ 长度的一半。对此新的有根区间 $[a_1,b_1]$ 可施行同样的手续，于是得到一系列有根区间

$$[a_0,b_0]\supset[a_1,b_1]\supset[a_2,b_2]\supset\cdots\supset[a_k,b_k]$$

其中每一个区间的长度都是前一个区间长度的一半，最后一个区间的长度为

$$b_k-a_k=\frac{1}{2^k}(b-a) \tag{2.1}$$

如果取最后一个区间 $[a_k,b_k]$ 的中点 $x_k=\dfrac{a_k+b_k}{2}$ 作为 $f(x)=0$ 根的近似值，则有误差估计式

$$|x_k-x^*|\leqslant\frac{1}{2}(b_k-a_k)=\frac{1}{2^{k+1}}(b-a) \tag{2.2}$$

对于所给精度 ε，若取 k 使得 $\frac{1}{2^{k+1}}(b-a)\leqslant\varepsilon$，则 $|x_k-x^*|\leqslant\varepsilon$。

例 2.3 用二分法求方程

$$f(x)=x^3-x^2-2x+1=0$$

在区间 $[0,1]$ 内的1个实根，要求有3位有效数字。

解 因为 $f(0)=1>0,f(1)=-1$，且当 $x\in[0,1]$ 时，$f'(x)=3x^2-2x-2=3\left(x-\frac{1}{3}\right)^2-\frac{7}{3}<0$，所以方程在区间 $[0,1]$ 内仅有1个实根。又 $f(0.1)=0.1^3-0.1^2-2\times0.1+1>0$，所以 $x^*\in[0.1,1]$。由

$$\frac{1}{2^{k+1}}(1-0)\leqslant\frac{1}{2}\times10^{-3}$$

解得

$$k\geqslant\frac{3\ln10}{\ln2}\geqslant9.965$$

所以需要二分10次，才能得到满足精度要求的根。

记 $a_0=0,b_0=1$。令 $x_0=(a_0+b_0)/2=0.5$，则 $f(x_0)=-0.125<0$。因为 $f(a_0)f(x_0)<0$，所以取 $a_1=a_0=0,b_1=x_0=0.5$。再令 $x_1=(a_1+b_1)/2=$

0. 25，则 $f(x_1) = 0.453\ 125 > 0$。因为 $f(x_1)f(b_1) < 0$，所以取 $a_2 = x_1 = 0.25$，$b_2 = b_1 = 0.5$。如此继续，即得计算结果列于表 2-2-1。

表 2-2-1　二分法算例

k	a_k（$f(a_k)$ 的符号）	x_k（$f(x_k)$ 的符号）	b_k（$f(b_k)$ 的符号）
0	0(+)	0. 5(−)	1(−)
1	0(+)	0. 25(+)	0. 5(−)
2	0. 25(+)	0. 375(+)	0. 5(−)
3	0. 375(+)	0. 437 5(+)	0. 5(−)
4	0. 437 5(+)	0. 468 75(−)	0. 5(−)
5	0. 437 5(+)	0. 453 125(−)	0. 468 75(−)
6	0. 437 5(+)	0. 445 312 5(−)	0. 453 125(−)
7	0. 437 5(+)	0. 441 406 25(+)	0. 445 312 5(−)
8	0. 441 406 25(+)	0. 443 359 375(+)	0. 445 312 5(−)
9	0. 443 359 375(+)	0. 444 335 937(+)	0. 445 312 5(−)
10	0. 444 335 937(+)	0. 444 824 218(+)	0. 445 312 5(−)

取 $x_{10} = (a_{10} + b_{10})/2 = 0.444\ 824\ 218 \approx 0.445$，即满足精度要求。

二分法的优点是计算简单，方法可靠，只要求 $f(x)$ 连续，因此对函数性质要求较低；缺点是不能求偶数重根，也不能求复根，收敛速度与以 1/2 为公比的等比级数相同，不算太快。二分法一般在求方程近似根时不单独使用，常用来为其他方法求方程近似根时提供好的初值。方程求根的最常用方法是迭代法。

2.3　迭代法

迭代法是数值计算中一类典型方法，不仅用于方程求根，还被用于方程组求解、矩阵求特征值等方面。

迭代法的基本思想是一种逐次逼近的方法，首先给定一个粗糙的初值，然后用同一个迭代公式反复校正这个初值，直到满足预先给出的精度要求为止。因此，下面所讲的各种求根方法，实质上就是如何构造一个合适的迭代公式。

2.3.1　迭代格式的构造及其敛散性条件

已知方程

$$f(x) = 0 \tag{3.1}$$

在区间$[a,b]$内有1个根x^*。在区间$[a,b]$内将方程(3.1)改写成同解方程(也称为等价形式)

$$x=\varphi(x) \tag{3.2}$$

取$x_0\in[a,b]$,用递推公式

$$x_{k+1}=\varphi(x_k)\quad(k=0,1,2,\cdots) \tag{3.3}$$

可得序列$x_0,x_1,x_2,\cdots$。如果当$k\to\infty$时,序列$\{x_k\}$有极限x^*,且$\varphi(x)$在x^*附近连续,则在式(3.3)的两边取极限,得

$$x^*=\varphi(x^*)$$

因而x^*是方程(3.2)的根。由于方程(3.2)和方程(3.1)同解,因而x^*也是方程(3.1)的根。我们称式(3.3)为**迭代格式**,也称迭代公式,称$\varphi(x)$为**迭代函数**,称求得的序列$\{x_k\}$为**迭代序列**。如果$x_1=\varphi(x_0)=x_0$,则$x^*=x_0$,即初值x_0正为所求根。一般假设$x_0\neq x^*$。当迭代序列收敛时,称**迭代格式收敛**(迭代收敛);否则称**迭代格式发散**(迭代发散)。用迭代格式(3.3)求得方程近似根的方法称为**简单迭代法**,也简称为**迭代法**。

下面考察一个简单的例子。给定方程

$$f(x)=x^2-2x-3=0 \tag{3.4}$$

显然它在$[2,4]$内有唯一根x^*。方程(3.4)在$[2,4]$内可以写成多种等价形式。

(1) $x=\sqrt{2x+3}$,这时$\varphi(x)=\sqrt{2x+3}$。取$x_0=4$,得迭代公式

$$x_{k+1}=\sqrt{2x_k+3}\quad(k=0,1,2,\cdots)$$

求得

$$\begin{aligned}
x_1&=\sqrt{2x_0+3}=\sqrt{11}=3.317\\
x_2&=\sqrt{2x_1+3}=\sqrt{9.634}=3.104\\
x_3&=\sqrt{2x_2+3}=\sqrt{9.208}=3.034\\
x_4&=\sqrt{2x_3+3}=\sqrt{9.068}=3.011\\
x_5&=\sqrt{2x_4+3}=\sqrt{9.022}=3.004\\
&\vdots
\end{aligned}$$

可以看出,当k越来越大时,x_k越接近于精确根$x^*=3$。

(2) $x=\frac{1}{2}(x^2-3)$,这时$\varphi(x)=\frac{1}{2}(x^2-3)$。仍取初值$x_0=4$,得迭代公式

$$x_{k+1}=\frac{1}{2}(x_k^2-3)\quad(k=0,1,2,\cdots)$$

求得

$$\begin{aligned}
x_1&=6.5\\
x_2&=19.625
\end{aligned}$$

$$x_3 = 191.070$$

显然，按这一迭代公式计算下去，当 k 变大时，x_k 越来越远离 $f(x) = 0$ 的精确根。

对此例子，我们还可以构造其他迭代格式。例如，方程的等价形式为

$$x = \frac{3}{x-2}$$

这时 $\varphi(x) = 3/(x-2)$。同样取初值 $x_0 = 4$，读者可以计算一下迭代公式

$$x_{k+1} = 3/(x_k - 2) \quad (k = 0,1,2,\cdots)$$

是否收敛。

一般来说，对于方程(3.1)，可以写成多种等价形式 $x = \varphi(x)$。关键是这样构造的迭代公式 $x_{k+1} = \varphi(x_k)$，当 $k \to \infty$ 时 x_k 是否与精确解无限接近。从上例可知，情况(1) 是可取的，而情况(2) 是不可取的。于是用迭代法求方程根的基本问题是如何构造 $\varphi(x)$？迭代序列 $\{x_k\}$ 是否一定收敛？怎样估计误差？

我们先从几何图形上来分析简单迭代过程。求方程(3.2) 的根，实质上就是求直线 $y_1 = x$ 与曲线 $y_2 = \varphi(x)$ 交点 P^* 的横坐标 x^*（参见图 2-3-1）。对于 x^* 的某个近似值 x_0，在曲线 $y_2 = \varphi(x)$ 上可以确定点 P_0。因 $\varphi(x_0) = x_1$，所以 P_0 坐标为(x_0, x_1)，过 P_0 引平行于 x 轴的直线，与直线 $y_1 = x$ 相交于 Q_1，过 Q_1 作 x 轴的垂线与曲线 $y_2 = \varphi(x)$ 相交于 P_1，其坐标为 $P_1(x_1, x_2)$，如此继续，在曲线 $y_2 = \varphi(x)$ 上得到一系列点 $P_0, P_1, \cdots, P_k, \cdots$，其坐标为 $P_k(x_k, x_{k+1})$。如果点列$\{P_k\}$ 逼近 P^*，可见迭代格式收敛。但也有相反的情况，图2-3-2 即是迭代发散的例子，不管 x_0 取在什么地方，迭代总是发散的。那么迭代格式的收敛与什么有关呢？显然，它与迭代函数 $\varphi(x)$ 有关。有如下定理：

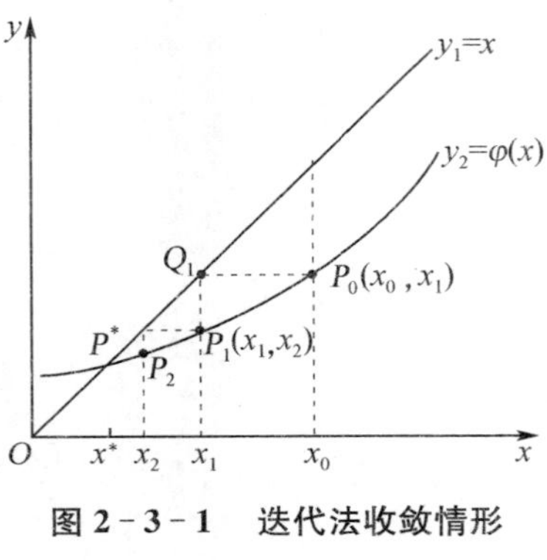

图 2-3-1　迭代法收敛情形

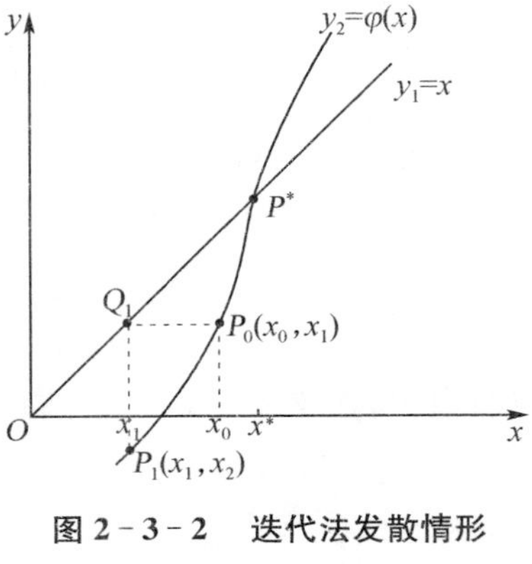

图 2-3-2　迭代法发散情形

定理 2.1　假设 $\varphi(x)$ 在$[a,b]$ 上具有一阶连续的导数，并且满足如下两个条件：① 当 $x \in [a,b]$ 时，有 $\varphi(x) \in [a,b]$；② 存在正常数 $L < 1$，使得对于任意 $x \in [a,b]$，有 $|\varphi'(x)| \leqslant L$。则

(1) 方程(3.2) 在$[a,b]$ 上有唯一根 x^*；

(2) 对任意 $x_0 \in [a,b]$,迭代格式(3.3)收敛,且 $\lim\limits_{k\to\infty} x_k = x^*$;

(3) $|x_k - x^*| \leqslant \frac{L}{1-L}|x_k - x_{k-1}| \quad (k=1,2,\cdots)$; (3.5)

(4) $|x_k - x^*| \leqslant \frac{L^k}{1-L}|x_1 - x_0| \quad (k=1,2,\cdots)$; (3.6)

(5) $\lim\limits_{k\to\infty} \frac{x_{k+1}-x^*}{x_k - x^*} = \varphi'(x^*)$。 (3.7)

证明 (1) 作函数 $g(x) = x - \varphi(x)$。由①知 $g(a) = a - \varphi(a) \leqslant 0$,$g(b) = b - \varphi(b) \geqslant 0$,因而 $g(x) = 0$ 在 $[a,b]$ 内至少存在1个根。又由②知当 $x \in [a,b]$ 时,$g'(x) = 1 - \varphi'(x) \geqslant 1 - L > 0$,知 $g(x) = 0$ 在 $[a,b]$ 内至多有1个根。因而 $g(x) = 0$ 在 $[a,b]$ 内存在唯一根,即 $x = \varphi(x)$ 在 $[a,b]$ 内存在唯一根,记为 x^*。

(2) 由 $x_0 \in [a,b]$ 及①知 $x_k \in [a,b] (k=1,2,\cdots)$。将式(3.3)和

$$x^* = \varphi(x^*)$$

相减,并应用微分中值定理得到

$$x_{k+1} - x^* = \varphi(x_k) - \varphi(x^*) = \varphi'(\zeta_k)(x_k - x^*) \quad (k=0,1,2,\cdots) \tag{3.8}$$

其中 ζ_k 介于 x_k 和 x^* 之间,再应用②,得

$$|x_{k+1} - x^*| \leqslant L|x_k - x^*| \quad (k=0,1,2,\cdots) \tag{3.9}$$

递推可得

$$|x_k - x^*| \leqslant L^k|x_0 - x^*| \quad (k=1,2,3,\cdots) \tag{3.10}$$

由于 $L<1$,得

$$\lim_{k\to\infty} x_k = x^*$$

(3) 由式(3.9)得

$$\begin{aligned} |x_k - x^*| &= |x_{k+1} - x^* + x_k - x_{k+1}| \\ &\leqslant |x_{k+1} - x^*| + |x_k - x_{k+1}| \\ &\leqslant L|x_k - x^*| + |x_{k+1} - x_k| \end{aligned}$$

因而

$$|x_k - x^*| \leqslant \frac{1}{1-L}|x_{k+1} - x_k|$$

注意到

$$\begin{aligned} |x_{k+1} - x_k| &= |\varphi(x_k) - \varphi(x_{k-1})| \\ &= |\varphi'(\eta_k)(x_k - x_{k-1})| \\ &\leqslant L|x_k - x_{k-1}| \quad (k=1,2,\cdots) \end{aligned} \tag{3.11}$$

其中 η_k 介于 x_k 与 x_{k-1} 之间,即得

$$|x_k - x^*| \leqslant \frac{L}{1-L}|x_k - x_{k-1}| \quad (k=1,2,\cdots)$$

(4) 由(3.11)递推可得

$$|x_k - x_{k-1}| \leqslant L^{k-1}|x_1 - x_0| \quad (k=1,2,\cdots)$$

将它代入式(3.5)的右端易得

$$|x_k - x^*| \leqslant \frac{L}{1-L}|x_k - x_{k-1}| \leqslant \frac{L^k}{1-L}|x_1 - x_0| \quad (k=1,2,\cdots)$$

(5) 由式(3.8)得

$$\frac{x_{k+1}-x^*}{x_k - x^*} = \varphi'(\zeta_k) \quad (k=0,1,2,\cdots)$$

将上式两端取极限,并注意到$\lim\limits_{k\to\infty}\zeta_k = x^*$,得

$$\lim_{k\to\infty}\frac{x_{k+1}-x^*}{x_k - x^*} = \varphi'(x^*)$$

定理证毕。

在实际计算时,对于给定的允许误差ε,当L较小时,常以前后两次迭代近似值x_k与x_{k-1}满足$|x_k - x_{k-1}| \leqslant \varepsilon$来终止迭代。若$L$很接近于1时,则收敛可能很慢。式(3.5)是直接用计算结果x_k与x_{k-1}来估计误差的,因而称为**事后误差估计式**;而式(3.6)是在尚未计算出第k次迭代近似值x_k时即能估计出第k次迭代近似值x_k的误差$|x^* - x_k|$,因此称为**事前误差估计式**。式(3.7)刻画了当$k\to\infty$时前后两次迭代误差之比,称为**渐近误差估计式**。

定理2.2 设方程(3.2)在区间$[a,b]$内有根x^*,且当$x\in[a,b]$时,$|\varphi'(x)| \geqslant 1$,则对任意初始值$x_0\in[a,b]$且$x_0\neq x^*$,由迭代公式(3.3)产生的迭代序列$\{x_k\}$不可能收敛于$x^*$(简称为发散)。

证明 由$x_0\in[a,b]$知

$$|x_1 - x^*| = |\varphi(x_0) - \varphi(x^*)| = |\varphi'(\zeta_0)(x_0 - x^*)| \geqslant |x_0 - x^*| > 0$$

如果$x_1\in[a,b]$,则有

$$|x_2 - x^*| = |\varphi'(\zeta_1)(x_1 - x^*)| \geqslant |x_1 - x^*| \geqslant |x_0 - x^*|$$

如此继续下去,或者x_k不属于$[a,b]$,或者$|x_k - x^*| \geqslant |x_0 - x^*|$。因而迭代序列$\{x_k\}$不可能收敛于$x^*$。定理证毕。

例2.4 在区间$[2,4]$上考虑如下两个迭代格式的敛散性:

(1) $x_{k+1} = \sqrt{2x_k + 3} \quad (k=0,1,2,\cdots)$; (3.12)

(2) $x_{k+1} = \dfrac{1}{2}(x_k^2 - 3) \quad (k=0,1,2,\cdots)$。 (3.13)

解 (1) 根据题意,可知

$$\varphi(x) = \sqrt{2x+3}, \quad \varphi'(x) = \frac{1}{\sqrt{2x+3}}$$

当$x\in[2,4]$时,$\varphi(x)\in[\varphi(2),\varphi(4)] = [\sqrt{7},\sqrt{11}] \subset [2,4]$;$|\varphi'(x)| \leqslant$

$\varphi'(2) \leqslant \dfrac{1}{\sqrt{7}} < 1$。由定理 2.1 知，对任意 $x_0 \in [2,4]$，迭代格式(3.12) 收敛。

(2) 根据题意，可知

$$\varphi(x) = \frac{1}{2}(x^2 - 3),\quad \varphi'(x) = x$$

当 $x \in [2,4]$ 时 $|\varphi'(x)| \geqslant 2$。由定理 2.2 知，对任意 $x_0 \in [2,4]$ 且 $x_0 \neq x^*$，迭代格式(3.13) 发散。

例 2.5　给定方程 $3x - \sin x - \cos x = 0$。

(1) 分析该方程存在几个实根；

(2) 用迭代法求出该方程的所有实根，精确到 4 位有效数字；

(3) 说明使用的迭代格式为什么会是收敛的。

解　(1) 设 $f(x) = 3x - (\sin x + \cos x)$，则

$$f'(x) = 3 - (\cos x - \sin x)$$

当 $x \in \mathbf{R}$ 时 $f'(x) > 0$。又

$$f(0) = -1,\quad f(1) = 3 - (\cos 1 + \sin 1) > 1$$

所以方程 $f(x) = 0$ 有唯一根 $x^* \in (0,1)$。

(2) 根据题意，可知 $3x = \cos x + \sin x$，则

$$x = \frac{1}{3}(\sin x + \cos x)$$

$$x_{k+1} = \frac{1}{3}(\sin x_k + \cos x_k)\quad (k = 0,1,2,\cdots)$$

取 $x_0 = 0.5$，计算结果列于表 2-3-1。

表 2-3-1　迭代法算例

k	x_k
1	0.452 336
2	0.445 499
3	0.444 420
4	0.444 263
5	0.444 240
6	0.444 236

所以 $x^* = 0.444\ 2$。

(3) 迭代函数

$$\varphi(x) = \frac{1}{3}(\sin x + \cos x) = \frac{\sqrt{2}}{3}\sin\left(x + \frac{\pi}{4}\right)$$

$$\varphi'(x) = \frac{\sqrt{2}}{3}\cos\left(x + \frac{\pi}{4}\right)$$

当 $x \in [0,1]$ 时，$\varphi(x) \in \left[0,\frac{\sqrt{2}}{3}\right] \subset [0,1]$，$|\varphi'(x)| \leqslant \frac{\sqrt{2}}{3}$，因而迭代格式对任意 $x_0 \in [0,1]$ 均收敛。

2.3.2　迭代法的局部收敛性

定理 2.1 的两个条件有时较难验证也较难满足，为此引进如下定义。

定义 2.1　对于方程 $x=\varphi(x)$，若在 x^* 的某个邻域

$$S=\{x \mid x \in [x^*-\delta, x^*+\delta]\}$$

内，对任意初值 $x_0 \in S$，迭代格式

$$x_{k+1}=\varphi(x_k) \quad (k=0,1,2,\cdots) \tag{3.14}$$

都收敛，则称该迭代格式在 x^* 的附近是**局部收敛**的。

定理 2.3　设方程 $x=\varphi(x)$ 有根 x^*，且在 x^* 的某个邻域

$$\tilde{S}=\{x \mid x \in [x^*-\tilde{\delta}, x^*+\tilde{\delta}]\}$$

内 $\varphi(x)$ 存在一阶连续的导数，则

(1) 当 $|\varphi'(x^*)|<1$ 时，迭代格式(3.14) 局部收敛；

(2) 当 $|\varphi'(x^*)|>1$ 时，迭代格式(3.14) 发散。

证明　(1) 设 $|\varphi'(x^*)|<1$，则对于给定的正数 $\varepsilon=\frac{1}{2}[1-|\varphi'(x^*)|]$ 存在 δ(不妨假设 $\delta<\tilde{\delta}$)，当 δ 适当小时对一切 $x \in S \equiv \{x \mid x \in [x^*-\delta, x^*+\delta]\}$，有

$$(|\varphi'(x)|-|\varphi'(x^*)|) \leqslant \frac{1}{2}[1-|\varphi'(x^*)|]$$

或

$$|\varphi'(x)| \leqslant (1+|\varphi'(x^*)|)/2<1$$

且

$$|\varphi(x)-x^*|=|\varphi(x)-\varphi(x^*)|=|\varphi'(\zeta)(x-x^*)|<|x-x^*| \leqslant \delta$$

即在区间

$$[a,b]=[x^*-\delta, x^*+\delta]$$

上，定理 2.1 的两个条件满足，因而迭代格式是局部收敛的。

(2) 设 $|\varphi'(x^*)|>1$，则在 x^* 的某个邻域 S 内有 $|\varphi'(x)|>1$，由定理 2.2 知迭代格式(3.14) 发散。

定理证毕。

定理 2.3 对初值 x_0 的要求较高。如果已知 x^* 的大概位置，x_0 为 x^* 的一个较好的近似值，则可用 $|\varphi'(x_0)|<1$ 代替 $|\varphi'(x^*)|<1$，用 $|\varphi'(x_0)|>1$ 代替 $|\varphi'(x^*)|>1$，然后应用定理 2.3 判断迭代格式(3.14) 的局部敛散性。

例 2.6　用迭代法求方程 $3x-\sin x-\cos x=0$ 在 $x_0=0.5$ 附近的根。

解 将方程改写成

$$x=\frac{1}{3}(\sin x+\cos x)=\frac{\sqrt{2}}{3}\sin\left(x+\frac{\pi}{4}\right)$$

此时

$$\varphi(x)=\frac{\sqrt{2}}{3}\sin\left(x+\frac{\pi}{4}\right),\quad \varphi'(x)=-\frac{\sqrt{2}}{3}\cos\left(x+\frac{\pi}{4}\right)$$

因为 $|\varphi'(0.5)|=0.132\,719$，由定理 2.3 知迭代格式

$$x_{k+1}=\frac{\sqrt{2}}{3}\sin\left(x_k+\frac{\pi}{4}\right)\quad (k=0,1,2,\cdots)$$

是局部收敛的，计算结果已列于表 2-3-1。

2.3.3 迭代法的收敛速度

一种迭代法具有实用价值，不但需要肯定它是收敛的，而且应要求它收敛得比较快。所谓迭代的收敛速度是指迭代误差的下降速度。

定义 2.2 设序列 $\{x_k\}$ 收敛于 x^*，并记 $e_k=x_k-x^*(k=0,1,2,\cdots)$。如果存在非零常数 c 和正常数 p，使得

$$\lim_{k\to\infty}\frac{e_{k+1}}{e_k^p}=c$$

则称序列 $\{x_k\}$ 是 **p 阶收敛**的。

显然 p 的大小反映了序列 $\{x_k\}$ 的收敛速度的快慢。p 越大，则收敛越快。当 $p=1$ 且 $0<|c|<1$ 时，称为**线性收敛**；当 $p>1$ 时，称为**超线性收敛**。特别当 $p=2$ 时，称为**平方收敛**。

如果由一个迭代格式产生的迭代序列是 p 阶收敛的，则称该迭代格式是 p 阶收敛的。由定理 2.1 知简单迭代法当 $\varphi'(x^*)\neq 0$ 时是线性收敛的。

例 2.7 设两个迭代分别是线性收敛与平方收敛的：(1) $\frac{e_{k+1}}{e_k}=\frac{1}{2}(k=0,1,2,\cdots)$；(2) $\frac{\tilde{e}_{k+1}}{\tilde{e}_k^2}=\frac{1}{2}(k=0,1,2,\cdots)$。其中，$e_0=\tilde{e}_0=\frac{1}{3}$。若取精度 $\varepsilon=10^{-10}$，试分别估计这两个迭代所需迭代次数。

解 (1) 由 $\frac{e_{k+1}}{e_k}=\frac{1}{2}(k=0,1,2,\cdots)$ 及 $e_0=\frac{1}{3}$ 得到

$$e_k=\frac{1}{2}e_{k-1}=\cdots=\frac{1}{2^k}e_0=\frac{1}{2^k}\times\frac{1}{3}$$

要使 $|e_k|\leqslant 10^{-10}$，只要 $\frac{1}{2^k}\times\frac{1}{3}\leqslant 10^{-10}$ 或 $3\times 2^k\geqslant 10^{10}$。

将上式两边取对数得

$$k\ln 2+\ln 3\geqslant 10\ln 10$$

于是

$$k\geqslant\frac{10\ln 10-\ln 3}{\ln 2}=31.63$$

因而要使迭代值满足给定精度，应迭代32次。

(2) 由$\frac{\tilde{e}_{k+1}}{\tilde{e}_k^2}=\frac{1}{2}(k=0,1,2,\cdots)$及$\tilde{e}_0=\frac{1}{3}$得到

$$\tilde{e}_k=\frac{1}{2}\tilde{e}_{k-1}^2=\cdots=\left(\frac{1}{2}\right)^{2^k-1}\tilde{e}_0^{2^k}=\left(\frac{1}{2}\right)^{2^k-1}\times\left(\frac{1}{3}\right)^{2^k}=2\times\left(\frac{1}{6}\right)^{2^k}$$

要使$|\tilde{e}_k|\leqslant 10^{-10}$，只要$2\times\left(\frac{1}{6}\right)^{2^k}\leqslant 10^{-10}$或$\frac{1}{2}\times 6^{2^k}\geqslant 10^{10}$。

将上式两边取对数得

$$2^k\ln 6-\ln 2\geqslant 10\ln 10$$

$$2^k\geqslant\frac{10\ln 10+\ln 2}{\ln 6}=13.238$$

$$k\geqslant\frac{\ln 13.238}{\ln 2}=3.73$$

因而要使迭代值满足给定精度，只需迭代4次。事实上，$\tilde{e}_0=\frac{1}{3}$，$\tilde{e}_1=0.05\dot{5}$，$e_2=1.54\times 10^{-3}$，$e_3=1.19\times 10^{-6}$，$e_4=7.09\times 10^{-13}$。

关于简单迭代法的收敛阶，有如下结果。

定理2.4 若$\varphi(x)$在x^*附近的某个邻域内有$p(p\geqslant 1)$阶连续导数，且

$$\varphi(x^*)=x^*,\quad \varphi'(x^*)=0,\quad \cdots,\quad \varphi^{(p-1)}(x^*)=0,\quad \varphi^{(p)}(x^*)\neq 0 \tag{3.15}$$

则对一个任意靠近x^*的初始值x_0，迭代公式

$$x_{k+1}=\varphi(x_k)\quad (k=0,1,2,\cdots) \tag{3.16}$$

是p阶收敛的，且有

$$\lim_{k\to\infty}\frac{x_{k+1}-x^*}{(x_k-x^*)^p}=\frac{\varphi^{(p)}(x^*)}{p!} \tag{3.17}$$

如果$p=1$，要求$|\varphi'(x^*)|<1$。

证明 由定理2.3知迭代格式(3.16)是局部收敛的。应用泰勒(Taylor)展开及式(3.15)，有

$$\begin{aligned}x_{k+1}&=\varphi(x_k)=\varphi(x^*)+\varphi'(x^*)(x_k-x^*)+\cdots\\&\quad+\frac{\varphi^{(p-1)}(x^*)}{(p-1)!}(x_k-x^*)^{p-1}+\frac{\varphi^{(p)}(x^*+\theta(x_k-x^*))}{p!}(x_k-x^*)^p\\&=x^*+\frac{\varphi^{(p)}(x^*+\theta(x_k-x^*))}{p!}(x_k-x^*)^p\end{aligned}$$

其中 $0<\theta<1$。于是

$$\frac{x_{k+1}-x^*}{(x_k-x^*)^p}=\frac{\varphi^{(p)}(x^*+\theta(x_k-x^*))}{p!}$$

两边取极限即得式(3.17)。

2.3.4 埃特金加速法

由定理 2.4 我们可以看到，简单迭代法

$$x_{k+1}=\varphi(x_k)\quad(k=0,1,2,\cdots)\tag{3.18}$$

的收敛速度与迭代函数 $\varphi(x)$ 有关。在许多情况下，可以由迭代函数 $\varphi(x)$ 构造一个新的迭代函数 $\Phi(x)$，使得

(1) 方程 $x=\Phi(x)$ 和 $x=\varphi(x)$ 具有相同的根 x^*；

(2) 由迭代公式

$$x_{k+1}=\Phi(x_k)\quad(k=0,1,2,\cdots)\tag{3.19}$$

产生的迭代序列收敛于 x^* 的阶高于由式(3.18)产生的迭代序列收敛于 x^* 的阶。

由迭代格式(3.18)产生收敛较快的迭代格式(3.19)的方法通常称为**加速方法**。我们来讨论一个很重要的加速方法，即**埃特金(Aitken)加速法**。

设迭代格式(3.18)是收敛的，则由定理 2.1 有

$$\lim_{k\to\infty}\frac{x_{k+1}-x^*}{x_k-x^*}=\varphi'(x^*)$$

因而当 k 适当大时，有

$$\frac{x_{k+2}-x^*}{x_{k+1}-x^*}\approx\frac{x_{k+1}-x^*}{x_k-x^*}$$

由此解出

$$x^*\approx\frac{x_kx_{k+2}-x_{k+1}^2}{x_{k+2}-2x_{k+1}+x_k}$$

将 $x_{k+1}=\varphi(x_k)$ 及 $x_{k+2}=\varphi(x_{k+1})=\varphi(\varphi(x_k))$ 代入得

$$x^*\approx\frac{x_k\varphi(\varphi(x_k))-[\varphi(x_k)]^2}{\varphi(\varphi(x_k))-2\varphi(x_k)+x_k}$$

把上式右端的值作为新的近似值 x_{k+1}，于是我们得到一个新的迭代格式

$$x_{k+1}=\Phi(x_k)\quad(k=0,1,2,\cdots)\tag{3.20}$$

其中

$$\Phi(x)=\frac{x\varphi(\varphi(x))-[\varphi(x)]^2}{\varphi(\varphi(x))-2\varphi(x)+x}$$

设 x^* 是 $x=\varphi(x)$ 的根且 $\varphi(x)$ 在 x^* 的附近存在一阶连续导数。我们首先证明

$$\lim_{x\to x^*}\Phi(x)=x^*\tag{3.21}$$

即 x^* 是方程

$$x=\Phi(x)$$

的根。事实上，由罗必塔法则有

$$\begin{aligned}\lim_{x\to x^*}\Phi(x) &= \lim_{x\to x^*}\frac{\varphi(\varphi(x))+x\varphi'(\varphi(x))\varphi'(x)-2\varphi(x)\varphi'(x)}{\varphi'(\varphi(x))\varphi'(x)-2\varphi'(x)+1}\\ &=\frac{\varphi(\varphi(x^*))+x^*\varphi'(\varphi(x^*))\varphi'(x^*)-2\varphi(x^*)\varphi'(x^*)}{\varphi'(\varphi(x^*))\varphi'(x^*)-2\varphi'(x^*)+1}\\ &=\frac{\varphi(x^*)+x^*\varphi'(x^*)\varphi'(x^*)-2x^*\varphi'(x^*)}{\varphi'(x^*)\varphi'(x^*)-2\varphi'(x^*)+1}\\ &=\frac{x^*+x^*(\varphi'(x^*))^2-2x^*\varphi'(x^*)}{(\varphi'(x^*))^2-2\varphi'(x^*)+1}=x^*\end{aligned}$$

关于迭代格式(3.20)的收敛阶，我们有如下结果。

定理2.5　设在 x^* 附近 $\varphi(x)$ 有 $(p+1)$ 阶连续导数，则对一个充分靠近 x^* 的初始值 x_0：

(1) 如果迭代格式(3.18)是线性收敛的，则迭代格式(3.20)是二阶收敛的；

(2) 如果迭代格式(3.18)是 $p(p\geqslant 2)$ 阶收敛的，则迭代格式(3.20)是 $(2p-1)$ 阶收敛的。

对该定理的证明，有兴趣的读者请参阅文献[2]。

例2.8　用埃特金加速法求方程 $3x-\sin x-\cos x=0$ 在0.5附近的根，精确到4位有效数字。

解　将方程改写为

$$x=\frac{\sqrt{2}}{3}\sin\left(x+\frac{\pi}{4}\right)$$

于是

$$\varphi(x)=\frac{\sqrt{2}}{3}\sin\left(x+\frac{\pi}{4}\right)$$

由 $\varphi'(x)=\frac{\sqrt{2}}{3}\cos\left(x+\frac{\pi}{4}\right)$ 得

$$|\varphi'(0.5)|=0.132\,719$$

所以迭代格式

$$\begin{cases}x_{k+1}=\varphi(x_k) & (k=0,1,2,\cdots);\\ x_0=0.5\end{cases}$$

是局部线性收敛的。

埃特金算法如下：

$$\begin{cases}x_{k+1}=\dfrac{x_k\varphi(\varphi(x_k))-[\varphi(x_k)]^2}{\varphi(\varphi(x_k))-2\varphi(x_k)+x_k} & (k=0,1,2,\cdots);\\ x_0=0.5\end{cases}$$

计算结果列于表 2－3－2。

表 2－3－2 埃特金加速法算例

k	x_k	$\varphi(x_k)$	$\varphi(\varphi(x_k))$
0	0.5	0.452 336	0.445 499
1	0.444 354	0.444 254	0.444 239
2	0.444 236	0.444 236	

所以 $x^* \approx 0.4442$。

由表 2－3－2 可以看出用加速迭代，迭代两步即可得到有 6 位有效数字的近似根。

2.4 牛顿法与割线法

2.4.1 牛顿迭代公式

用迭代法求方程 $f(x)=0$ 的根时，首先要把它写成等价形式

$$x=\varphi(x)$$

迭代函数 $\varphi(x)$ 构造得好坏，不仅影响收敛速度，而且有可能使迭代序列发散。怎样选择一个迭代函数，才能确保迭代序列一定收敛呢？

构造迭代函数的一条重要途径，是用近似方程来代替原方程去求根。因此如果能将非线性方程

$$f(x)=0$$

用线性方程来近似代替，那么求近似根问题就很容易解决，而且十分方便。牛顿法就是把非线性方程线性化的一种方法。

设 x_k 是 $f(x)=0$ 的一个近似根，把 $f(x)$ 在 x_k 处作一阶泰勒展开，即

$$f(x)\approx f(x_k)+f'(x_k)(x-x_k)$$

于是我们得到近似方程

$$f(x_k)+f'(x_k)(x-x_k)=0 \tag{4.1}$$

设 $f'(x_k)\neq 0$，则式(4.1) 解为

$$\tilde{x}=x_k-\frac{f(x_k)}{f'(x_k)}$$

取 $\tilde{x}$ 作为原方程的新的近似根 x_{k+1}，即令

$$x_{k+1}=x_k-\frac{f(x_k)}{f'(x_k)} \quad (k=0,1,2,\cdots) \tag{4.2}$$

称式(4.2) 为**牛顿迭代公式**。用牛顿迭代公式(4.2) 求方程根的方法称为**牛顿迭代法**，简称**牛顿法**。

牛顿法具有明显的几何意义，方程

$$y=f(x_k)+f'(x_k)(x-x_k)$$

是曲线在点$(x_k,f(x_k))$处的切线方程。由迭代格式(4.2)所得x_{k+1}就是切线与x轴交点的横坐标，所以牛顿法就是用切线与x轴交点的横坐标近似代替曲线与x轴交点的横坐标。因此，牛顿法也称切线法，参见图2-4-1。

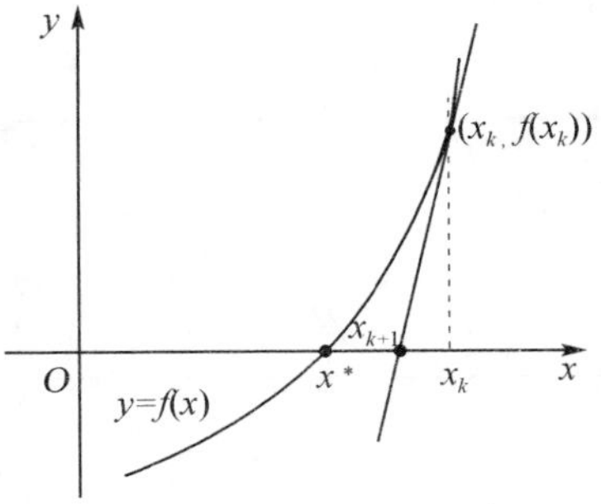

图2-4-1 牛顿法几何表示

2.4.2 局部收敛性

现在来考虑牛顿法是否收敛。牛顿法的迭代函数为

$$\varphi(x)=x-\frac{f(x)}{f'(x)} \tag{4.3}$$

对$\varphi(x)$求导得

$$\varphi'(x)=1-\frac{(f'(x))^2-f''(x)f(x)}{(f'(x))^2}=\frac{f(x)f''(x)}{(f'(x))^2} \tag{4.4}$$

$$\varphi''(x)=\left[f(x)\cdot\frac{f''(x)}{(f'(x))^2}\right]'=f'(x)\frac{f''(x)}{(f'(x))^2}+f(x)\left[\frac{f''(x)}{(f'(x))^2}\right]' \tag{4.5}$$

当x^*是$f(x)=0$的单根时，则有$f(x)=(x-x^*)g(x)$，且$g(x^*)\neq 0$。这时

$$f'(x)=g(x)+(x-x^*)g'(x)$$

故

$$f'(x^*)=g(x^*)\neq 0$$

于是

$$\varphi'(x^*)=\frac{f(x^*)f''(x^*)}{[f'(x^*)]^2}=0 \tag{4.6}$$

$$\varphi''(x^*)=\frac{f''(x^*)}{f'(x^*)} \tag{4.7}$$

一般地有$\varphi''(x^*)\neq 0$。因而牛顿法对单根至少是二阶局部收敛的，且由定理2.4知

$$\lim_{k\to\infty}\frac{e_{k+1}}{e_k^2}=\frac{1}{2}\varphi''(x^*)=\frac{1}{2}\frac{f''(x^*)}{f'(x^*)} \tag{4.8}$$

当x^*是$f(x)=0$的$m(m\geqslant 2)$重根时，则有$f(x)=(x-x^*)^m g(x)$，且$g(x^*)\neq 0$。这时

$$f'(x)=m(x-x^*)^{m-1}g(x)+(x-x^*)^m g'(x)$$

$$\varphi(x)=x-\frac{f(x)}{f'(x)}$$

$$=x-\frac{(x-x^*)^m g(x)}{m(x-x^*)^{m-1}g(x)+(x-x^*)^m g'(x)}$$

$$= x - \frac{(x-x^*)g(x)}{mg(x)+(x-x^*)g'(x)}$$

所以

$$\varphi(x^*) = \lim_{x \to x^*} \varphi(x) = x^*$$

$$\varphi'(x^*) = \lim_{x \to x^*} \frac{\varphi(x)-\varphi(x^*)}{x-x^*}$$

$$= \lim_{x \to x^*} \frac{x - \dfrac{(x-x^*)g(x)}{mg(x)+(x-x^*)g'(x)} - x^*}{x-x^*}$$

$$= \lim_{x \to x^*} \left[1 - \frac{g(x)}{mg(x)+(x-x^*)g'(x)}\right] = 1 - \frac{1}{m} \tag{4.9}$$

因而牛顿法对重根($m \geqslant 2$)是一阶局部收敛的,且由定理 2.4 知

$$\lim_{k \to \infty} \frac{e_{k+1}}{e_k} = \varphi'(x^*) = 1 - \frac{1}{m} \tag{4.10}$$

以上我们分析得出了牛顿法不论对单根还是重根均是局部收敛的。只要初值 x_0 足够靠近 x^*,牛顿迭代序列均收敛于 x^*。

例 2.9 用牛顿法求方程

$$3x - \sin x - \cos x = 0$$

在 0.5 附近的根,精确至 4 位有效数字。

解 设

$$f(x) = 3x - \sin x - \cos x = 3x - \sqrt{2}\sin\left(x + \frac{\pi}{4}\right)$$

对 $f(x)$ 求导得

$$f'(x) = 3 - \sqrt{2}\cos\left(x + \frac{\pi}{4}\right)$$

牛顿迭代格式为

$$x_{k+1} = x_k - \frac{f(x_k)}{f'(x_k)} = x_k - \frac{3x_k - \sqrt{2}\sin\left(x_k + \dfrac{\pi}{4}\right)}{3 - \sqrt{2}\cos\left(x_k + \dfrac{\pi}{4}\right)} \quad (k = 0,1,2,\cdots) \tag{4.11}$$

取 $x_0 = 0.5$,计算结果列于表 2-4-1。

表 2-4-1 牛顿法算例

k	0	1	2	3
x_k	0.5	0.445 042	0.444 236	0.444 236

所以 $x^* \approx 0.444\ 2$。

2.4.3　大范围收敛性

一般来说，牛顿迭代法对初值的要求较高，要求初值 x_0 足够靠近 x^* 才能保证收敛。若要保证初值在较大范围内也收敛，还需要对 $f(x)$ 加一些条件。下面我们不加证明地给出这方面的一个充分条件。

定理 2.6[3]　设函数 $f(x)$ 在区间 $[a,b]$ 上存在二阶连续导数，且满足条件：

① $f(a)f(b)<0$；

② 当 $x\in[a,b]$ 时，$f'(x)\neq 0$；

③ 当 $x\in[a,b]$ 时，$f''(x)$ 保号；

④ $a-\dfrac{f(a)}{f'(a)}\leqslant b, b-\dfrac{f(b)}{f'(b)}\geqslant a$。

则对任意初值 $x_0\in[a,b]$，由牛顿迭代公式产生的序列 $\{x_k\}$ 二阶收敛到方程 $f(x)=0$ 在区间 $[a,b]$ 上的唯一根 x^*。

条件①和②保证了 $f(x)=0$ 在 $[a,b]$ 上存在唯一根 x^*；条件③保证了曲线 $f(x)$ 在 $[a,b]$ 上是上凸曲线或下凸曲线；条件④保证了当 $x_k\in[a,b]$ 时有 $x_{k+1}\in[a,b]$。因而保证迭代过程可一直进行下去。

例 2.10　试给出用牛顿迭代法求平方根 $\sqrt{c}\,(c>0)$ 的迭代公式，并计算 $\sqrt{135.607}$，使其精确至 7 位有效数字。

解　作函数 $f(x)=x^2-c$，则 $f(x)=0$ 的正根 x^* 就是 $\sqrt{c}$。其牛顿迭代公式为

$$x_{k+1}=x_k-\frac{f(x_k)}{f'(x_k)}=x_k-\frac{x_k^2-c}{2x_k}=\frac{1}{2}\left(x_k+\frac{c}{x_k}\right)\quad(k=0,1,2,\cdots)\tag{4.12}$$

现在来分析该迭代格式的收敛性。对任意正数 $\varepsilon\,(0<\varepsilon<\sqrt{c})$，令 $M(\varepsilon)=\varepsilon-\dfrac{f(\varepsilon)}{f'(\varepsilon)}$，易知 $M=\dfrac{1}{2}\left(\varepsilon+\dfrac{c}{\varepsilon}\right)$。考虑区间 $[\varepsilon,M]$。(1) 当 $x\in[\varepsilon,M]$ 时，$f(\varepsilon)=\varepsilon^2-c<0$，$f(M)=\left[\dfrac{1}{2}\left(\varepsilon+\dfrac{c}{\varepsilon}\right)\right]^2-c>c-c=0$，故 $f(\varepsilon)f(M)<0$；(2) 当 $x\in[\varepsilon,M]$ 时，$f'(x)=2x>0$；(3) 当 $x\in[\varepsilon,M]$ 时，$f''(x)=2>0$；(4) $\varepsilon-\dfrac{f(\varepsilon)}{f'(\varepsilon)}=M$，$M-\dfrac{f(M)}{f'(M)}=\dfrac{1}{2}\left(M+\dfrac{c}{M}\right)>\sqrt{c}>\varepsilon$。即定理 2.6 的 4 个条件满足，故对任意 $x_0\in[\varepsilon,M(\varepsilon)]$，牛顿迭代格式(4.12)收敛。又由于 $\lim\limits_{\varepsilon\to0^+}\varepsilon=0$，$\lim\limits_{\varepsilon\to0^+}M(\varepsilon)=+\infty$，故对任意 $x_0\in(0,+\infty)$，必有 $\varepsilon>0$ 使得 $x_0\in[\varepsilon,M(\varepsilon)]$。因而对任意初值 $x_0\in(0,+\infty)$，牛顿迭代格式(4.12)均是收敛的。

我们也可以直接验证牛顿迭代公式(4.12)对任意初值 $x_0 \in (0, +\infty)$ 都是收敛的。事实上,由式(4.12)可得

$$x_{k+1} - \sqrt{c} = \frac{1}{2x_k}(x_k - \sqrt{c})^2, \quad x_{k+1} + \sqrt{c} = \frac{1}{2x_k}(x_k + \sqrt{c})^2$$

两式相除得到

$$\frac{x_{k+1} - \sqrt{c}}{x_{k+1} + \sqrt{c}} = \left(\frac{x_k - \sqrt{c}}{x_k + \sqrt{c}}\right)^2$$

由此递推可得

$$\frac{x_k - \sqrt{c}}{x_k + \sqrt{c}} = \left(\frac{x_0 - \sqrt{c}}{x_0 + \sqrt{c}}\right)^{2^k}$$

令 $r = \dfrac{x_0 - \sqrt{c}}{x_0 + \sqrt{c}}$,于是$\dfrac{x_k - \sqrt{c}}{x_k + \sqrt{c}} = r^{2^k}$,解得

$$x_k - \sqrt{c} = 2\sqrt{c}\,\frac{r^{2^k}}{1 - r^{2^k}}$$

对任意 $x_0 \in (0, +\infty)$,总有 $|r| < 1$,所以当 $k \to \infty$ 时 $x_k \to \sqrt{c}$。这说明对任意初值 $x_0 \in (0, +\infty)$,迭代格式(4.12)都是收敛的。

利用迭代格式(4.12),可以求 $\sqrt{135.607}$。取 $x_0 = 12$,计算结果列于表 2-4-2。因而可取 $\sqrt{135.607} \approx 11.645\,04$。与精确值 $\sqrt{135.607} = 11.645\,041\,86$ 比较,可知牛顿迭代法只需迭代 3 次就能达到精度要求。

表 2-4-2 牛顿法求平方根

k	0	1	2	3
x_k	12	11.650 291 67	11.645 043 04	11.645 041 86

2.4.4 割线法

牛顿迭代法的收敛速度快,但是每迭代一次,除需计算 $f(x_k)$ 的值外,还要计算 $f'(x_k)$ 的值。如果 $f(x)$ 比较复杂,计算 $f'(x_k)$ 的工作量就可能很大。为了避免计算导数值,我们用差商来代替导数。

设经过 k 次迭代后,欲求 x_{k+1}。用 $f(x)$ 在 x_k, x_{k-1} 两点的差商

$$\frac{f(x_k) - f(x_{k-1})}{x_k - x_{k-1}}$$

来代替牛顿迭代公式(4.2)中的导数值 $f'(x_k)$,于是我们得到如下迭代公式:

$$x_{k+1} = x_k - \frac{f(x_k)}{f(x_k) - f(x_{k-1})}(x_k - x_{k-1}) \quad (k = 1, 2, 3, \cdots) \tag{4.13}$$

这一公式的几何意义是经过 $A(x_k, f(x_k))$ 及 $B(x_{k-1}, f(x_{k-1}))$ 两点作割线 AB，其点斜式方程为

$$y = f(x_k) + \frac{f(x_k) - f(x_{k-1})}{x_k - x_{k-1}}(x - x_k) \tag{4.14}$$

此割线与 x 轴交点的横坐标就是由式(4.13)定义的 x_{k+1}，参见图2-4-2。故称迭代公式(4.14)为**割线公式**。

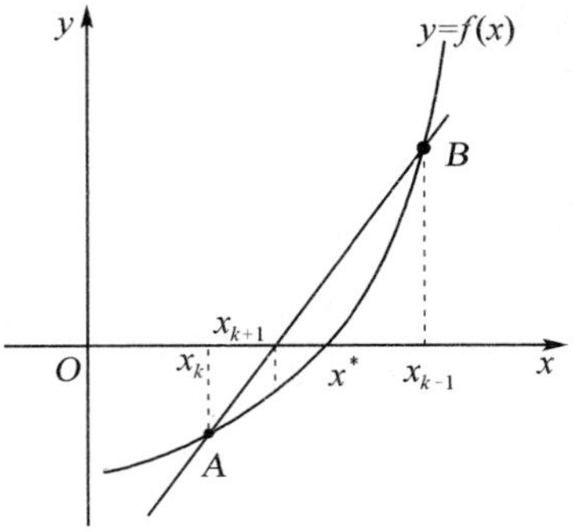

图2-4-2　割线法几何意义

使用割线公式(4.14)求根 x^* 时需要提供2个初始值 x_0 和 x_1。当 x_0 和 x_1 足够靠近 x^* 时，由割线公式产生的序列是收敛的。

例2.11　用割线法求方程

$$3x - \sin x - \cos x = 0$$

在0.5附近的根，精确至4位有效数字。

解　设

$$f(x) = 3x - \sin x - \cos x$$

取 $x_0 = 0.4, x_1 = 0.6$，割线公式为

$$x_{k+1} = x_k - \frac{f(x_k)}{f(x_k) - f(x_{k-1})}(x_k - x_{k-1}) \quad (k = 1,2,3,\cdots)$$

计算结果列于表2-4-3。

表2-4-3　割线法算例

k	x_k	$f(x_k)$
0	0.4	−0.110 479
1	0.6	0.410 022
2	0.442 451	−0.004 507 70
3	0.444 164	−0.000 181 36
4	0.444 236	$5.680\,48 \times 10^{-7}$
5	0.444 235	

所以 $x^* \approx 0.444\,2$。

从上例可知，割线法的收敛速度还是很快的。进一步的分析可知它的收敛速度比牛顿法略为慢些，但是它避免了求导数，而且每迭代1次，只要求1次 $f(x)$ 的值，计算工作量比牛顿法少。

2.5　代数方程求根的劈因子法

对于实系数的代数方程除了实根之外，还可能有复根，实际问题中有时需要去求一对共轭复根，这一节介绍一种求复根也可求重根的方法，称为**劈因子法**。

设有 n 次多项式

$$f(x) = a_0x^n + a_1x^{n-1} + \cdots + a_{n-1}x + a_n \tag{5.1}$$

如能从 $f(x)$ 中分离出一个二次因式

$$w^*(x) = x^2 + u^*x + v^*$$

使得 $f(x) = w^*(x)p^*(x)$，其中 $p^*(x)$ 是一个$(n-2)$ 次多项式。由于 $w^*(x) = 0$ 是一个二次代数方程，它有复根或有重根都是十分容易计算的，这样就可以求得 $f(x)$ 的一对根了。现在的关键是这个二次因式 $w^*(x)$ 如何求得。

我们的思想方法是给出一个初始的二次式

$$w(x) = x^2 + ux + v$$

用一种迭代格式，使其逐步逼近精确因式 $w^*(x)$。

用 $w(x)$ 除 $f(x)$，记商为 $p(x)$，因为 $w(x)$ 不一定是精确二次因式，所以一般其余式不为 0，此余式为 x 的一次式

$$r = r_0x + r_1$$

即有

$$f(x) = p(x)w(x) + r_0x + r_1 \tag{5.2}$$

式中，$p(x)$ 是 x 的$(n-2)$ 次多项式，其系数依赖于 $w(x)$ 中系数 u,v 的值，所以 $p(x)$ 是 u,v 的函数；同理 r_0,r_1 亦是 u,v 的函数，设 $r_0 = r_0(u,v), r_1 = r_1(u,v)$。如果$(r_0,r_1) \approx (0,0)$，则 $w(x)$ 就是满足一定精度要求的二次因式。一般说

$$(r_0,r_1) \neq (0,0)$$

于是要修正 u,v，使 u 成为 $u+\Delta u$，v 成为 $v+\Delta v$，并希望

$$\begin{cases} r_0(u+\Delta u, v+\Delta v) = 0, \\ r_1(u+\Delta u, v+\Delta v) = 0 \end{cases} \tag{5.3}$$

如果能设法求出 $\Delta u,\Delta v$，使式(5.3) 成立，则这时求得的二次因式

$$w^*(x) = x^2 + (u+\Delta u)x + (v+\Delta v) = x^2 + u^*x + v^*$$

就是从 $f(x)$ 分离出来的一个二次因式。于是问题转化为如何求解方程组(5.3)。

方程组(5.3) 是一个关于 $\Delta u,\Delta v$ 为未知数的非线性方程组。与解单个方程的牛顿法相同，可以用泰勒展开式使其线性化，然后再解线性方程组。设 $\Delta u,\Delta v$ 很小，把方程组(5.3) 中两式分别在(u,v) 展开，并略去二阶小量得到近似方程组

$$\begin{cases} r_0 + \dfrac{\partial r_0}{\partial u}\Delta u + \dfrac{\partial r_0}{\partial v}\Delta v = 0, \\ r_1 + \dfrac{\partial r_1}{\partial u}\Delta u + \dfrac{\partial r_1}{\partial v}\Delta v = 0 \end{cases} \tag{5.4}$$

解方程组(5.4)，即可求得 $\Delta u,\Delta v$，但方程组(5.4) 中的系数和常数项各是什么呢？

方程组(5.4) 中的 r_0 和 r_1 由式(5.2) 给出。现在我们来求出 4 个系数 $\dfrac{\partial r_0}{\partial u}$，$\dfrac{\partial r_1}{\partial u}$，

$\frac{\partial r_0}{\partial v}$ 和$\frac{\partial r_1}{\partial v}$。

将式(5.2)两边对 v 求偏导数,得

$$0 = p(x) + \frac{\partial p(x)}{\partial v}w(x) + \frac{\partial r_0}{\partial v}x + \frac{\partial r_1}{\partial v}$$

移项得

$$-p(x) = \frac{\partial p(x)}{\partial v}w(x) + \frac{\partial r_0}{\partial v}x + \frac{\partial r_1}{\partial v} \tag{5.5}$$

即用 $w(x)$ 除 $-p(x)$,所得余式的系数即为$\frac{\partial r_0}{\partial v}$ 和$\frac{\partial r_1}{\partial v}$。

将式(5.2)两边对 u 求偏导数,得

$$0 = xp(x) + \frac{\partial p(x)}{\partial u}w(x) + \frac{\partial r_0}{\partial u}x + \frac{\partial r_1}{\partial u}$$

移项得

$$-xp(x) = \frac{\partial p(x)}{\partial u}w(x) + \frac{\partial r_0}{\partial u}x + \frac{\partial r_1}{\partial u} \tag{5.6}$$

即用 $w(x)$ 除 $-xp(x)$,所得余式的系数即为$\frac{\partial r_0}{\partial u}$ 和$\frac{\partial r_1}{\partial u}$。

综上所述,我们做3次多项式的除法(见式(5.2),(5.5)和(5.6)),就可得到方程组(5.4)。当其系数矩阵的行列式

$$\Delta = \begin{vmatrix} \frac{\partial r_0}{\partial u} & \frac{\partial r_0}{\partial v} \\ \frac{\partial r_1}{\partial u} & \frac{\partial r_1}{\partial v} \end{vmatrix} \neq 0$$

时,即可解方程组(5.4)得到 $\Delta u, \Delta v$,于是有修正的二次因式

$$w(x) = x^2 + (u + \Delta u)x + (v + \Delta v)$$

如果用此二次式求方程的根,其精度还不满足要求,按照同样的方法,可以继续进行修正,直到所求的根满足精度要求为止。

用上述方法求一对共轭复根(也可以是一对实根)的方法称为**劈因子法**,其收敛速度比较快。劈因子法等价于求解方程组的牛顿迭代法。

例 2.12 用劈因子法求方程

$$f(x) = x^4 + x^3 + 5x^2 + 4x + 4 = 0$$

的一对复根。

解 取 $w_0(x) = x^2 + 0.8x + 0.8$ 作为近似的二次因式。

具体计算过程如下:

$$
\begin{array}{r|llllllllll}
 & \multicolumn{10}{l}{1+0.2+4.04} \\
\hline
1+0.8+0.8 & 1 & + & 1 & + & 5 & + & 4 & + & 4 & \\
 & 1 & + & 0.8 & + & 0.8 & & & & & \\
\cline{2-11}
 & & & 0.2 & + & 4.2 & + & 4 & & & \\
 & & & 0.2 & + & 0.16 & + & 0.16 & & & \\
\cline{2-11}
 & & & & & 4.04 & + & 3.84 & + & 4 & \\
 & & & & & 4.04 & + & 3.232 & + & 3.232 & \\
\cline{2-11}
 & & & & \multicolumn{2}{r}{(r_0, r_1) \longrightarrow} & \multicolumn{4}{l}{\boxed{0.608+0.768}} & \\
\end{array}
$$

$$
\begin{array}{r|llllllll}
 & \multicolumn{8}{l}{-1+0.6} \\
\hline
1+0.8+0.8 & - & 1 & - & 0.2 & - & 4.04 & + & 0 \\
 & - & 1 & - & 0.8 & - & 0.8 & & \\
\cline{2-9}
\left(\dfrac{\partial r_0}{\partial v}, \dfrac{\partial r_1}{\partial v}\right) & \multicolumn{2}{l}{\longrightarrow} & & \multicolumn{3}{l}{\boxed{0.6-3.24}} & + & 0 \\
 & & & & 0.6 & + & 0.48 & + & 0.48 \\
\cline{2-9}
\left(\dfrac{\partial r_0}{\partial u}, \dfrac{\partial r_1}{\partial u}\right) & & \multicolumn{3}{l}{\longrightarrow} & \multicolumn{4}{l}{\boxed{-3.72-0.48}} \\
\end{array}
$$

把求得的 6 个量，代入方程组(5.4)，得

$$
\begin{cases}
0.608 - 3.72\Delta u + 0.6\Delta v = 0, \\
0.768 - 0.48\Delta u - 3.24\Delta v = 0
\end{cases}
$$

解得 $\Delta u = 0.196\ 97, \Delta v = 0.207\ 86$。故得修正后的二次因式为

$$
\begin{aligned}
w_1(x) &= x^2 + (0.8 + 0.196\ 97)x + 0.8 + 0.207\ 86 \\
&= x^2 + 0.996\ 97x + 1.007\ 86
\end{aligned}
$$

事实上，$f(x)$ 有一个精确的二次因式为

$$
w^*(x) = x^2 + x + 1
$$

两者比较可知迭代效果还是很好的。求解 $w_1(x) = 0$ 可得一对共轭复根为

$$
x_{1,2} = -0.498\ 49 \pm 0.871\ 42\mathrm{i}
$$

而求解 $w^*(x) = 0$ 得到的精确解为

$$
x_{1,2}^* = -0.500\ 0 \pm 0.866\ 0\mathrm{i}
$$

关于代数方程求根问题还有其他方法，需要时可以参考有关教材。

2.6 应用实例:任一平面与螺旋线全部交点的计算

1994年美国大学生数学建模竞赛试题:帮助一家生物技术公司设计、证明、编程检验一种“实时”算法,要求计算处于一般位置(即处于任何地方、任何指向)的平面和螺旋线的全部交点。

本题的难点在于:(1) 求出全部交点,这实际上隐含了准确地计算出交点的个数;(2) 实时地求出来,要求算法快,特别是在交点很多的情况下,这似乎很难解决。

2.6.1 数学模型

取螺旋线的轴为 z 轴,x 轴通过螺旋线上一点。这样螺旋线和平面的方程可分别写为

$$\begin{cases} x = r\cos\theta, \\ y = r\sin\theta, \\ z = h\theta \end{cases} \tag{6.1}$$

$$Ax + By + Cz = D \tag{6.2}$$

式中,r 为螺旋线的半径;h 为螺距的$\dfrac{1}{2\pi}$;θ 为向径与 x 轴的夹角;A,B,C,D 为任意实常数(只有3个独立),且 $A^2+B^2+C^2\neq 0$。理论上,将式(6.1)和式(6.2)联立求解即可求出全部交点。但这是4个未知数 x,y,z 和 θ 的非线性方程组,试图直接构造快速的求解方法是困难的,所以还应根据具体的问题作进一步的简化。

若 $A=0,B=0$,此时,式(6.2)为

$$Cz = D$$

即所给平面与 xy 平面平行。显然此时平面和螺旋线有唯一的交点。易得交点的坐标为$\left(r\cos\dfrac{D}{Ch}, r\sin\dfrac{D}{Ch}, \dfrac{D}{C}\right)$。

现考虑 $A^2+B^2\neq 0$ 的情形。将式(6.1)代入式(6.2)得

$$Ar\cos\theta + Br\sin\theta + Ch\theta = D$$

或

$$r\sqrt{A^2+B^2}(\cos\theta\cos\psi - \sin\theta\sin\psi) + Ch\theta = D \tag{6.3}$$

其中

$$\cos\psi = \frac{A}{\sqrt{A^2+B^2}},\quad \sin\psi = -\frac{B}{\sqrt{A^2+B^2}}$$

令

$$\varphi=\theta+\psi,\quad a=-\frac{Ch}{r\sqrt{A^2+B^2}},\quad b=\frac{D+Ch\psi}{r\sqrt{A^2+B^2}}$$

则式(6.3)变为

$$\cos\varphi=a\varphi+b \tag{6.4}$$

这样将求4个未知量的方程组的解简化为求1个特殊的非线性方程的解，且方程(6.4)的解 φ 和方程组(6.1)和(6.2)的解 θ 只相差1个已知常数。

方程(6.4)的解为直线 $a\varphi+b$ 与余弦曲线 $\cos\varphi$ 交点的横坐标。

不妨设 $a\geqslant 0$。否则令 $\tilde{\varphi}=-\varphi$，则 $\cos\tilde{\varphi}=(-a)\tilde{\varphi}+b$，$-a\geqslant 0$。

若 $a=0$，则式(6.4)变为

$$\cos\varphi=b \tag{6.5}$$

当 $|b|>1$ 时，方程(6.5)无解，即螺旋线和平面无交点。此时平面(6.2)和螺旋线(6.1)的轴平行，两者之间的距离大于 r。当 $b=1$ 时，式(6.5)有无穷多解，$\varphi=2k\pi$，其中 k 为一切整数。当 $b=-1$ 时，式(6.5)有无穷多解，$\varphi=(2k+1)\pi$，其中 k 为一切整数。当 $|b|<1$ 时，式(6.5)有无穷多解：

$$\varphi=2k\pi\pm\arccos b\quad(k\text{ 为一切整数}) \tag{6.6}$$

下面仅讨论式(6.4)当 $a>0$ 的情况。

2.6.2　关于交点个数的讨论

性质1　方程(6.4)的根均在区间 $\left[\frac{-1-b}{a},\frac{1-b}{a}\right]$ 内，当 $\cos\frac{1-b}{a}=1$ 时，$\frac{1-b}{a}$ 为式(6.4)的根；当 $\cos\frac{1+b}{a}=-1$ 时，$\frac{-1-b}{a}$ 为式(6.4)的根。

证明　若 φ 为方程(6.4)的根，则

$$|a\varphi+b|=|\cos\varphi|\leqslant 1$$

由此得

$$\frac{-1-b}{a}\leqslant\varphi\leqslant\frac{1-b}{a}$$

记

$$f(\varphi)=a\varphi+b-\cos\varphi$$

则当 $\cos\frac{1-b}{a}=1$ 时，$f\left(\frac{1-b}{a}\right)=a\frac{1-b}{a}+b-1=0$，故 $\frac{1-b}{a}$ 为式(6.4)的根；当 $\cos\frac{1+b}{a}=-1$ 时，$f\left(\frac{-1-b}{a}\right)=a\frac{-1-b}{a}+b+1=0$，故 $\frac{-1-b}{a}$ 为方程(6.4)的根。

性质2　(1) 当 $a>1$ 时，方程(6.4)有唯一的单根 $\varphi^*\in\left[\frac{-1-b}{a},\frac{1-b}{a}\right]$；

(2) 当 $a=1$ 且 $\sin b\neq 1$ 时,方程(6.4)有唯一的单根 $\varphi^{*}\in[-1-b,1-b]$;

(3) 当 $a=1$ 且 $\sin b=1$ 时,方程(6.4)有唯一的三重根 $\varphi^{*}=-b$。

证明　(1) 记 $f(\varphi)=a\varphi+b-\cos\varphi$,则

$$f'(\varphi)=a+\sin\varphi$$

因 $f(-\infty)=-\infty,f(+\infty)=+\infty$,且当 $x\in(-\infty,+\infty)$ 时 $f'(\varphi)>0$,故 $f(\varphi)=0$ 在 $(-\infty,+\infty)$ 内有唯一的单根 φ^{*},又由性质1知 $\varphi^{*}\in\left[\frac{-1-b}{a},\frac{1-b}{a}\right]$。

(2) 当 $a=1$ 时,记 $f(\varphi)=\varphi+b-\cos\varphi$,则

$$f'(\varphi)=1+\sin\varphi$$

因 $f(-\infty)=-\infty,f(+\infty)=+\infty$,且当 $x\in(-\infty,+\infty)$ 时 $f'(\varphi)\geqslant 0$,故 $f(\varphi)=0$ 在 $(-\infty,+\infty)$ 内有唯一根 φ^{*},再次根据性质1知 $\varphi^{*}\in[-1-b,1-b]$。

若 φ^{*} 是重根,则必须

$$f(\varphi^{*})=\varphi^{*}+b-\cos\varphi^{*}=0 \tag{6.7}$$

$$f'(\varphi^{*})=1+\sin\varphi^{*}=0 \tag{6.8}$$

由式(6.8)得

$$\sin\varphi^{*}=-1,\quad \cos\varphi^{*}=0$$

又由式(6.7)得

$$\varphi^{*}+b=0\quad 或\quad \varphi^{*}=-b$$

于是

$$\sin b=\sin(-\varphi^{*})=-\sin\varphi^{*}=1$$

因而当 $a=1$ 且 $\sin b\neq 1$ 时,式(6.4)的根 φ^{*} 一定是单根。

(3) 当 $a=1$ 且 $\sin b=1$ 时,容易验证 $\varphi^{*}=-b$ 是方程组

$$\begin{cases}f(\varphi)=\varphi+b-\cos\varphi=0,\\ f'(\varphi)=1+\sin\varphi=0,\\ f''(\varphi)=\cos\varphi=0\end{cases}$$

的根,但

$$f'''(\varphi^{*})=-\sin\varphi^{*}=1\neq 0$$

因而 $\varphi^{*}=-b$ 是式(6.4)的三重根。

性质3　当 $0<a<1$ 时,方程(6.4)最多有两个重根,分别为 $\varphi_1=(-b+\sqrt{1-a^2})/a,\varphi_2=(-b-\sqrt{1-a^2})/a$,且重数为2。若 φ_1 为二重根,则它为最大根;若 φ_2 为二重根,则它为最小根。

证明　记

$$f(\varphi)=a\varphi+b-\cos\varphi$$

则方程(6.4)有重根 φ^{*} 的充要条件是 φ^{*} 满足

$$f(\varphi^{*})=a\varphi^{*}+b-\cos\varphi^{*}=0$$

$$f'(\varphi^*) = a + \sin\varphi^* = 0$$

由以上两式得到

$$\sin^2\varphi^* + \cos^2\varphi^* = a^2 + (a\varphi^* + b)^2 = 1$$

即 φ^* 是一元二次方程

$$a^2\varphi^2 + 2ab\varphi + (a^2 + b^2 - 1) = 0 \tag{6.9}$$

的根。根据代数知识，一元二次方程最多有两个根，故方程(6.4)最多有两个重根。容易看出式(6.9)恰有两个根，它们为

$$\varphi_1 = (-b + \sqrt{1 - a^2})/a, \quad \varphi_2 = (-b - \sqrt{1 - a^2})/a$$

此外，方程(6.4)没有重数大于2的根。若 φ^* 是一个重数大于2的根，则 φ^* 必须满足

$$f(\varphi^*) = a\varphi^* + b - \cos\varphi^* = 0 \tag{6.10}$$

$$f'(\varphi^*) = a + \sin\varphi^* = 0 \tag{6.11}$$

$$f''(\varphi^*) = \cos\varphi^* = 0 \tag{6.12}$$

由式(6.12)知 $\sin\varphi^* = 1$ 或 $\sin\varphi^* = -1$，再由式(6.11)知 $|a| = 1$，与条件 $0 < a < 1$ 矛盾。因而方程(6.4)最多有两个重根，且重数为2。

下面再证明若存在重根，则它一定是最大根或最小根。

不妨设在切点处直线在余弦线的上方与之相切。余弦函数 $\cos\varphi$ 的拐点是 $\cos\varphi = 0$ 的点，故余弦线中轴上方的一个波形是凸函数。由凸函数的性质，余弦线这一波全在切线的下方，包括这一波的最高点也在切线下方，即余弦函数在 $\varphi = 2k\pi$ 处达到最大值1，而直线函数在 $\varphi = 2k\pi$ 处的值大于1。由于直线的斜率 $a > 0$，直线是严格单调上升的，且当 $\varphi > 2k\pi$ 时直线上各点函数值始终大于1，余弦线上各点的函数值始终小于1，因而直线与余弦线不会再有交点，故切点(的横坐标)即方程(6.4)的重根是最大根。类似可证在切点处直线在余弦线的下方与之相切，切点(的横坐标)即方程(6.4)的重根为方程(6.4)的最小根。

性质4 方程(6.4)的根的个数一定是 $\left[\frac{2}{a\pi}\right] - 1$，$\left[\frac{2}{a\pi}\right]$，$\left[\frac{2}{a\pi}\right] + 1$ 及 $\left[\frac{2}{a\pi}\right] + 2$ 中的一个(不计根的重数)，其中 $[x]$ 是取整函数(即当 $n \leqslant x < n+1$ 时，$[x] = n$)。

证明 设

$$\frac{-1-b}{a} = m\pi + \theta\pi \quad (m \text{ 为整数}, 0 \leqslant \theta < 1)$$

$$\frac{2}{a} = l\pi + \eta\pi \quad (l \text{ 为整数}, 0 \leqslant \eta < 1)$$

则

$$\frac{1-b}{a} = \frac{-1-b}{a} + \frac{2}{a} = (m + l)\pi + (\theta + \eta)\pi$$

此时区间$\left[\frac{-1-b}{a},\frac{1-b}{a}\right]$为下列诸区间的并：

$$I_0=[(m+\theta)\pi,(m+1)\pi]$$
$$I_1=((m+1)\pi,(m+2)\pi]$$
$$I_2=((m+2)\pi,(m+3)\pi]$$
$$\vdots$$
$$I_{l-1}=((m+l-1)\pi,(m+l)\pi]$$
$$I_l=((m+l)\pi,(m+l)\pi+(\theta+\eta)\pi]$$

根据方程(6.4)的根的个数是直线$a\varphi+b$与余弦函数$\cos\varphi$交点的个数，可作如下断言：

(1) 当$0<\theta<1,0<\eta<1$时，方程(6.4)在$I_1,I_2,\cdots,I_{l-1}$上各有且仅有1个根，在I_0上最多有1个根，在I_l上最多有2个根。

(2) 当$\theta=0$时，若$m\pi$为式(6.4)的根，则方程(6.4)在I_0上有2个根；若$m\pi$不是式(6.4)的根，则方程(6.4)在I_0上有且仅有1个根。此时

$$I_l=((m+l)\pi,(m+l)\pi+\eta\pi]$$

再分两种情况：① $\eta\neq0$，方程(6.4)在$I_1,I_2,\cdots,I_{l-1}$上均有且仅有1根，在I_l上至多有1根；② $\eta=0$，I_l为单点集$I_l=\{(m+l)\pi\}\subset I_{l-1}$。方程(6.4)在$I_1,I_2,\cdots,I_{l-2}$上分别有且仅有1个根；若$(m+l)\pi$为方程(6.4)的根，则方程(6.4)在$I_{l-1}$上有2个根；若$(m+l)\pi$不是方程(6.4)的根，则方程(6.4)在$I_{l-1}$上有且仅有1个根。

综合以上各种情况，方程(6.4)根的个数为$l-1,l,l+1,l+2$四数之一。注意到$l=\left[\frac{2}{a\pi}\right]$，即得所要结论。

2.6.3　根的求法

基于上一节的讨论，我们可以求出方程(6.4)的所有根。分以下几种情况。

(1) 当$a>1$时，方程(6.4)有唯一的根φ^*。将方程(6.4)改写为

$$\varphi=\frac{1}{a}(\cos\varphi-b)$$

记

$$\Phi(\varphi)=\frac{1}{a}(\cos\varphi-b)$$

易知当$\varphi\in\left[\frac{-1-b}{a},\frac{1-b}{a}\right]$时，$\Phi(\varphi)\in\left[\frac{-1-b}{a},\frac{1-b}{a}\right]$，且$|\Phi'(\varphi)|\leqslant\frac{1}{a}<1$。因而取$\varphi_0\in\left[\frac{-1-b}{a},\frac{1-b}{a}\right]$，迭代格式为

$$\varphi_{k+1}=\frac{1}{a}(\cos\varphi_k-b)\quad(k=0,1,2,\cdots)$$

均收敛于 φ^*。

(2) 当 $a=1$ 且 $\sin b=1$ 时，方程(6.4)有唯一的根 $\varphi^*=-b$。

(3) 当 $a=1$ 且 $\sin b\neq 1$ 时，由于

$$f(\varphi)=\varphi-b-\cos\varphi$$

是一个单调上升函数，故可用二分法求出方程(6.4)在区间 $[-1-b,1-b]$ 内的唯一的根。

(4) 当 $0<a<1$ 时，首先检验 $\varphi_1=(-b+\sqrt{1-a^2})/a$ 是否是方程(6.4)的二重根。如果是，则 φ_1 是方程(6.4)的最大根。然后再检验 $\varphi_2=(-b-\sqrt{1-a^2})/a$ 是否是方程(6.4)的二重根。如果是，则 φ_2 是方程(6.4)的最小根。除了 φ_1 和 φ_2 之外，方程(6.4)的根全为单根。我们从区间 $\left[\dfrac{-1-b}{a},\dfrac{1-b}{a}\right]$ 的中点 $-\dfrac{b}{a}$ 出发，分别向左右两个方向依次求出所有的根。步骤如下：

① 首先找 k，使得

$$k\pi\leqslant-\frac{b}{a}<(k+1)\pi$$

求出方程(6.4)在 $[k\pi,(k+1)\pi)$ 上的根 $\bar{\varphi}$。

② 用向右推进的方法求出方程(6.4)的大于 $\bar{\varphi}$ 的所有根。设已求出了方程(6.4)在 $[(k+m-1)\pi,(k+m)\pi)$ 上的根。如果 $a(k+m)\pi+b\geqslant 1$，则当 $\varphi>(k+m)\pi$ 时方程(6.4)无根，即已求出了最大根(当 $a(k+m)\pi+b=1$ 时，$(k+m)\pi$ 为方程(6.4)的最大根)。如果 $a(k+m)\pi+b<1$，继续求方程(6.4)在 $[(k+m)\pi,(k+m+1)\pi)$ 上的根。

③ 用向左推进的方法求出方程(6.4)小于 $\bar{\varphi}$ 的所有根。设已求出了方程(6.4)在 $((k-l)\pi,(k-l+1)\pi]$ 上的根。如果 $a(k-l)\pi+b\leqslant-1$，则当 $\varphi<(k-l)\pi$ 时，方程(6.4)无根，即已求出了最小根(当 $a(k-l)\pi+b=-1$ 时，$(k-l)\pi$ 为方程(6.4)的最小根)。如果 $a(k-l)\pi+b>-1$，继续求方程(6.4)在 $((k-l-1)\pi,(k-l)\pi]$ 上的根。

牛顿法的收敛速度是二阶的，比二分法快得多，但牛顿法的收敛是有条件的。对①，②，③中在各个区间上的求根，根据方程(6.4)的特点，先用二分法将含根区间缩小一半，所得含根区间的两个端点处的余弦函数值一个为 0，另一个为 +1 或 −1。以连接余弦线上这两个点的弦与直线 $a\varphi+b=0$ 的交点的横坐标作为初值，用牛顿法求方程(6.4)在该区间上的根。

2.6.4　根的个数趋于无穷时的“实时”求交点方法

在上一段中给出了每一个根的求法，计算工作量与根的个数成正比。但当根的个数趋于无穷时，要达到“实时”计算是不可能。

这似乎是一个无法克服的矛盾，但是我们发现造成这一现象的原因是 $a \to 0^+$，而 $a=0(|b|<1)$ 时，方程(6.4)的求解并不困难，它有无穷多个根，见式(6.6)。这些根可以分成两组：

$$2k\pi + \arccos b \quad (k \text{ 为一切整数})$$

和

$$2k\pi - \arccos b \quad (k \text{ 为一切整数})$$

每一组中相邻的两根之间的距离为 2π。

当 $a \to 0^+$ 时

$$f(\varphi) = a\varphi + b - \cos\varphi$$

是一个准周期函数。如果将 $f(\varphi)=0$ 的根按从小到大的顺序排列，然后按奇数序号及偶数序号将这些根分成两组，则每一组中相邻两个根之间的距离也接近于 2π。事实上，若 φ^* 为方程(6.4)的根，即

$$f(\varphi^*) = a\varphi^* + b - \cos\varphi^* = 0$$

则

$$\begin{aligned} f(\varphi^* + 2\pi) &= a(\varphi^* + 2\pi) + b - \cos(\varphi^* + 2\pi) \\ &= a\varphi^* + b - \cos\varphi^* + 2a\pi \\ &= 2a\pi \approx 0 \end{aligned}$$

即 $\varphi^* + 2\pi$ 为方程(6.4)的近似根。

工程中对于所求之根是有一定精度要求的。若用于实时控制，精度要求相对来说就低一些。下面给出偶数序号根的求法(奇数序号根的求法类似)。先求出其中一个根 φ^*，然后按照准周期的性质得到近似根

$$\varphi^* + 2\pi, \quad \varphi^* + 4\pi, \quad \cdots, \quad \varphi^* + 2m\pi$$

将 $\varphi^* + 2m\pi$ 用牛顿法进行校正(即取初值 $\varphi^* + 2m\pi$，用牛顿法迭代一两次)得到更加精确的值 $\tilde{\varphi}^*$，并用 $\tilde{\varphi}^*$ 代替 $\varphi^* + 2m\pi$；接着再用准周期的性质得到近似根

$$\tilde{\varphi}^* + 2\pi, \quad \tilde{\varphi}^* + 4\pi, \quad \cdots, \quad \tilde{\varphi}^* + 2m\pi$$

然后再用牛顿法进行校正以改进 $\tilde{\varphi}^* + 2m\pi$，得 $\tilde{\tilde{\varphi}}$；如此继续。以上是向右推进计算所有大于 φ^* 的根。类似地可以从 φ^* 出发，向左推进计算出所有小于 φ^* 的根。

上面 m 的选取依赖于精度 ε 及 a 的大小。当 ε 固定时，若 a 很小，可取很大的 $m\left(m \text{ 正比于} \dfrac{1}{a}\right)$。

综上所述可以得到如下结论：在根的精度要求一定的情况下，在根的个数较少时，求根的工作计算量与根的个数成正比；但当 $a \to 0^+$ 的过程中，求根工作量几乎不变(am 不变)。根的精度要求越高，则计算量也越大。这样，在根的精度要求不太高时，用前述求根的方法完全可以达到“实时”计算的目的。

小结

对于非线性方程 $f(x)=0$ 用数值方法求根时，首先要求出有根区间，而且对于局部收敛的迭代格式，这个区间要尽可能地小。在讨论各种方法的有效性时，主要考察它的收敛速度和计算的工作量。

本章讨论的各种方法，除二分法仅限于求实根外，其他方法只要作适当处理，均可用于求复根。二分法简单直观，特别适合于为局部收敛的迭代公式提供好的初值；牛顿法具有较快的收敛速度，但对初值选取要求较高；割线法虽然比牛顿法收敛的慢些，但它的计算量比牛顿法少，每迭代1步，就只计算1次 $f(x)$ 的值，特别当 $f'(x)$ 计算比较复杂时，割线法更显示了它的优越性。

对于实系数多项式方程的求根，利用秦九韶法求 $f(x_k)$ 及 $f'(x_k)$，然后再用牛顿公式是方便的。对于 $f(x)=0$ 的共轭复根或二重根，劈因子法是很合适的，只是初始因子选择比较困难，计算量也稍大些。

复习思考题

1. 什么叫二分法？二分法的优点是什么？如何估计误差？

2. 什么是简单迭代法？它的收敛条件和误差估计式是什么？

3. 埃特金加速法的处理思想是什么？它具有什么优点？

4. 牛顿迭代格式是什么？它是怎样得出的？它有什么优缺点？割线法与牛顿法比较，各有什么优缺点？

5. 劈因子法的基本思想是什么？它有什么优缺点？

习题 2

1. 证明方程 $1-x-\sin x=0$ 在 $[0,1]$ 中有且只有1个根。使用二分法求误差不大于 $\frac{1}{2}\times 10^{-3}$ 的根需要迭代多少次？(不必求根)

2. 用二分法求方程 $2e^{-x}-\sin x=0$ 在区间 $[0,1]$ 内的根，精确到3位有效数字。

3. 分析代数方程 $f(x)=x^3-x-1=0$ 实根的分布情况，并用简单迭代法求出该方程的全部实根，精确至3位有效数字。

4. (1) 试用简单迭代法的理论证明：对于任意 $x_0\in[0,4]$，由迭代格式

$$x_{k+1}=\sqrt{2+x_k}\quad (k=0,1,2,\cdots)$$

得到的序列$\{x_k\}_{k=0}^{\infty}$均收敛于同一个数x^*；

(2) 你能否断定对于任意$x_0 \in [0,+\infty)$，由上述迭代得到的序列也收敛于数x^*？

5. 设x^*是$f(x)=0$在区间$[a,b]$上的根，$x_k \in [a,b]$是x^*的近似值，且$m = \min\limits_{a \leqslant x \leqslant b} |f'(x)| \neq 0$，求证：

$$|x_k - x^*| \leqslant \frac{|f(x_k)|}{m}$$

6. 如果x^*使得$x^* = \varphi(x^*)$，则称x^*为$\varphi(x)$的不动点。设x^*是$\varphi(x)$在$[a,b]$上的不动点，且对任意$x \in [a,b]$有$0 \leqslant \varphi'(x) \leqslant 1$，试证：对任意$x \in [a,b]$，有$\varphi(x) \in [a,b]$。

7. 求方程$x^3 - x^2 - 1 = 0$在$x_0 = 1.5$附近的根，将其改写为如下4种不同的等价形式，构造相应的迭代格式，试分析它们的收敛性。选一种收敛速度最快的迭代格式求方程的根，精确至4位有效数字。

(1) $x = 1 + \dfrac{1}{x^2}$；　　(2) $x = \sqrt[3]{1+x^2}$；

(3) $x = \sqrt{x^3 - 1}$；　　(4) $x = \dfrac{1}{\sqrt{x-1}}$。

8. 设$f(x) \in C^2[a,b]$，且$x^* \in (a,b)$是$f(x)=0$的单根，证明：迭代格式

$$x_{k+1} = x_k - \frac{f(x_k)}{f(x_k) - f(x_0)}(x_k - x_0) \quad (k = 1,2,3,\cdots)$$

是局部收敛的。

9. 写出用牛顿迭代法求方程$x^m - a = 0$的根$\sqrt[m]{a}$的迭代公式(其中$a > 0$)，并计算$\sqrt[5]{235.4}$(精确至4位有效数字)。分析在什么范围内取初值x_0，就可保证牛顿法收敛。

10. 考虑求解方程$x^2 + 2x - 3 = 0$的牛顿迭代格式

$$x_{k+1} = x_k - \frac{x_k^2 + 2x_k - 3}{2x_k + 2} \quad (k = 0,1,2,\cdots)$$

证明：

(1) 当$x_0 \in (-\infty,-1)$时，$\lim\limits_{k \to +\infty} x_k = -3$；

(2) 当$x_0 \in (-1,+\infty)$时，$\lim\limits_{k \to +\infty} x_k = 1$。

提示：应用定理2.6并参照例10。

11. 用割线法求方程$x^3 - 2x - 5 = 0$在$x_0 = 2$附近的根，取$x_0 = 2, x_1 = 2.2$，

计算到 4 位有效数字。

12. 对于复变量 $z=x+\mathrm{i}y$ 的复值函数 $f(z)$，应用牛顿法

$$z_{k+1}=z_k-\frac{f(z_k)}{f'(z_k)}$$

为避免复数运算，分出实部和虚部。设

$$z_k=x_k+\mathrm{i}y_k,\qquad f(z_k)=A_k+\mathrm{i}B_k,\qquad f'(z_k)=C_k+\mathrm{i}D_k$$

证明：

$$x_{k+1}=x_k-\frac{A_kC_k+B_kD_k}{C_k^2+D_k^2},\qquad y_{k+1}=y_k+\frac{A_kD_k-B_kC_k}{C_k^2+D_k^2}$$

13. 用劈因子法求方程 $f(x)=x^4-3x^3+20x^2+44x+54=0$ 在 $x_0=2.5+4.5\mathrm{i}$ 附近的根。

3　线性方程组数值解法

3.1　问题的提出

求解线性方程组的问题不但在工程技术中常被涉及，而且计算方法的其他分支（如样条函数、求解偏微分方程的差分方法及有限元方法等）的研究也往往归结为此类问题，因此这是一个应用相当广泛的课题。

设有线性方程组

$$\begin{cases} a_{11}x_1 + a_{12}x_2 + \cdots + a_{1n}x_n = b_1 \\ a_{21}x_1 + a_{22}x_2 + \cdots + a_{2n}x_n = b_2 \\ \vdots \qquad \vdots \qquad\qquad \vdots \qquad \vdots \\ a_{n1}x_1 + a_{n2}x_2 + \cdots + a_{nn}x_n = b_n \end{cases} \tag{1.1}$$

式中，a_{ij}，b_i 为已知常数，x_i 为待求的未知量。若记

$$\boldsymbol{A} = \begin{bmatrix} a_{11} & a_{12} & \cdots & a_{1n} \\ a_{21} & a_{22} & \cdots & a_{2n} \\ \vdots & \vdots & & \vdots \\ a_{n1} & a_{n2} & \cdots & a_{nn} \end{bmatrix}, \quad \boldsymbol{x} = \begin{bmatrix} x_1 \\ x_2 \\ \vdots \\ x_n \end{bmatrix}, \quad \boldsymbol{b} = \begin{bmatrix} b_1 \\ b_2 \\ \vdots \\ b_n \end{bmatrix}$$

则式(1.1) 可写成矩阵形式为

$$\boldsymbol{Ax} = \boldsymbol{b} \tag{1.2}$$

有时也把式(1.1) 写成增广矩阵的形式，即

$$\bar{\boldsymbol{A}} = [\boldsymbol{A}\boldsymbol{b}] = \begin{bmatrix} a_{11} & a_{12} & \cdots & a_{1n} & b_1 \\ a_{21} & a_{22} & \cdots & a_{2n} & b_2 \\ \vdots & \vdots & & \vdots & \vdots \\ a_{n1} & a_{n2} & \cdots & a_{nn} & b_n \end{bmatrix} \tag{1.3}$$

方程组(1.1) 的第 i 个方程对应于增广矩阵式(1.3) 的第 i 行。

在线性代数课程里我们已经知道：如果矩阵 $\boldsymbol{A}$ 是非奇异的，即 $\det\boldsymbol{A} \neq 0$，则方程组(1.1) 有唯一解，并且可用克莱姆(Cramer) 法则将解表示出来，即

$$x_i = \frac{D_i}{D} \quad (i = 1,2,\cdots,n) \tag{1.4}$$

其中，x_i 为解向量 $\boldsymbol{x}$ 的第 i 个分量；$D = \det\boldsymbol{A}$；D_i 是用 $\boldsymbol{b}$ 代替 $\boldsymbol{A}$ 的第 i 列后所得矩阵的行列式。本章始终假设 $\boldsymbol{A}$ 为实的非奇异矩阵。

克莱姆法则虽是解方程组的一种直接方法，但计算量是很大的。对于一个 n 阶方程组需要计算 $(n+1)$ 个 n 阶行列式，而 n 阶行列式采用展成代数余子式之和的

方法来计算，需作 $n!$ 次乘法，因此共需作 $(n+1)!$ 次乘法运算。若 $n=20$，则 $(n+1)!\approx 5.109\times 10^{19}$。这个工作量在每秒可作 10^{10} 次运算的计算机上计算也需要 162 年。因而此方法是不实用的，必须研究其他数值方法。

关于线性代数方程组的解法一般分为两类。一类是直接法，就是在没有舍入误差的情况下通过有限步四则运算可以求得方程组准确解的方法。但由于实际计算中舍入误差是客观存在的，因而使用此类方法也只能得到近似解。目前较实用的直接法是古老的高斯消去法的变形，即主元素消去法及矩阵的三角分解法，它们都是目前计算机上常用的有效方法。

另一类是迭代法，就是先给一个解的初始近似值，然后按一定的法则逐步求出解的各个更准确的近似值，因此是用某种极限过程逐步逼近准确解的方法。目前常用的迭代法有雅可比迭代法、高斯-赛德尔迭代法以及逐次超松驰法和梯度法。由于课时有限，在此只介绍前两种方法。

对于中等规模的 n 阶 $(n<100)$ 线性方程组，由于直接法的准确性和可靠性，所以它们是经常被选用的方法；对于较高阶的方程组，特别是对某些偏微分方程离散化后得到的大型稀疏方程组，由于直接法的计算代价较高，使得迭代法更具竞争力。

3.2 消去法

3.2.1 三角方程组的解法

形如

$$\begin{cases} u_{11}x_1+u_{12}x_2+u_{13}x_3+\cdots+u_{1n}x_n=y_1, \\ \qquad u_{22}x_2+u_{23}x_3+\cdots+u_{2n}x_n=y_2, \\ \qquad\qquad \ddots \qquad\qquad \vdots \quad \vdots \\ \qquad\qquad u_{n-1,n-1}x_{n-1}+u_{n-1,n}x_n=y_{n-1}, \\ \qquad\qquad\qquad u_{nn}x_n=y_n \end{cases} \tag{2.1}$$

的方程组称为上三角方程组，写成矩阵表示形式为

$$\boldsymbol{Ux}=\boldsymbol{y} \tag{2.2}$$

其中

$$\boldsymbol{U}=\begin{bmatrix} u_{11} & u_{12} & \cdots & u_{1,n-1} & u_{1n} \\ & u_{22} & \cdots & u_{2,n-1} & u_{2n} \\ & & \ddots & \vdots & \vdots \\ & & & u_{n-1,n-1} & u_{n-1,n} \\ & & & & u_{nn} \end{bmatrix}$$

称为上三角矩阵。

若 $\det\boldsymbol{U}\neq 0$，即 $u_{ii}\neq 0(i=1,2,\cdots,n)$，则方程组(2.1)有唯一解。从方程组

(2.1) 的最后一个方程,得到

$$x_n = y_n / u_{nn} \tag{2.3}$$

将其代入到方程组(2.1) 的倒数第二个方程,得到

$$x_{n-1} = (y_{n-1} - u_{n-1,n}x_n)/u_{n-1,n-1}$$

一般的,设已求得 $x_n, x_{n-1}, \cdots, x_{i+1}$,则由方程组(2.1) 的第 i 个方程,可得

$$x_i = \left(y_i - \sum_{j=i+1}^{n} u_{ij}x_j\right)/u_{ii} \quad (i = n-1, n-2, \cdots, 1) \tag{2.4}$$

上述求解方程组(2.1) 的过程称为**回代过程**。所需乘除法运算次数为

$$M_1 = \sum_{i=1}^{n}(n-i+1) = \frac{n(n+1)}{2}$$

加减法运算次数为

$$S_1 = \sum_{i=1}^{n}(n-i) = \frac{n(n-1)}{2}$$

3.2.2　高斯消去法

上三角方程组的求解方法很简单。对于一般的方程组(1.1),若能通过同解变换将其化为上三角方程组(2.1) 这种特殊形式,则求解方程组(1.1) 的问题也就自然解决了。以下介绍的高斯(Gauss) 消去法就实现了这一想法。高斯消去法在线性代数课程中已学习过,这里再次提及是想在此基础上对高斯消去法作些改进。

为了表达高斯消去法的一般计算过程,记原线性方程组(1.1) 或(1.3) 为

$$\overline{\boldsymbol{A}}^{(1)} = \begin{bmatrix} a_{11}^{(1)} & a_{12}^{(1)} & \cdots & a_{1n}^{(1)} & a_{1,n+1}^{(1)} \\ a_{21}^{(1)} & a_{22}^{(1)} & \cdots & a_{2n}^{(1)} & a_{2,n+1}^{(1)} \\ \vdots & \vdots & & \vdots & \vdots \\ a_{n1}^{(1)} & a_{n2}^{(1)} & \cdots & a_{nn}^{(1)} & a_{n,n+1}^{(1)} \end{bmatrix} \tag{2.5}$$

其中

$$a_{ij}^{(1)} = a_{ij}, \quad a_{i,n+1}^{(1)} = b_i \quad (1 \leqslant i, j \leqslant n)$$

第 1 步消元:设 $a_{11}^{(1)} \neq 0$(如果 $a_{11}^{(1)} = 0$,则第 1 列中一定有一个不为零的元素,将该元素所在行与第 1 行相交换),利用 $a_{11}^{(1)}$ 将 $\overline{\boldsymbol{A}}^{(1)}$ 第 1 列对角线以下的元素消为零,即将 $\overline{\boldsymbol{A}}^{(1)}$ 的第 1 行乘以 $-l_{i1}$($l_{i1} = a_{i1}^{(1)}/a_{11}^{(1)}$),加到第 i 行上去($i = 2, 3, \cdots, n$),得到式(2.5) 的同解方程组

$$\overline{\boldsymbol{A}}^{(1)} \xrightarrow[\substack{\vdots \\ r_n + (-l_{n1})r_1}]{\substack{r_2 + (-l_{21})r_1 \\ r_3 + (-l_{31})r_1}} \begin{bmatrix} a_{11}^{(1)} & a_{12}^{(1)} & \cdots & a_{1n}^{(1)} & a_{1,n+1}^{(1)} \\ 0 & a_{22}^{(2)} & \cdots & a_{2n}^{(2)} & a_{2,n+1}^{(2)} \\ 0 & a_{32}^{(2)} & \cdots & a_{3n}^{(2)} & a_{3,n+1}^{(2)} \\ \vdots & \vdots & & \vdots & \vdots \\ 0 & a_{n2}^{(2)} & \cdots & a_{nn}^{(2)} & a_{n,n+1}^{(2)} \end{bmatrix} \equiv \overline{\boldsymbol{A}}^{(2)} \tag{2.6}$$

其中

$$a_{ij}^{(2)} = a_{ij}^{(1)} - l_{i1}a_{1j}^{(1)} \quad (2 \leqslant i \leqslant n; 2 \leqslant j \leqslant n+1)$$

这里符号 $r_i + (-l_{i1})r_1$ 表示对 $\overline{A}^{(1)}$ 的第 i 行进行变换，将第 1 行的 $(-l_{i1})$ 倍加到第 i 行上。

一般的，设已对式(2.5)作了 $(k-1)$ 步消元，得到式(2.5)的同解方程组为

$$\overline{\boldsymbol{A}}^{(k)} = \begin{bmatrix} a_{11}^{(1)} & a_{12}^{(1)} & \cdots & a_{1,k-1}^{(1)} & a_{1k}^{(1)} & \cdots & a_{1n}^{(1)} & a_{1,n+1}^{(1)} \\ 0 & a_{22}^{(2)} & \cdots & a_{2,k-1}^{(2)} & a_{2k}^{(2)} & \cdots & a_{2n}^{(2)} & a_{2,n+1}^{(2)} \\ \vdots & \vdots & & \vdots & \vdots & & \vdots & \vdots \\ 0 & 0 & \cdots & a_{k-1,k-1}^{(k-1)} & a_{k-1,k}^{(k-1)} & \cdots & a_{k-1,n}^{(k-1)} & a_{k-1,n+1}^{(k-1)} \\ 0 & 0 & \cdots & 0 & a_{kk}^{(k)} & \cdots & a_{kn}^{(k)} & a_{k,n+1}^{(k)} \\ 0 & 0 & \cdots & 0 & a_{k+1,k}^{(k)} & \cdots & a_{k+1,n}^{(k)} & a_{k+1,n+1}^{(k)} \\ \vdots & \vdots & & \vdots & \vdots & & \vdots & \vdots \\ 0 & 0 & \cdots & 0 & a_{nk}^{(k)} & \cdots & a_{nn}^{(k)} & a_{n,n+1}^{(k)} \end{bmatrix}$$

第 k 步消元：若 $a_{kk}^{(k)} \neq 0$(若 $a_{kk}^{(k)} = 0$，则第 k 列中第 i 行至第 n 行元素至少有一个元素不为 0，将该元素所在行与第 k 行相交换)，利用 $a_{kk}^{(k)}$，将 $\overline{\boldsymbol{A}}^{(k)}$ 的第 k 列对角线以下的元素消为零，即将 $\overline{\boldsymbol{A}}^{(k)}$ 的第 k 行乘以 $-l_{ik}(l_{ik} = a_{ik}^{(k)}/a_{kk}^{(k)})$，加到第 i 行上去 $(i = k+1, k+2, \cdots, n)$，得到式(2.5)的同解方程组

$$\overline{\boldsymbol{A}}^{(k)} \xrightarrow[\substack{\vdots \\ r_n + (-l_{nk})r_k}]{\substack{r_{k+1}+(-l_{k+1,k})r_k \\ r_{k+2}+(-l_{k+2,k})r_k}} \begin{bmatrix} a_{11}^{(1)} & a_{12}^{(1)} & \cdots & a_{1k}^{(1)} & a_{1,k+1}^{(1)} & \cdots & a_{1n}^{(1)} & a_{1,n+1}^{(1)} \\ 0 & a_{22}^{(2)} & \cdots & a_{2k}^{(2)} & a_{2,k+1}^{(2)} & \cdots & a_{2n}^{(2)} & a_{2,n+1}^{(2)} \\ \vdots & \vdots & & \vdots & \vdots & & \vdots & \vdots \\ 0 & 0 & \cdots & a_{kk}^{(k)} & a_{k,k+1}^{(k)} & \cdots & a_{kn}^{(k)} & a_{k,n+1}^{(k)} \\ 0 & 0 & \cdots & 0 & a_{k+1,k+1}^{(k+1)} & \cdots & a_{k+1,n}^{(k+1)} & a_{k+1,n+1}^{(k+1)} \\ 0 & 0 & \cdots & 0 & a_{k+2,k+1}^{(k+1)} & \cdots & a_{k+2,n}^{(k+1)} & a_{k+2,n+1}^{(k+1)} \\ \vdots & \vdots & & \vdots & \vdots & & \vdots & \vdots \\ 0 & 0 & \cdots & 0 & a_{n,k+1}^{(k+1)} & \cdots & a_{n,n}^{(k+1)} & a_{n,n+1}^{(k+1)} \end{bmatrix}$$

$$\equiv \overline{\boldsymbol{A}}^{(k+1)}$$

其中

$$a_{ij}^{(k+1)} = a_{ij}^{(k)} - l_{ik}a_{kj}^{(k)} \quad (k+1 \leqslant i \leqslant n; k+1 \leqslant j \leqslant n+1) \tag{2.7}$$

通常称 l_{ik} 为消元因子，称 $a_{kk}^{(k)}$ 为主元。

上述作法，直至第 $(n-1)$ 步做完，得到式(2.5)的同解方程组

$$\overline{\boldsymbol{A}}^{(n)} = \begin{bmatrix} a_{11}^{(1)} & a_{12}^{(1)} & \cdots & a_{1,n-1}^{(1)} & a_{1n}^{(1)} & a_{1,n+1}^{(1)} \\ & a_{22}^{(2)} & \cdots & a_{2,n-1}^{(2)} & a_{2n}^{(2)} & a_{2,n+1}^{(2)} \\ & & \ddots & \vdots & \vdots & \vdots \\ & & & a_{n-1,n-1}^{(n-1)} & a_{n-1,n}^{(n-1)} & a_{n-1,n+1}^{(n-1)} \\ & & & & a_{nn}^{(n)} & a_{n,n+1}^{(n)} \end{bmatrix} \tag{2.8}$$

若记 $\boldsymbol{U}=\begin{bmatrix} a_{11}^{(1)} & a_{12}^{(1)} & \cdots & a_{1n}^{(1)} \\ & a_{22}^{(2)} & \cdots & a_{2n}^{(2)} \\ & & \ddots & \vdots \\ & & & a_{nn}^{(n)} \end{bmatrix}$，$\boldsymbol{y}=\begin{bmatrix} a_{1,n+1}^{(1)} \\ a_{2,n+1}^{(2)} \\ \vdots \\ a_{n,n+1}^{(n)} \end{bmatrix}$，则式(2.8) 为

$$\boldsymbol{Ux}=\boldsymbol{y}$$

由第 3.2.1 节的回代过程可求得 $\boldsymbol{x}$。

由式(2.5) 约化为式(2.8) 的过程称为高斯消去法的**消元过程**。

由式(2.6) 和(2.7) 可知第 k 步消元，所需乘除法的运算次数为

$$(n-k)^2+2(n-k)=(n-k+2)(n-k)$$

加减法的运算次数为

$$(n+1-k)(n-k)=(n-k+1)(n-k)$$

因而消元过程总运算量：

乘除法次数为

$$\begin{aligned} M_2 &= \sum_{k=1}^{n-1}(n-k+2)(n-k)=\sum_{k=1}^{n-1}(n-k)^2+2\sum_{k=1}^{n-1}(n-k) \\ &= \frac{(n-1)n(2n-1)}{6}+2\,\frac{(n-1)n}{2}=\frac{n^3}{3}+\frac{n^2}{2}-\frac{5n}{6} \end{aligned}$$

加减法次数为

$$\begin{aligned} S_2 &= \sum_{k=1}^{n-1}(n-k+1)(n-k)=\sum_{k=1}^{n-1}(n-k)^2+\sum_{k=1}^{n-1}(n-k) \\ &= \frac{(n-1)n(2n-1)}{6}+\frac{(n-1)n}{2}=\frac{n^3}{3}-\frac{n}{3} \end{aligned}$$

高斯消去法分为消元和回代两个过程，于是高斯消去法的总运算量：

乘除法次数为

$$M=M_1+M_2=\frac{n^3}{3}+n^2-\frac{n}{3}$$

加减法次数为

$$S=S_1+S_2=\frac{n^3}{3}+\frac{n^2}{2}-\frac{5n}{6}$$

由于在计算机运算中，作一次乘除法所花费的时间大大超过作一次加减法所需的时间，因此估计某个方法所需运算量时，往往只需估计乘除法次数。高斯消去法的运算量为$\left(\dfrac{n^3}{3}+n^2-\dfrac{n}{3}\right)$次乘除法，而当 n 很大时有 $n^{p+1}\gg n^p$，故往往略去 n 的低次幂项，这样高斯消去法的计算量为$\dfrac{n^3}{3}$ 数量级。

取 $n=20$，通过计算可知高斯消去法需作 3 060 次乘除法，而克莱姆法则需作

5.109×10^{19} 次乘法。相比之下，高斯消去法计算量小得多。

在实际问题中经常遇到两类线性方程组，一类其系数矩阵是严格对角占优的，另一类其系数矩阵是对称正定的。

定义 3.1　设

$$\boldsymbol{A} = \begin{bmatrix} a_{11} & a_{12} & \cdots & a_{1n} \\ a_{21} & a_{22} & \cdots & a_{2n} \\ \vdots & \vdots & & \vdots \\ a_{n1} & a_{n2} & \cdots & a_{nn} \end{bmatrix} \in \mathbf{R}^{n\times n}$$

如果

$$|a_{ii}| > \sum_{\substack{j=1 \\ j\neq i}}^{n} |a_{ij}| \quad (i = 1,2,\cdots,n)$$

对称 $\boldsymbol{A}$ 为按行严格对角占优矩阵；如果

$$|a_{jj}| > \sum_{\substack{i=1 \\ i\neq j}}^{n} |a_{ij}| \quad (j = 1,2,\cdots,n)$$

则称 $\boldsymbol{A}$ 为按行严格对角占优矩阵。

定义 3.2　设

$$\boldsymbol{A} = \begin{bmatrix} a_{11} & a_{12} & \cdots & a_{1n} \\ a_{21} & a_{22} & \cdots & a_{2n} \\ \vdots & \vdots & & \vdots \\ a_{n1} & a_{n2} & \cdots & a_{nn} \end{bmatrix} \in \mathbf{R}^{n\times n}$$

如果

$$a_{ij} = a_{ji} \quad (1 \leqslant i,j \leqslant n)$$

且对任意 $\boldsymbol{x} \in \mathbf{R}^n, \boldsymbol{x} \neq \boldsymbol{0}$，有 $(\boldsymbol{x}, \boldsymbol{Ax}) > 0$，则称 $\boldsymbol{A}$ 是对称正定的。

高斯消去法得以顺利进行的条件是 $a_{kk}^{(k)} \neq 0 (k = 1,2,\cdots,n-1)$。需要指出的是，当线性方程组的系数矩阵是严格对角占优矩阵或对称正定矩阵时，在进行高斯消元过程中总能保证 $a_{kk}^{(k)} \neq 0 (k = 1,2,3,\cdots,n)$，因此可以直接使用高斯消去法求解。

例 3.1　用高斯消去法解线性方程组

$$\begin{bmatrix} 2 & 2 & -1 \\ 1 & -1 & 0 \\ 4 & -2 & -1 \end{bmatrix} \begin{bmatrix} x_1 \\ x_2 \\ x_3 \end{bmatrix} = \begin{bmatrix} -4 \\ 0 \\ -6 \end{bmatrix}$$

解
$$\begin{bmatrix} 2 & 2 & -1 & -4 \\ 1 & -1 & 0 & 0 \\ 4 & -2 & -1 & -6 \end{bmatrix} \xrightarrow[r_3+(-2)r_1]{r_2+\left(-\frac{1}{2}\right)r_1} \begin{bmatrix} 2 & 2 & -1 & -4 \\ 0 & -2 & \frac{1}{2} & 2 \\ 0 & -6 & 1 & 2 \end{bmatrix}$$

$$\xrightarrow{r_3+(-3)r_2}\begin{bmatrix}2 & 2 & -1 & -4\\0 & -2 & \frac{1}{2} & 2\\0 & 0 & -\frac{1}{2} & -4\end{bmatrix}$$

因而我们得到同解的三角方程组为

$$\begin{cases}2x_1+2x_2-\quad x_3=-4,\\ \qquad -2x_2+\frac{1}{2}x_3=2,\\ \qquad\qquad -\frac{1}{2}x_3=-4\end{cases}$$

通过回代过程解得

$$x_3=8,\quad x_2=1,\quad x_1=1$$

3.2.3　追赶法

在样条函数的计算、微分方程数值求解中常遇到如下形式的线性方程组：

$$\begin{bmatrix}b_1 & c_1 & & & & \\ a_2 & b_2 & c_2 & & & \\ & a_3 & b_3 & c_3 & & \\ & & \ddots & \ddots & \ddots & \\ & & & a_{n-1} & b_{n-1} & c_{n-1}\\ & & & & a_n & b_n\end{bmatrix}\begin{bmatrix}x_1\\x_2\\x_3\\\vdots\\x_{n-1}\\x_n\end{bmatrix}=\begin{bmatrix}d_1\\d_2\\d_3\\\vdots\\d_{n-1}\\d_n\end{bmatrix}\tag{2.9}$$

其系数矩阵是三对角的，且其元素满足：

① $|b_1|>|c_1|>0$；

② $|b_i|\geqslant|a_i|+|c_i|$，且 $a_ic_i\neq 0\quad(i=2,3,\cdots,n-1)$；

③ $|b_n|\geqslant|a_n|>0$。

利用方程组(2.9)的特点，应用高斯消去法求解时，每步消元只需消一个元素。其消元过程为

$$\begin{cases}\beta_1=b_1,\quad y_1=d_1;\\ l_i=\dfrac{a_i}{\beta_{i-1}},\quad \beta_i=b_i-l_ic_{i-1},\quad y_i=d_i-l_iy_{i-1}\quad(i=2,3,\cdots,n)\end{cases}\tag{2.10}$$

得到同解的三角方程组为

$$\begin{bmatrix} \beta_1 & c_1 & & & & y_1 \\ & \beta_2 & c_2 & & & y_2 \\ & & \ddots & \ddots & & \vdots \\ & & & \beta_{n-1} & c_{n-1} & y_{n-1} \\ & & & & \beta_n & y_n \end{bmatrix}$$

回代过程为

$$\begin{cases} x_n = y_n/\beta_n, \\ x_i = (y_i - c_i x_{i+1})/\beta_i \quad (i = n-1, n-2, \cdots, 1) \end{cases} \tag{2.11}$$

这种把三对角方程组(2.9)的解用递推公式(2.10)和(2.11)表示出来的方法，被形象化地叫做**追赶法**。因为式(2.10)是关于下标 i 由小到大的递推公式，故被称之为追的过程；而式(2.11)却是关于下标 i 从大到小的递推公式，故被称之为赶的过程。

用追赶法解方程组(2.9)仅需$(5n-4)$次乘除法运算，$(3n-3)$次加减法运算。在用计算机计算时只需用 4 个一维数组存贮 $a_i, b_i, c_i, d_i (i = 1, 2, \cdots, n)$。按公式(2.10)顺序计算 l_i, β_i, y_i，并将 l_i, β_i, y_i 分别存放在 a_i, b_i, d_i 所占用的存贮单元上；按公式(2.11)计算出的 x_i 存放在 y_i 所占用的存贮单元上。

3.2.4　列主元高斯消去法

前面已指出高斯消去法必须在条件 $a_{kk}^{(k)} \neq 0 (k = 1, 2, \cdots, n-1)$ 下才能进行。现在还需指出的是即使 $a_{kk}^{(k)} \neq 0$，但当 $|a_{kk}^{(k)}|$ 和 $|a_{ik}^{(k)}| (k+1 \leqslant i \leqslant n)$ 相比很小时，也是不适用的。因为在第 k 步消元时，需将 $\overline{\boldsymbol{A}}^{(k)}$ 的第 k 行乘以$(-l_{ik})$倍加到第 i 行。如果第 k 行的元素$(a_{k,k+1}^{(k)}, a_{k,k+2}^{(k)}, \cdots, a_{k,n+1}^{(k)})$有误差$(\varepsilon_{k+1}, \varepsilon_{k+2}, \cdots, \varepsilon_{n+1})$，则该误差将放大$(-l_{ik})$倍传到 $\overline{\boldsymbol{A}}^{(k+1)}$ 的第 i 行。由于 $l_{ik} = a_{ik}^{(k)}/a_{kk}^{(k)}$ 的绝对值很大，由此将带来舍入误差的严重增长。

解决这个问题的方法之一是选列主元。设已作$(k-1)$步消元得到

$$\overline{\boldsymbol{A}}^{(k)} = \begin{bmatrix} a_{11}^{(1)} & a_{12}^{(1)} & \cdots & a_{1k}^{(1)} & \cdots & a_{1n}^{(1)} & a_{1,n+1}^{(1)} \\ & a_{22}^{(2)} & \cdots & a_{2k}^{(2)} & \cdots & a_{2n}^{(2)} & a_{2,n+1}^{(2)} \\ & & \ddots & \vdots & & \vdots & \vdots \\ & & & a_{kk}^{(k)} & \cdots & a_{kn}^{(k)} & a_{k,n+1}^{(k)} \\ & & & a_{k+1,k}^{(k)} & \cdots & a_{k+1,n}^{(k)} & a_{k+1,n+1}^{(k)} \\ & & & \vdots & & \vdots & \vdots \\ & & & a_{nk}^{(k)} & \cdots & a_{nn}^{(k)} & a_{n,n+1}^{(k)} \end{bmatrix}$$

在进行第 k 步消元之前，选出第 k 列中位于对角线及其以下元素绝对值中的最大者*，即确定 t 使得

$$|a_{t,k}^{(k)}| = \max_{k \leqslant i \leqslant n} |a_{ik}^{(k)}|$$

将 $\overline{\boldsymbol{A}}^{(k)}$ 的第 t 行和第 k 行互相交换，则元素 $a_{tk}^{(k)}$ 为新的主对角元 $a_{kk}^{(k)}$，其余元素也均以交换后的位置来表示，即

$$\overline{\boldsymbol{A}}^{(k)} \xrightarrow{r_t \leftrightarrow r_k} \begin{bmatrix} a_{11}^{(1)} & a_{12}^{(1)} & \cdots & a_{1k}^{(1)} & \cdots & a_{1n}^{(1)} & a_{1,n+1}^{(1)} \\ & a_{22}^{(2)} & \cdots & a_{2k}^{(2)} & \cdots & a_{2n}^{(2)} & a_{2,n+1}^{(2)} \\ & & \ddots & \vdots & & \vdots & \vdots \\ & & & a_{kk}^{(k)} & \cdots & a_{kn}^{(k)} & a_{k,n+1}^{(k)} \\ & & & a_{k+1,k}^{(k)} & \cdots & a_{k+1,n}^{(k)} & a_{k+1,n}^{(k)} \\ & & & \vdots & & \vdots & \vdots \\ & & & a_{nk}^{(k)} & \cdots & a_{nn}^{(k)} & a_{n,n+1}^{(k)} \end{bmatrix}$$

然后再按高斯消去法进行第 k 步消元。这种方法称为**列主元高斯消去法**。记号 $r_i \leftrightarrow r_j$ 表示第 i 行与第 j 行互相交换，此时消元因子

$$|l_{ik}| = \left|\frac{a_{ik}^{(k)}}{a_{kk}^{(k)}}\right| \leqslant 1 \quad (i = k+1, k+2, \cdots, n)$$

一般能保证舍入误差不扩散。这个方法基本上是稳定的。

例 3.2　用列主元高斯消去法解线性方程组

$$\begin{bmatrix} 2 & 2 & -1 \\ 1 & -1 & 0 \\ 4 & -2 & -1 \end{bmatrix} \begin{bmatrix} x_1 \\ x_2 \\ x_3 \end{bmatrix} = \begin{bmatrix} -4 \\ 0 \\ -6 \end{bmatrix}$$

解

$$\begin{bmatrix} 2 & 2 & -1 & -4 \\ 1 & -1 & 0 & 0 \\ 4 & -2 & -1 & -6 \end{bmatrix} \xrightarrow{r_1 \leftrightarrow r_3} \begin{bmatrix} 4 & -2 & -1 & -6 \\ 1 & -1 & 0 & 0 \\ 2 & 2 & -1 & -4 \end{bmatrix}$$

$$\xrightarrow[r_3 - \frac{1}{2}r_1]{r_2 - \frac{1}{4}r_1} \begin{bmatrix} 4 & -2 & -1 & -6 \\ 0 & -\frac{1}{2} & \frac{1}{4} & \frac{3}{2} \\ 0 & 3 & -\frac{1}{2} & -1 \end{bmatrix} \xrightarrow{r_2 \leftrightarrow r_3} \begin{bmatrix} 4 & -2 & -1 & -6 \\ 0 & 3 & -\frac{1}{2} & -1 \\ 0 & -\frac{1}{2} & \frac{1}{4} & \frac{3}{2} \end{bmatrix}$$

$$\xrightarrow{r_3 + \frac{1}{6}r_2} \begin{bmatrix} 4 & -2 & -1 & -6 \\ 0 & 3 & -\frac{1}{2} & -1 \\ 0 & 0 & \frac{1}{6} & \frac{4}{3} \end{bmatrix}$$

---

* 如果有几个元素同为最大者，约定取第 1 次出现的。

得到同解三角方程组为

$$\begin{cases}4x_1 - 2x_2 - \quad x_3 = -6, \\ \quad\quad 3x_2 - \dfrac{1}{2}x_3 = -1, \\ \quad\quad\quad\quad \dfrac{1}{6}x_3 = \dfrac{4}{3}\end{cases}$$

通过回代过程易得

$$x_3 = 8, \quad x_2 = 1, \quad x_1 = 1$$

需要指出的是：系数矩阵为对称正定阵或严格对角占优阵的方程组按高斯消去法计算是数值稳定的，因而也就不必选主元。证明从略，但此结论是重要的。

列主元高斯消元法的运算量除选主元及行交换外，和高斯消去法的运算量是相同的。

若要同时求解 m 个系数矩阵相同的线性方程组

$$\boldsymbol{Ax}^{(1)} = \boldsymbol{b}^{(1)}, \quad \boldsymbol{Ax}^{(2)} = \boldsymbol{b}^{(2)}, \quad \cdots, \quad \boldsymbol{Ax}^{(m)} = \boldsymbol{b}^{(m)} \tag{2.12}$$

的解，可形成如下增广矩阵

$$[\boldsymbol{A}\ \boldsymbol{b}^{(1)}\ \boldsymbol{b}^{(2)}\ \cdots\ \boldsymbol{b}^{(m)}]$$

对其实施列主元高斯消去过程得到

$$[\boldsymbol{U}\ \boldsymbol{y}^{(1)}\ \boldsymbol{y}^{(2)}\ \cdots\ \boldsymbol{y}^{(m)}]$$

用回代过程分别求解 m 个三角方程组

$$\boldsymbol{Ux}^{(1)} = \boldsymbol{y}^{(1)}, \quad \boldsymbol{Ux}^{(2)} = \boldsymbol{y}^{(2)}, \quad \cdots, \quad \boldsymbol{Ux}^{(m)} = \boldsymbol{y}^{(m)}$$

即得(2.12)式的解 $\boldsymbol{x}^{(1)}, \boldsymbol{x}^{(2)}, \cdots, \boldsymbol{x}^{(m)}$。

3.3　矩阵的直接分解及其在解方程组中的应用

3.3.1　矩阵分解的紧凑格式

上节中介绍的Gauss消去法，其消元过程共有$(n-1)$步，依次将增广矩阵$\overline{\boldsymbol{A}}^{(1)}$进行变换到$\overline{\boldsymbol{A}}^{(n)}$。从矩阵运算的观点，第1步消元实质上相当于用矩阵

$$\boldsymbol{L}_1 = \begin{bmatrix} 1 & & & & \\ -l_{21} & 1 & & & \\ -l_{31} & 0 & 1 & & \\ \vdots & \vdots & \vdots & \ddots & \\ -l_{n1} & 0 & 0 & \cdots & 1 \end{bmatrix}$$

左乘以$\overline{\boldsymbol{A}}^{(1)}$，即

$$\boldsymbol{L}_1\overline{\boldsymbol{A}}^{(1)} = \overline{\boldsymbol{A}}^{(2)}$$

第 k 步消元，相当于用矩阵

$$\boldsymbol{L}_k = \begin{bmatrix} 1 & & & & & & & \\ 0 & 1 & & & & & & \\ \vdots & \vdots & \ddots & & & & & \\ 0 & 0 & \cdots & 1 & & & & \\ 0 & 0 & \cdots & -l_{k+1,k} & 1 & & & \\ 0 & 0 & \cdots & -l_{k+2,k} & 0 & 1 & & \\ \vdots & \vdots & & \vdots & \vdots & \vdots & \ddots & \\ 0 & 0 & \cdots & -l_{nk} & 0 & 0 & \cdots & 1 \end{bmatrix}$$

左乘 $\overline{\boldsymbol{A}}^{(k)}$,即

$$\boldsymbol{L}_k\overline{\boldsymbol{A}}^{(k)} = \overline{\boldsymbol{A}}^{(k+1)}$$

因而有

$$\boldsymbol{L}_{n-1}\boldsymbol{L}_{n-2}\cdots\boldsymbol{L}_1\overline{\boldsymbol{A}}^{(1)} = \overline{\boldsymbol{A}}^{(n)}$$

即

$$\boldsymbol{L}_{n-1}\boldsymbol{L}_{n-2}\cdots\boldsymbol{L}_1(\boldsymbol{Ab}) = (\boldsymbol{Uy}) \tag{3.1}$$

容易验证

$$\boldsymbol{L}_k^{-1} = \begin{bmatrix} 1 & & & & & & & \\ 0 & 1 & & & & & & \\ \vdots & \vdots & \ddots & & & & & \\ 0 & 0 & \cdots & 1 & & & & \\ 0 & 0 & \cdots & l_{k+1,k} & 1 & & & \\ 0 & 0 & \cdots & l_{k+2,k} & 0 & 1 & & \\ \vdots & \vdots & & \vdots & \vdots & \vdots & \ddots & \\ 0 & 0 & \cdots & l_{n,k} & 0 & 0 & \cdots & 1 \end{bmatrix}$$

$$\boldsymbol{L}_1^{-1}\boldsymbol{L}_2^{-1}\cdots\boldsymbol{L}_{n-1}^{-1} = \begin{bmatrix} 1 & & & & & \\ l_{21} & 1 & & & & \\ l_{31} & l_{32} & 1 & & & \\ \vdots & \vdots & \vdots & \ddots & & \\ l_{n-1,1} & l_{n-1,2} & l_{n-1,3} & \cdots & 1 & \\ l_{n1} & l_{n2} & l_{n3} & \cdots & l_{n,n-1} & 1 \end{bmatrix}$$

令 $\boldsymbol{L} = \boldsymbol{L}_1^{-1}\boldsymbol{L}_2^{-1}\cdots\boldsymbol{L}_{n-1}^{-1}$,用 $\boldsymbol{L}$ 左乘式(3.1),得

$$(\boldsymbol{Ab}) = \boldsymbol{L}(\boldsymbol{Uy})$$

于是

$$\boldsymbol{A} = \boldsymbol{LU} \tag{3.2}$$

其中 $\boldsymbol{L}$ 为单位下三角矩阵,$\boldsymbol{U}$ 为上三角矩阵。这种将矩阵 $\boldsymbol{A}$ 分解为简单矩阵的乘积称为矩阵分解。称分解式(3.2) 为矩阵的 $\boldsymbol{LU}$ 分解。此外可以证明这种分解是唯一

的。本节需要指出的是这种分解可以不必借助于消元过程，而由 $\boldsymbol{A}$ 的元素及递推关系直接定出 $\boldsymbol{L},\boldsymbol{U}$ 的元素。

设 $\boldsymbol{A}=\boldsymbol{LU}$ 为如下形式：

$$\begin{bmatrix} a_{11} & a_{12} & \cdots & a_{1n} \\ a_{21} & a_{22} & \cdots & a_{2n} \\ \vdots & \vdots & & \vdots \\ a_{n1} & a_{n2} & \cdots & a_{nn} \end{bmatrix} = \begin{bmatrix} 1 & & & & & & & \\ l_{21} & 1 & & & & & & \\ l_{31} & l_{32} & 1 & & & & & \\ \vdots & \vdots & \vdots & \ddots & & & & \\ l_{i-1,1} & l_{i-1,2} & l_{i-1,3} & \cdots & 1 & & & \\ l_{i1} & l_{i2} & l_{i3} & \cdots & l_{i,i-1} & 1 & & \\ \vdots & \vdots & \vdots & & \vdots & \vdots & \ddots & \\ l_{n1} & l_{n2} & l_{n3} & \cdots & l_{n,i-1} & l_{ni} & \cdots & 1 \end{bmatrix}$$

$$\cdot \begin{bmatrix} u_{11} & u_{12} & u_{13} & \cdots & u_{1,j-1} & u_{1j} & \cdots & u_{1n} \\ & u_{22} & u_{23} & \cdots & u_{2,j-1} & u_{2j} & \cdots & u_{2n} \\ & & u_{33} & \cdots & u_{3,j-1} & u_{3j} & \cdots & u_{3n} \\ & & & \ddots & \vdots & \vdots & & \vdots \\ & & & & u_{j-1,j-1} & u_{j-1,j} & \cdots & u_{j-1,n} \\ & & & & & u_{jj} & \cdots & u_{j,n} \\ & & & & & & \ddots & \vdots \\ & & & & & & & u_{nn} \end{bmatrix} \tag{3.3}$$

其中，$\boldsymbol{L}$ 与 $\boldsymbol{U}$ 的元素待定。

根据矩阵乘法法则，先比较等式两边第 1 行及第 1 列元素，有

$$a_{1j}=u_{1j}\quad (j=1,2,\cdots,n)$$

所以

$$u_{1j}=a_{1j}\quad (j=1,2,\cdots,n) \tag{3.4}$$

由

$$a_{i1}=l_{i1}u_{11}\quad (i=2,3,\cdots,n)$$

得

$$l_{i1}=\frac{a_{i1}}{u_{11}}\quad (i=2,3,\cdots,n) \tag{3.5}$$

因此由 $\boldsymbol{A}$ 的第 1 行元素 $a_{1j}(j=1,2,\cdots,n)$ 及第 1 列元素 $a_{i1}(i=2,3,\cdots,n)$ 可以求得矩阵 $\boldsymbol{U}$ 的第 1 行元素 $u_{1j}(j=1,2,\cdots,n)$ 及 $\boldsymbol{L}$ 的第 1 列元素 $l_{i1}(i=2,3,\cdots,n)$。

设已定出 $\boldsymbol{U}$ 的第 1 行到第 $(k-1)$ 行的元素

$$\begin{bmatrix} u_{11} & u_{12} & u_{13} & \cdots & u_{1,k-1} & u_{1k} & \cdots & u_{1n} \\ & u_{22} & u_{23} & \cdots & u_{2,k-1} & u_{2k} & \cdots & u_{2n} \\ & & u_{33} & \cdots & u_{3,k-1} & u_{3k} & \cdots & u_{3n} \\ & & & \ddots & \vdots & \vdots & & \vdots \\ & & & & u_{k-1,k-1} & u_{k-1,k} & \cdots & u_{k-1,n} \end{bmatrix}$$

与 $\boldsymbol{L}$ 的第 1 列到第$(k-1)$列的元素

$$\begin{bmatrix} 1 & & & & \\ l_{21} & 1 & & & \\ l_{31} & l_{32} & 1 & & \\ \vdots & \vdots & \vdots & \ddots & \\ l_{k-1,1} & l_{k-1,2} & l_{k-1,3} & \cdots & 1 \\ l_{k1} & l_{k2} & l_{k3} & \cdots & l_{k,k-1} \\ \vdots & \vdots & \vdots & & \vdots \\ l_{n1} & l_{n2} & l_{n3} & \cdots & l_{n,k-1} \end{bmatrix}$$

现在来确定 $\boldsymbol{U}$ 的第 k 行元素 $u_{kj}(j=k,k+1,\cdots,n)$ 与 $\boldsymbol{L}$ 的第 k 列元素 $l_{ik}(i=k+1,k+2,\cdots,n)$。比较式(3.3)两边第 k 行与第 k 列剩下的元素。由于 $a_{kj}(j \geqslant k)$ 是矩阵 $\boldsymbol{L}$ 的第 k 行向量$(l_{k1},l_{k2},\cdots,l_{k,k-1},1,0,\cdots,0)$与 $\boldsymbol{U}$ 的第 j 列向量$(u_{1j},u_{2j},\cdots,u_{k-1,j},u_{kj},\cdots,u_{jj},0,\cdots,0)^{\mathrm{T}}$ 的内积，因此有

$$a_{kj}=\sum_{q=1}^{n} l_{kq}u_{qi}=\sum_{q=1}^{k-1} l_{kq}u_{qi}+u_{kj} \quad (j=k,k+1,\cdots,n)$$

所以

$$u_{kj}=a_{kj}-\sum_{q=1}^{k-1} l_{kq}u_{qi} \quad (j=k,k+1,\cdots,n) \tag{3.6}$$

同理由

$$a_{ik}=\sum_{q=1}^{n} l_{iq}u_{qk}=\sum_{q=1}^{k-1} l_{iq}u_{qk}+l_{ik}u_{kk} \quad (i=k+1,k+2,\cdots,n)$$

得

$$l_{ik}=\frac{a_{ik}-\sum\limits_{q=1}^{k-1} l_{iq}u_{qk}}{u_{kk}} \quad (i=k+1,k+2,\cdots,n) \tag{3.7}$$

式(3.6)和(3.7)就是LU分解的一般计算公式，其结果与高斯消去法所得结果完全一样，但它却避免了中间过程的计算，所以称为 $\boldsymbol{A}$ 的直接分解公式。

为便于记忆，将 $\boldsymbol{L}$,$\boldsymbol{U}$ 的元素写在一起，形成紧凑格式：

$$
\boldsymbol{A}=\begin{bmatrix}
a_{11} & a_{12} & & \cdots & & & a_{1n}\\
a_{21} & a_{22} & & \cdots & & & a_{2n}\\
 & & \ddots & & & & \vdots\\
 & & & a_{kk} & \cdots & a_{kj} & \cdots & a_{kn}\\
\vdots & \vdots & & \vdots & & & \vdots\\
 & & & a_{ik} & & \cdots & a_{in}\\
 & & & \vdots & & & \vdots\\
a_{n1} & a_{n2} & \cdots & a_{nk} & & \cdots & a_{nn}
\end{bmatrix}
$$

依图 3-3-1 按行号和列号逐步定出 $\boldsymbol{U},\boldsymbol{L}$ 的元素，由公式(3.4)与(3.5)得知，第 1 步 $u_{1j}=a_{1j}(j=1,2,\cdots,n)$，因此 $\boldsymbol{U}$ 的第 1 行元素与 $\boldsymbol{A}$ 的第 1 行元素完全相同，而由 $l_{i1}=a_{i1}/u_{11}(i=2,3,\cdots,n)$，只需将 $\boldsymbol{A}$ 的第 1 列元素都除以 u_{11} 即得 $\boldsymbol{L}$ 的第 1 列相应的元素。对于 $\boldsymbol{U},\boldsymbol{L}$ 的其余元素由公式(3.6)与(3.7)求得，其中 $\boldsymbol{U}$ 的元素 u_{kj} 等于对应 $\boldsymbol{A}$ 的元素 a_{kj} 减去一个内积，此内积是图 3-3-1 中 u_{kj} 左边 $\boldsymbol{L}$ 的同行元素 $l_{kq}(q=1,2,\cdots,k-1)$ 与上边 $\boldsymbol{U}$ 的同列元素 $u_{qj}(q=1,2,\cdots,k-1)$ 相应的乘积之和。计算 $\boldsymbol{L}$ 的元素 l_{ik} 与计算 $\boldsymbol{U}$ 的元素的方法相同，只是最后还需除以同列 $\boldsymbol{U}$ 的对角元 u_{kk}。由于 $\boldsymbol{U},\boldsymbol{L}$ 的元素是按 1 行 1 列、2 行 2 列、…… 的次序逐步定出的，因此内积所含 $\boldsymbol{U}$ 和 $\boldsymbol{L}$ 的元素都是已知的。

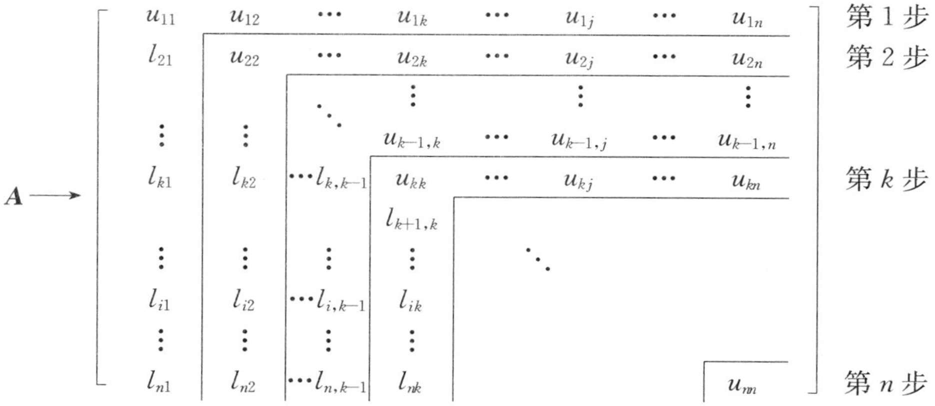

图 3-3-1　LU 分解的紧凑格式

在解方程组时，对于右端项 $\boldsymbol{b}$ 也可不必经过中间过程而按紧凑格式的方法直接得出 $\boldsymbol{y}$，因为

$$\boldsymbol{Ly}=\boldsymbol{b}$$

所以

$$y_1=b_1$$

$$y_k = b_k - \sum_{q=1}^{k-1} l_{kq} y_q \quad (k = 2,3,\cdots,n) \tag{3.8}$$

它与公式(3.6)相似。若将 $\boldsymbol{b}$ 作为增广矩阵 $\bar{\boldsymbol{A}} = [\boldsymbol{Ab}]$ 的最后一列元素，那么可对 $\bar{\boldsymbol{A}}$ 作LU分解，$\boldsymbol{b}$ 也作相应运算，且仍在最后一列，则分解后的最后一列即为 $\boldsymbol{y}$。于是

$$u_{kj} = a_{kj} - \sum_{q=1}^{k-1} l_{kq} u_{qi} \quad (j = k,k+1,\cdots,n,n+1) \tag{3.9}$$

很明显，将 $\boldsymbol{A}$ 的LU分解写成紧凑格式后，求 $\boldsymbol{L}$，$\boldsymbol{U}$ 及 $\boldsymbol{y}$ 的元素不必死记公式，而只需按上述规律逐步求出，因此紧凑格式很适合于在计算器上进行。由于 $\boldsymbol{L}$，$\boldsymbol{U}$ 及 $\boldsymbol{y}$ 的元素逐个求出时 $\boldsymbol{A}$ 及 $\boldsymbol{b}$ 的相应元素已不起作用，因此若在电子计算机上进行，可将 $\boldsymbol{L}$，$\boldsymbol{U}$ 及 $\boldsymbol{y}$ 的元素分别存放在 $\boldsymbol{A}$ 及 $\boldsymbol{b}$ 的相应位置上，以节省存贮单元。又虽然式(3.6)和(3.7)中求和个数是变动的，但仍是作内积，对于编写程序也是极方便的。因此紧凑格式在方程组的直接解法中是极为重要的。

例3.3 将线性方程组

$$\begin{bmatrix} 2 & 2 & -1 \\ 1 & -1 & 0 \\ 4 & -2 & -1 \end{bmatrix} \begin{bmatrix} x_1 \\ x_2 \\ x_3 \end{bmatrix} = \begin{bmatrix} -4 \\ 0 \\ -6 \end{bmatrix}$$

的系数作LU分解，并求方程的解。

解 增广矩阵为 $\begin{bmatrix} 2 & 2 & -1 & -4 \\ 1 & -1 & 0 & 0 \\ 4 & -2 & -1 & -6 \end{bmatrix}$，LU分解的紧凑格式为

$$\begin{bmatrix} 2 & 2 & -1 & -4 \\ \frac{1}{2} & -2 & \frac{1}{2} & 2 \\ 2 & 3 & -\frac{1}{2} & -4 \end{bmatrix}$$

所以系数矩阵的三角分解为

$$\boldsymbol{A} = \begin{bmatrix} 1 & 0 & 0 \\ \frac{1}{2} & 1 & 0 \\ 2 & 3 & 1 \end{bmatrix} \begin{bmatrix} 2 & 2 & -1 \\ 0 & -2 & \frac{1}{2} \\ 0 & 0 & -\frac{1}{2} \end{bmatrix}$$

等价的三角方程组为

$$\begin{bmatrix} 2 & 2 & -1 \\ 0 & -2 & \frac{1}{2} \\ 0 & 0 & -\frac{1}{2} \end{bmatrix}\begin{bmatrix} x_1 \\ x_2 \\ x_3 \end{bmatrix} = \begin{bmatrix} -4 \\ 2 \\ -4 \end{bmatrix}$$

用回代法解得

$$x_3 = 8,\quad x_2 = 1,\quad x_1 = 1$$

3.3.2　改进平方根法

在第 3.2.2 节中已指出当方程组的系数矩阵是对称正定时，可以直接作高斯消去法，也就是说对称正定矩阵保证能直接作 LU 分解，现在来研究此时 $\boldsymbol{L}$ 与 $\boldsymbol{U}$ 的元素间的关系。

由 LU 分解公式

$$u_{1i} = a_{1i} \quad (i = 1,2,\cdots,n)$$

$$l_{i1} = a_{i1}/a_{11} \quad (i = 2,3,\cdots,n)$$

因为 $\boldsymbol{A}$ 对称，即

$$a_{i1} = a_{1i} \quad (i = 2,3,\cdots,n)$$

所以

$$l_{i1} = \frac{a_{1i}}{u_{11}} = \frac{u_{1i}}{u_{11}} \quad (i = 2,3,\cdots,n)$$

若已得到第 1 步至第$(k-1)$步的 $\boldsymbol{L}$ 与 $\boldsymbol{U}$ 的元素有如下关系式：

$$l_{ij} = \frac{u_{ji}}{u_{jj}} \quad (j = 1,2,\cdots,k-1; i = j+1,\cdots,n)$$

即

$$\begin{array}{cccccccl}
u_{11} & u_{12} & u_{13} & & \cdots & & u_{1n} & \text{第 1 步} \\
\frac{u_{12}}{u_{11}} & u_{22} & u_{23} & & \cdots & & u_{2n} & \text{第 2 步} \\
\frac{u_{13}}{u_{11}} & \frac{u_{23}}{u_{22}} & \ddots & & & & & \\
 & & & u_{k-1,k-1} & u_{k-1,k} & \cdots & u_{k-1,n} & \text{第}(k-1)\text{步} \\
 & & & \frac{u_{k-1,k}}{u_{k-1,k-1}} & u_{kk} & \cdots & u_{kn} & \text{第 } k \text{ 步} \\
 & & & & l_{k+1,k} & & & \\
\vdots & \vdots & & \vdots & \vdots & & & \\
\frac{u_{1n}}{u_{11}} & \frac{u_{2n}}{u_{22}} & & \frac{u_{k-1,n}}{u_{k-1,k-1}} & l_{nk} & & &
\end{array}$$

对于第 k 步，由式(3.6)及(3.7)得

$$u_{ki}=a_{ki}-\sum_{q=1}^{k-1}l_{kq}u_{qi}=a_{ki}-\sum_{q=1}^{k-1}\frac{u_{qk}u_{qi}}{u_{qq}}\quad(i=k,k+1,\cdots,n)$$

而

$$l_{ik}=\frac{a_{ik}-\sum\limits_{q=1}^{k-1}l_{iq}u_{qk}}{u_{kk}}=\frac{a_{ki}-\sum\limits_{q=1}^{k-1}\frac{u_{qi}u_{qk}}{u_{qq}}}{u_{kk}}=\frac{u_{ki}}{u_{kk}}\quad(i=k+1,k+2,\cdots,n)$$

由此可知对一切 $k=1,2,\cdots,n-1$ 和 $i=k+1,\cdots,n$ 均有 $l_{ik}=\dfrac{u_{ki}}{u_{kk}}$ 成立。

综上所述得如下结论：若 $\boldsymbol{A}$ 为对称正定矩阵，则 $\boldsymbol{A}$ 一定能直接作 LU 分解，且

$$l_{ik}=\frac{u_{ki}}{u_{kk}}\quad(k=1,2,\cdots,n-1;i=k+1,k+2,\cdots,n)\tag{3.10}$$

亦即若 $\boldsymbol{A}$ 为对称正定矩阵，则其单位下三角阵 $\boldsymbol{L}$ 的元素不必按式(3.7)求得，而只需将求得的 $\boldsymbol{U}$ 的第 k 行元素除以 u_{kk} 即得相应 $\boldsymbol{L}$ 的第 k 列元素，这样就节省了求 $\boldsymbol{L}$ 各元素的工作，计算量几乎减少了一半。这种方法称为**改进平方根法**，利用这种方法且写成紧凑格式的形式，那么写出 $\boldsymbol{L}$，$\boldsymbol{U}$ 的各元素是极其方便的。

3.3.3 列主元三角分解法

与列主元消去法相对应的是列主元三角分解法。

设方程组 $\boldsymbol{Ax}=\boldsymbol{b}$，对其增广矩阵 $\bar{\boldsymbol{A}}=[\boldsymbol{Ab}]$ 作 LU 分解已完成了 $(k-1)$ 步，此时有

$$\bar{\boldsymbol{A}}\longrightarrow\begin{bmatrix}u_{11} & \cdots & u_{1,k-1} & u_{1k} & \cdots & u_{1n} & u_{1,n+1}\\ l_{21} & \cdots & u_{2,k-1} & u_{2k} & \cdots & u_{2n} & u_{2,n+1}\\ \vdots & & \vdots & \vdots & & \vdots & \vdots\\ l_{k-1,1} & \cdots & u_{k-1,k-1} & u_{k-1,k} & \cdots & u_{k-1,n} & u_{k-1,n+1}\\ l_{k1} & \cdots & l_{k,k-1} & a_{kk} & \cdots & a_{kn} & a_{k,n+1}\\ \vdots & & \vdots & \vdots & & \vdots & \vdots\\ l_{n1} & \cdots & l_{n,k-1} & a_{nk} & \cdots & a_{nn} & a_{n,n+1}\end{bmatrix}$$

为进行第 k 步分解，使用计算公式(3.6)及(3.7)，为了避免用小 u_{kk} 作除数(甚至是 $u_{kk}=0$)，引进量

$$s_i=a_{ik}-\sum_{q=1}^{k-1}l_{iq}u_{qk}\quad(i=k,k+1,\cdots,n)\tag{3.11}$$

于是

$$u_{kk}=s_k$$

比较

$$|s_i|\quad(i=k,k+1,\cdots,n)$$

的大小，若

$$\max_{k\leqslant i\leqslant n}|s_i|=|s_t|^{*}$$

取 s_t 作为 u_{kk}。将变换后的矩阵 $\bar{\boldsymbol{A}}$ 的第 t 行与第 k 行元素互换，且元素的足码也相应改变，即将 (i,j) 位置的新元素仍记为 l_{ij} 或 a_{ij}，于是

$$u_{kk}=s_k\quad(s_k \text{ 即交换前的 } s_t)$$

$$l_{ik}=s_i/s_k\quad(i=k+1,k+2,\cdots,n)$$

此时

$$|l_{ik}|\leqslant 1\quad(i=k+1,k+2,\cdots,n)$$

由此再进行第 k 步分解。

例 3.4　对例 3.3 的线性方程组用列主元三角分解法求解。

解　$$\bar{\boldsymbol{A}}=\begin{bmatrix}2&2&-1&-4\\1&-1&0&0\\4&-2&-1&-6\end{bmatrix}$$

此时 $s_1=2,s_2=1,s_3=4$。由于 $|s_3|=\max\{|s_1|,|s_2|,|s_3|\}$，故需将第 3 行和第 1 行互换，然后作第 1 步分解，有

$$\bar{\boldsymbol{A}}\xrightarrow{r_3\leftrightarrow r_1}\begin{bmatrix}4&-2&-1&-6\\1&-1&0&0\\2&2&-1&-4\end{bmatrix}$$

$$\longrightarrow\begin{bmatrix}4&-2&-1&-6\\\frac{1}{4}&-1&0&0\\\frac{1}{2}&2&-1&-4\end{bmatrix}$$

此时 $s_2=-1-\frac{1}{4}\times(-2)=-\frac{1}{2}$，$s_3=2-\frac{1}{2}\times(-2)=3$。由于 $|s_3|>|s_2|$，故需将第 3 行和第 2 行互换，然后再进行分解，有

$$\bar{\boldsymbol{A}}\xrightarrow{r_3\leftrightarrow r_2}\begin{bmatrix}4&-2&-1&-6\\\frac{1}{2}&2&-1&-4\\\frac{1}{4}&-1&0&0\end{bmatrix}$$

*　如果有几个元素同为最大者，约定取第 1 次出现的。

$$\longrightarrow \left[\begin{array}{cc|cc} 4 & -2 & -1 & -6 \\ \frac{1}{2} & 3 & -\frac{1}{2} & -1 \\ \hline \frac{1}{4} & -\frac{1}{6} & 0 & 0 \end{array}\right]$$

$$\longrightarrow \begin{bmatrix} 4 & -2 & -1 & -6 \\ \frac{1}{2} & 3 & -\frac{1}{2} & -1 \\ \frac{1}{4} & -\frac{1}{6} & \frac{1}{6} & \frac{4}{3} \end{bmatrix}$$

等价的三角方程组为

$$\begin{bmatrix} 4 & -2 & -1 \\ 0 & 3 & -\frac{1}{2} \\ 0 & 0 & \frac{1}{6} \end{bmatrix} \begin{bmatrix} x_1 \\ x_2 \\ x_3 \end{bmatrix} = \begin{bmatrix} -6 \\ -1 \\ \frac{4}{3} \end{bmatrix}$$

用回代法解得

$$x_3 = 8,\quad x_2 = 1,\quad x_1 = 1$$

3.4　向量范数和矩阵范数

为了学习线性方程组的迭代解法并研究其收敛性，本节简要介绍向量范数和矩阵范数，用于描述向量和矩阵的大小。

3.4.1　向量范数

对于空间直角坐标系 $\mathbf{R}^3$ 中的任意向量

$$\boldsymbol{x} = (x_1, x_2, x_3)^{\mathrm{T}}$$

其长度为

$$|\boldsymbol{x}| = \sqrt{x_1^2 + x_2^2 + x_3^2}$$

它满足如下 3 个条件：

① 对任意 $\boldsymbol{x} \in \mathbf{R}^3$，$|\boldsymbol{x}| \geqslant 0$，$|\boldsymbol{x}| = 0$ 当且仅当 $\boldsymbol{x} = \mathbf{0}$；

② 对任意常数 $c \in \mathbf{R}$ 和任意 $\boldsymbol{x} \in \mathbf{R}^3$，有 $|c\boldsymbol{x}| = |c| \cdot |\boldsymbol{x}|$；

③ 对任意 $\boldsymbol{x} \in \mathbf{R}^3, \boldsymbol{y} \in \mathbf{R}^3$ 有

$$|\boldsymbol{x} + \boldsymbol{y}| \leqslant |\boldsymbol{x}| + |\boldsymbol{y}|$$

以上 3 个条件分别称为向量长度的非负性、齐次性和三角不等式。将向量长度

的概念加以推广，便得到向量范数。

用 $\mathbf{R}^n$ 表示所有实的 n 维列向量 $\boldsymbol{x}=(x_1,x_2,\cdots,x_n)^{\mathrm{T}}$ 组成的实线性空间。

定义 3.3　设 $f(\boldsymbol{x})=\|\boldsymbol{x}\|$ 是定义在 $\mathbf{R}^n$ 上的实函数，如果它满足以下 3 个条件：

① 对任意 $\boldsymbol{x}\in\mathbf{R}^n$，$\|\boldsymbol{x}\|\geqslant 0$，$\|\boldsymbol{x}\|=0$ 当且仅当 $\boldsymbol{x}=\boldsymbol{0}$（非负性）；

② 对任意实常数 c 和任意 $\boldsymbol{x}\in\mathbf{R}^n$，$\|c\boldsymbol{x}\|=|c|\cdot\|\boldsymbol{x}\|$（齐次性）；

③ 对任意 $\boldsymbol{x},\boldsymbol{y}\in\mathbf{R}^n$ 有 $\|\boldsymbol{x}+\boldsymbol{y}\|\leqslant\|\boldsymbol{x}\|+\|\boldsymbol{y}\|$（三角不等式）。

则称 $\|\cdot\|$ 为 $\mathbf{R}^n$ 上的**向量范数**。

最常用的是如下三种范数：

① 向量的 1-范数：$\|\boldsymbol{x}\|_1=\sum\limits_{i=1}^{n}|x_i|$；

② 向量的 2-范数：$\|\boldsymbol{x}\|_2=\sqrt{\sum\limits_{i=1}^{n}x_i^2}$；

③ 向量的 ∞-范数：$\|\boldsymbol{x}\|_\infty=\max\limits_{1\leqslant i\leqslant n}|x_i|$。

如 $\boldsymbol{x}=(2,-1,2)^{\mathrm{T}}\in\mathbf{R}^3$，则有 $\|\boldsymbol{x}\|_1=5$，$\|\boldsymbol{x}\|_2=3$，$\|\boldsymbol{x}\|_\infty=2$。

容易验证 $\mathbf{R}^n$ 中的 3 种范数 $\|\cdot\|_1$，$\|\cdot\|_2$ 和 $\|\cdot\|_\infty$ 之间有如下关系：

$$\|\boldsymbol{x}\|_2\leqslant\|\boldsymbol{x}\|_1\leqslant\sqrt{n}\,\|\boldsymbol{x}\|_2$$

$$\|\boldsymbol{x}\|_\infty\leqslant\|\boldsymbol{x}\|_2\leqslant\sqrt{n}\,\|\boldsymbol{x}\|_\infty$$

$$\|\boldsymbol{x}\|_\infty\leqslant\|\boldsymbol{x}\|_1\leqslant n\|\boldsymbol{x}\|_\infty$$

应用向量范数可以自然地给出 $\mathbf{R}^n$ 中两个向量间的距离。

定义 3.4　设向量 $\boldsymbol{x},\boldsymbol{y}\in\mathbf{R}^n$，则称 $\|\boldsymbol{x}-\boldsymbol{y}\|$ 为 $\boldsymbol{x}$ 和 $\boldsymbol{y}$ 之间的**距离**。这里 $\|\cdot\|$ 可以是 $\mathbf{R}^n$ 上任何一种向量范数。

有了距离的概念，我们便可以考虑线性方程组 $\boldsymbol{A}\boldsymbol{x}=\boldsymbol{b}$ 的计算解 $\tilde{\boldsymbol{x}}$ 和准确解 $\boldsymbol{x}^*$ 之间的接近程度。如果 $\|\boldsymbol{x}^*-\tilde{\boldsymbol{x}}\|$ 是小的，则说两者接近。当需要考虑 $\boldsymbol{x}^*$ 本身的大小时，我们可以研究相对误差

$$\frac{\|\boldsymbol{x}^*-\tilde{\boldsymbol{x}}\|}{\|\boldsymbol{x}^*\|}\quad\text{或}\quad\frac{\|\boldsymbol{x}^*-\tilde{\boldsymbol{x}}\|}{\|\tilde{\boldsymbol{x}}\|}$$

3.4.2　矩阵范数

用 $\mathbf{R}^{n\times n}$ 表示所有 $n\times n$ 阶实矩阵

$$\boldsymbol{A}=\begin{bmatrix}a_{11} & a_{12} & \cdots & a_{1n}\\ a_{21} & a_{22} & \cdots & a_{2n}\\ \vdots & \vdots & & \vdots\\ a_{n1} & a_{n2} & \cdots & a_{nn}\end{bmatrix}$$

组成的实线性空间。下面引入 $\mathbf{R}^{n\times n}$ 上的矩阵范数。

定义 3.5　设 $\boldsymbol{A}\in\mathbf{R}^{n\times n}$，$\|\cdot\|$ 是 $\mathbf{R}^n$ 上的任一向量范数，称

$$\max_{\|\boldsymbol{x}\|=1}\|\boldsymbol{Ax}\| \tag{4.1}$$

为 $\boldsymbol{A}$ 的**矩阵范数**，记作 $\|\boldsymbol{A}\|$。即

$$\|\boldsymbol{A}\|=\max_{\|\boldsymbol{x}\|=1}\|\boldsymbol{Ax}\|$$

常用的是如下三种矩阵范数：

$$\|\boldsymbol{A}\|_\infty=\max_{\|\boldsymbol{x}\|_\infty=1}\|\boldsymbol{Ax}\|_\infty$$

$$\|\boldsymbol{A}\|_1=\max_{\|\boldsymbol{x}\|_1=1}\|\boldsymbol{Ax}\|_1$$

$$\|\boldsymbol{A}\|_2=\max_{\|\boldsymbol{x}\|_2=1}\|\boldsymbol{Ax}\|_2$$

可以证明

$$\|\boldsymbol{A}\|_\infty=\max_{1\leqslant i\leqslant n}\sum_{j=1}^{n}|a_{ij}|$$

$$\|\boldsymbol{A}\|_1=\max_{1\leqslant j\leqslant n}\sum_{i=1}^{n}|a_{ij}|$$

$$\|\boldsymbol{A}\|_2=\sqrt{\rho(\boldsymbol{A}^{\mathrm{T}}\boldsymbol{A})}$$

其中 $\rho(\boldsymbol{B})$ 为矩阵 $\boldsymbol{B}$ 的谱半径，即

$$\rho(\boldsymbol{B})=\max\{|\lambda|\ \big|\ |\lambda\boldsymbol{I}-\boldsymbol{B}|=0\}$$

由定义 3.5 给出的矩阵范数具有如下 5 个性质：

① 对任意矩阵 $\boldsymbol{A}\in\mathbf{R}^{n\times n}$，$\|\boldsymbol{A}\|\geqslant 0$，当且仅当 $\boldsymbol{A}$ 为零矩阵 $\boldsymbol{O}$ 时 $\|\boldsymbol{A}\|=0$；

② 对任意常数 $c\in\mathbf{R}$ 和任意矩阵 $\boldsymbol{A}\in\mathbf{R}^{n\times n}$，$\|c\boldsymbol{A}\|=|c|\|\boldsymbol{A}\|$；

③ 对任意矩阵 $\boldsymbol{A}\in\mathbf{R}^{n\times n}$ 和 $\boldsymbol{B}\in\mathbf{R}^{n\times n}$，有 $\|\boldsymbol{A}+\boldsymbol{B}\|\leqslant\|\boldsymbol{A}\|+\|\boldsymbol{B}\|$；

④ 对任意向量 $\boldsymbol{x}\in\mathbf{R}^n$，$\boldsymbol{A}\in\mathbf{R}^{n\times n}$，有 $\|\boldsymbol{Ax}\|\leqslant\|\boldsymbol{A}\|\|\boldsymbol{x}\|$；

⑤ 对任意矩阵 $\boldsymbol{A}\in\mathbf{R}^{n\times n}$，$\boldsymbol{B}\in\mathbf{R}^{n\times n}$，有 $\|\boldsymbol{AB}\|\leqslant\|\boldsymbol{A}\|\|\boldsymbol{B}\|$。

例 3.5　设 $\boldsymbol{A}=\begin{bmatrix}1 & -3\\ -1 & 2\end{bmatrix}$，求 $\|\boldsymbol{A}\|_\infty$，$\|\boldsymbol{A}\|_1$ 及 $\|\boldsymbol{A}\|_2$。

解　$\|\boldsymbol{A}\|_\infty=\max\{1+|-3|,|-1|+2\}=4$

$\|\boldsymbol{A}\|_1=\max\{1+|-1|,|-3|+2\}=5$

$$\boldsymbol{A}^{\mathrm{T}}\boldsymbol{A}=\begin{bmatrix}1 & -1\\ -3 & 2\end{bmatrix}\begin{bmatrix}1 & -3\\ -1 & 2\end{bmatrix}=\begin{bmatrix}2 & -5\\ -5 & 13\end{bmatrix}$$

$\boldsymbol{A}^{\mathrm{T}}\boldsymbol{A}$ 的特征方程为

$$|\lambda\boldsymbol{I}-\boldsymbol{A}^{\mathrm{T}}\boldsymbol{A}|=\begin{vmatrix}\lambda-2 & 5\\ 5 & \lambda-13\end{vmatrix}=0$$

它的根为

$$\lambda_1 = \frac{15 + \sqrt{221}}{2}, \quad \lambda_2 = \frac{15 - \sqrt{221}}{2}$$

因而

$$\|\boldsymbol{A}\|_2 = \rho(\boldsymbol{A}^{\mathrm{T}}\boldsymbol{A}) = \sqrt{\frac{15 + \sqrt{221}}{2}} \approx 3.864$$

矩阵范数与矩阵的谱半径之间有如下关系。

定理 3.1 设 $\boldsymbol{A} \in \mathbf{R}^{n \times n}$，$\|\cdot\|$ 为任一矩阵范数，则 $\rho(\boldsymbol{A}) \leqslant \|\boldsymbol{A}\|$。

证明 设 λ 为 $\boldsymbol{A}$ 的按模最大的特征值，$\boldsymbol{x}$ 为相对应的特征向量，则有

$$\boldsymbol{A}\boldsymbol{x} = \lambda\boldsymbol{x} \tag{4.2}$$

且

$$\rho(\boldsymbol{A}) = |\lambda|$$

若 λ 是实的，则 $\boldsymbol{x}$ 也是实的。由式(4.2)得

$$\|\lambda\boldsymbol{x}\| = \|\boldsymbol{A}\boldsymbol{x}\|$$

而

$$\|\lambda\boldsymbol{x}\| = |\lambda| \|\boldsymbol{x}\|, \quad \|\boldsymbol{A}\boldsymbol{x}\| \leqslant \|\boldsymbol{A}\| \|\boldsymbol{x}\|$$

所以

$$|\lambda| \|\boldsymbol{x}\| \leqslant \|\boldsymbol{A}\| \|\boldsymbol{x}\|$$

由于 $\|\boldsymbol{x}\| \neq 0$，两边除以 $\|\boldsymbol{x}\|$ 得到

$$|\lambda| \leqslant \|\boldsymbol{A}\|$$

故

$$\rho(\boldsymbol{A}) \leqslant \|\boldsymbol{A}\| \tag{4.3}$$

当 λ 是复数时，则一般来说 $\boldsymbol{x}$ 也是复的。可以证明上述结论也是成立的。

定理证毕。

由定理 3.1 知矩阵的任一范数可以作为矩阵特征值的上界。

3.5 迭代法

本节将介绍线性方程组的另一类解法——迭代法。由于它具有保持迭代矩阵不变的特点，因此这类方法特别适用于求解大型稀疏系数矩阵的方程组。

3.5.1 迭代法及其收敛性

方程组迭代法的基本思想和方程求根的迭代法思想相似，即对于线性方程组

$$\boldsymbol{A}\boldsymbol{x} = \boldsymbol{b} \tag{5.1}$$

其中

$$\boldsymbol{A}=\begin{bmatrix} a_{11} & a_{12} & \cdots & a_{1n} \\ a_{21} & a_{22} & \cdots & a_{2n} \\ \vdots & \vdots & & \vdots \\ a_{n1} & a_{n2} & \cdots & a_{nn} \end{bmatrix},\quad \boldsymbol{x}=\begin{bmatrix} x_1 \\ x_2 \\ \vdots \\ x_n \end{bmatrix},\quad \boldsymbol{b}=\begin{bmatrix} b_1 \\ b_2 \\ \vdots \\ b_n \end{bmatrix}$$

将它变形成同解方程组

$$\boldsymbol{x}=\boldsymbol{B}\boldsymbol{x}+\boldsymbol{f} \tag{5.2}$$

建立迭代公式

$$\boldsymbol{x}^{(k+1)}=\boldsymbol{B}\boldsymbol{x}^{(k)}+\boldsymbol{f}\quad (k=0,1,2,\cdots) \tag{5.3}$$

给定初始向量 $\boldsymbol{x}^{(0)}$ 后，按此迭代公式得出解向量序列 $\{\boldsymbol{x}^{(k)}\}$。

现在我们给出向量序列收敛的定义。

定义 3.6　设 $\boldsymbol{x}^{(0)},\boldsymbol{x}^{(1)},\boldsymbol{x}^{(2)},\cdots$ 是 $\mathbf{R}^n$ 中一向量序列，$\boldsymbol{c}\in\mathbf{R}^n$ 是一个常向量。如果

$$\lim_{k\to\infty}\|\boldsymbol{x}^{(k)}-\boldsymbol{c}\|=0$$

则称向量序列 $\{\boldsymbol{x}^{(k)}\}_{k=0}^{\infty}$ 收敛于 $\boldsymbol{c}$，并记为

$$\lim_{k\to\infty}\boldsymbol{x}^{(k)}=\boldsymbol{c}$$

如果由式(5.3)得到的向量序列 $\{\boldsymbol{x}^{(k)}\}$ 收敛于 $\boldsymbol{x}^*$，对式(5.3)的两边取极限，得到

$$\boldsymbol{x}^*=\boldsymbol{B}\boldsymbol{x}^*+\boldsymbol{f}$$

即 $\boldsymbol{x}^*$ 为方程组(5.2)的解，从而也为方程组(5.1)的解。

这种通过式(5.3)构造解向量序列 $\{\boldsymbol{x}^{(k)}\}$ 从而得出解 $\boldsymbol{x}^*$ 的方法称为方程组的迭代解法。矩阵 $\boldsymbol{B}$ 称为**迭代矩阵**。上述解向量序列也称为迭代序列。如果迭代序列收敛，则称**迭代法收敛**，否则称**迭代法发散**。关于迭代格式(5.3)，我们有如下结论。

定理 3.2(充分条件判别法)　给定方程组(5.2)，如果 $\|\boldsymbol{B}\|<1$，则

(1) 方程组(5.2)有唯一解 $\boldsymbol{x}^*$；

(2) 对任意初始向量 $\boldsymbol{x}^{(0)}\in\mathbf{R}^n$，迭代格式(5.3)收敛于 $\boldsymbol{x}^*$，且有

$$\|\boldsymbol{x}^{(k+1)}-\boldsymbol{x}^*\|\leqslant\|\boldsymbol{B}\|\,\|\boldsymbol{x}^{(k)}-\boldsymbol{x}^*\|\quad (k=0,1,2,\cdots)$$

(3) $\|\boldsymbol{x}^{(k)}-\boldsymbol{x}^*\|\leqslant\dfrac{\|\boldsymbol{B}\|}{1-\|\boldsymbol{B}\|}\|\boldsymbol{x}^{(k)}-\boldsymbol{x}^{(k-1)}\|\quad (k=1,2,3,\cdots)$；

(4) $\|\boldsymbol{x}^{(k)}-\boldsymbol{x}^*\|\leqslant\dfrac{\|\boldsymbol{B}\|^k}{1-\|\boldsymbol{B}\|}\|\boldsymbol{x}^{(1)}-\boldsymbol{x}^{(0)}\|\quad (k=1,2,3,\cdots)$。

证明　(1) 要证方程组(5.2)有唯一解 $\boldsymbol{x}^*$，只要证明它的齐次方程

$$\boldsymbol{x}=\boldsymbol{B}\boldsymbol{x} \tag{5.4}$$

只有零解。设方程组(5.4)有非零解 $\tilde{\boldsymbol{x}}$，则有

$$\tilde{\boldsymbol{x}}=\boldsymbol{B}\tilde{\boldsymbol{x}}$$

两边取范数，得到

$$\|\tilde{\boldsymbol{x}}\|=\|\boldsymbol{B}\tilde{\boldsymbol{x}}\|\leqslant\|\boldsymbol{B}\|\,\|\tilde{\boldsymbol{x}}\|$$

由于 $\|\tilde{\boldsymbol{x}}\| \neq 0$，两边约去 $\|\tilde{\boldsymbol{x}}\|$，得到

$$\|\boldsymbol{B}\| \geqslant 1$$

与条件 $\|\boldsymbol{B}\| < 1$ 矛盾，因而方程组(5.2)存在唯一解 $\boldsymbol{x}^* \in \mathbf{R}^n$ 使得

$$\boldsymbol{x}^* = \boldsymbol{B}\boldsymbol{x}^* + \boldsymbol{f} \tag{5.5}$$

(2) 将式(5.3)和式(5.5)相减得

$$\boldsymbol{x}^{(k+1)} - \boldsymbol{x}^* = \boldsymbol{B}(\boldsymbol{x}^{(k)} - \boldsymbol{x}^*)$$

两边取范数得

$$\|\boldsymbol{x}^{(k+1)} - \boldsymbol{x}^*\| \leqslant \|\boldsymbol{B}\| \|\boldsymbol{x}^{(k)} - \boldsymbol{x}^*\| \quad (k = 0,1,2,\cdots) \tag{5.6}$$

递推可得

$$\|\boldsymbol{x}^{(k)} - \boldsymbol{x}^*\| \leqslant \|\boldsymbol{B}\|^k \|\boldsymbol{x}^{(0)} - \boldsymbol{x}^*\| \quad (k = 0,1,2,\cdots)$$

因而对任意 $\boldsymbol{x}^{(0)} \in \mathbf{R}^n$ 有 $\lim\limits_{k\to\infty}\boldsymbol{x}^{(k)} = \boldsymbol{x}^*$。

(3) 由式(5.3)可得

$$\boldsymbol{x}^{(k+1)} - \boldsymbol{x}^{(k)} = (\boldsymbol{B}\boldsymbol{x}^{(k)} + \boldsymbol{f}) - (\boldsymbol{B}\boldsymbol{x}^{(k-1)} + \boldsymbol{f}) = \boldsymbol{B}(\boldsymbol{x}^{(k)} - \boldsymbol{x}^{(k-1)})$$

两边取范数得

$$\|\boldsymbol{x}^{(k+1)} - \boldsymbol{x}^{(k)}\| \leqslant \|\boldsymbol{B}\| \|\boldsymbol{x}^{(k)} - \boldsymbol{x}^{(k-1)}\| \quad (k = 1,2,3,\cdots) \tag{5.7}$$

另一方面，由

$$\boldsymbol{x}^{(k)} - \boldsymbol{x}^* = \boldsymbol{x}^{(k+1)} - \boldsymbol{x}^* + \boldsymbol{x}^{(k)} - \boldsymbol{x}^{(k+1)}$$

得

$$\|\boldsymbol{x}^{(k)} - \boldsymbol{x}^*\| \leqslant \|\boldsymbol{x}^{(k+1)} - \boldsymbol{x}^*\| + \|\boldsymbol{x}^{(k)} - \boldsymbol{x}^{(k+1)}\|$$

应用式(5.6)及(5.7)得

$$\|\boldsymbol{x}^{(k)} - \boldsymbol{x}^*\| \leqslant \|\boldsymbol{B}\| \|\boldsymbol{x}^{(k)} - \boldsymbol{x}^*\| + \|\boldsymbol{B}\| \|\boldsymbol{x}^{(k)} - \boldsymbol{x}^{(k-1)}\| \tag{5.8}$$

由此易知

$$\|\boldsymbol{x}^{(k)} - \boldsymbol{x}^*\| \leqslant \frac{\|\boldsymbol{B}\|}{1 - \|\boldsymbol{B}\|} \|\boldsymbol{x}^{(k)} - \boldsymbol{x}^{(k-1)}\| \quad (k = 1,2,\cdots)$$

(4) 对上式的右端反复应用式(5.7)得到

$$\|\boldsymbol{x}^{(k)} - \boldsymbol{x}^*\| \leqslant \frac{\|\boldsymbol{B}\|^k}{1 - \|\boldsymbol{B}\|} \|\boldsymbol{x}^{(1)} - \boldsymbol{x}^{(0)}\| \quad (k = 1,2,3,\cdots)$$

本定理的证明和第2章中定理2.1的证明是非常类似的。

上述定理的条件 $\|\boldsymbol{B}\| < 1$ 较强。下面给出迭代法收敛的基本定理，其证明需要用到线性代数中Jordan型的有关理论[4]，这里从略。

定理3.3(充要条件判别法)　给定方程组(5.2)，则迭代格式(5.3)对任意的初值 $\boldsymbol{x}_0$ 都收敛的充要条件为 $\rho(\boldsymbol{B}) < 1$。

例3.6　用迭代法解线性方程组

$$\begin{cases} x_1 + 0.5x_2 = 0.5, \\ 0.5x_1 + x_2 = -0.5 \end{cases} \tag{5.9}$$

解　将方程组(5.9)写成如下等价线性方程组

$$\begin{cases} x_1 = -0.5x_2 + 0.5, \\ x_2 = -0.5x_1 - 0.5 \end{cases}$$

得迭代格式

$$\begin{cases} x_1^{(k+1)} = -0.5x_2^{(k)} + 0.5, \\ x_2^{(k+1)} = -0.5x_1^{(k)} - 0.5 \end{cases} \tag{5.10}$$

它的迭代矩阵为

$$\boldsymbol{B}_1 = \begin{bmatrix} 0 & -0.5 \\ -0.5 & 0 \end{bmatrix}$$

显然 $\|\boldsymbol{B}_1\|_\infty = 0.5$。由定理3.2知迭代格式(5.10)是收敛的。取迭代初值 $x_1^{(0)} = 0, x_2^{(0)} = 0$，得迭代序列 $\boldsymbol{x}^{(k)}$：

k	0	1	2	3	4	5
$x_1^{(k)}$	0	0.5	0.75	0.875	0.937 5	0.968 8
$x_2^{(k)}$	0	−0.5	−0.75	−0.875	−0.937 5	−0.968 8
k	6	7	8	9	10	…
$x_1^{(k)}$	0.984 4	0.992 2	0.996 1	0.998 1	0.999 1	…
$x_2^{(k)}$	−0.984 4	−0.992 2	−0.996 1	−0.998 1	−0.999 1	…

方程组(5.9)的精确解为 $x_1^* = 1, x_2^* = -1$。

若将式(5.9)中两方程的次序交换得

$$\begin{cases} 0.5x_1 + x_2 = -0.5, \\ x_1 + 0.5x_2 = 0.5 \end{cases}$$

再写成如下等价线性方程组

$$\begin{cases} x_1 = -2x_2 - 1, \\ x_2 = -2x_1 + 1 \end{cases}$$

得迭代格式

$$\begin{cases} x_1^{(k+1)} = -2x_2^{(k)} - 1, \\ x_2^{(k+1)} = -2x_1^{(k)} - 1 \end{cases} \tag{5.11}$$

它的迭代矩阵为

$$\boldsymbol{B}_2 = \begin{bmatrix} 0 & -2 \\ -2 & 0 \end{bmatrix}$$

易知 $\|\boldsymbol{B}_2\|_\infty = \|\boldsymbol{B}_2\|_1 = \|\boldsymbol{B}_2\|_2 = 2$，因此我们不能由定理3.2判断迭代格式(5.11)是收敛还是发散。$\boldsymbol{B}_2$ 的特征值为 ± 2，故 $\rho(\boldsymbol{B}_2) = 2$，由定理3.3知迭代格式

(5.11) 是发散的。仍取迭代初值为 $x_1^{(0)}=0,x_2^{(0)}=0$，得迭代序列$\{\boldsymbol{x}^{(k)}\}$：

k	0	1	2	3	4	5	6	7	…
$x_1^{(k)}$	0	−1	−3	−7	−15	−31	−63	−127	…
$x_2^{(k)}$	0	1	3	7	15	31	63	127	…

由这个例子可以看出，将方程组(5.1)改写为同解的方程组(5.2)使$\rho(\boldsymbol{B})<1$是应用迭代法求解线性代数方程组的关键。以下我们假设方程组(5.1)的系数矩阵$\boldsymbol{A}$的对角元$a_{ii}\neq 0(i=1,2,\cdots,n)$，介绍两种常用的迭代法。

3.5.2　雅可比迭代法

由方程组(5.1)的第i个方程解出$x_i(i=1,2,\cdots,n)$，得到一个同解的方程组

$$\begin{cases} x_1=\dfrac{1}{a_{11}}(-a_{12}x_2-a_{13}x_3-\cdots-a_{1n}x_n+b_1), \\ x_2=\dfrac{1}{a_{22}}(-a_{21}x_1-a_{23}x_3-\cdots-a_{2n}x_n+b_2), \\ \quad\vdots \\ x_n=\dfrac{1}{a_{nn}}(-a_{n1}x_1-a_{n2}x_2-\cdots-a_{n,n-1}x_{n-1}+b_n) \end{cases}$$

构造相应的迭代公式为

$$\begin{cases} x_1^{(k+1)}=\dfrac{1}{a_{11}}(-a_{12}x_2^{(k)}-a_{13}x_3^{(k)}-\cdots-a_{1n}x_n^{(k)}+b_1), \\ x_2^{(k+1)}=\dfrac{1}{a_{22}}(-a_{21}x_1^{(k)}-a_{23}x_3^{(k)}-\cdots-a_{2n}x_n^{(k)}+b_2), \\ \quad\vdots \\ x_n^{(k+1)}=\dfrac{1}{a_{nn}}(-a_{n1}x_1^{(k)}-a_{n2}x_2^{(k)}-\cdots-a_{n,n-1}x_{n-1}^{(k)}+b_n) \end{cases} \tag{5.12}$$

取初始向量$\boldsymbol{x}^{(0)}=(x_1^{(0)},x_2^{(0)},\cdots,x_n^{(0)})^{\mathrm{T}}$，利用式(5.12)反复迭代可以得到一个向量序列$\{\boldsymbol{x}^{(k)}\}$。称式(5.12)为**雅可比(Jacobi)迭代格式**，称用此迭代格式求解方程组的解法为雅可比迭代法。

若记

$$\widetilde{\boldsymbol{L}}=\begin{bmatrix} 0 & & & & & \\ a_{21} & 0 & & & & \\ a_{31} & a_{32} & 0 & & & \\ \vdots & \vdots & \vdots & \ddots & & \\ a_{n-1,1} & a_{n-1,2} & a_{n-1,3} & \cdots & 0 & \\ a_{n1} & a_{n2} & a_{n3} & \cdots & a_{n,n-1} & 0 \end{bmatrix}$$

$$\boldsymbol{D}=\begin{bmatrix} a_{11} & & & & \\ & a_{22} & & & \\ & & \ddots & & \\ & & & a_{n-1,n-1} & \\ & & & & a_{nn} \end{bmatrix}$$

$$\widetilde{\boldsymbol{U}}=\begin{bmatrix} 0 & a_{12} & \cdots & a_{1,n-1} & a_{1n} \\ & 0 & \cdots & a_{2,n-1} & a_{2n} \\ & & \ddots & \vdots & \vdots \\ & & & 0 & a_{n-1,n} \\ & & & & 0 \end{bmatrix}$$

则

$$\boldsymbol{A}=\widetilde{\boldsymbol{L}}+\boldsymbol{D}+\widetilde{\boldsymbol{U}} \tag{5.13}$$

即将$\boldsymbol{A}$分解为一个严格下三角矩阵、一个对角矩阵和一个严格上三角矩阵之和。容易写出雅可比迭代格式的矩阵表示形式为

$$\boldsymbol{x}^{(k+1)}=-\boldsymbol{D}^{-1}(\widetilde{\boldsymbol{L}}+\widetilde{\boldsymbol{U}})\boldsymbol{x}^{(k)}+\boldsymbol{D}^{-1}\boldsymbol{b}$$

它的迭代矩阵

$$\boldsymbol{J}=-\boldsymbol{D}^{-1}(\widetilde{\boldsymbol{L}}+\widetilde{\boldsymbol{U}}) \tag{5.14}$$

称为雅可比迭代矩阵。

用定理3.3来判断雅可比迭代格式是否收敛需要考虑$\boldsymbol{J}$的特征方程

$$|\lambda\boldsymbol{I}-\boldsymbol{J}|=0$$

即

$$|\lambda\boldsymbol{I}+\boldsymbol{D}^{-1}(\widetilde{\boldsymbol{L}}+\widetilde{\boldsymbol{U}})|=0$$

上式又可以写成

$$|\boldsymbol{D}^{-1}|\cdot|\widetilde{\boldsymbol{L}}+\lambda\boldsymbol{D}+\widetilde{\boldsymbol{U}}|=0$$

由于$|\boldsymbol{D}^{-1}|\neq 0$，所以

$$|\widetilde{\boldsymbol{L}}+\lambda\boldsymbol{D}+\widetilde{\boldsymbol{U}}|=0 \tag{5.15}$$

上式左端为将系数矩阵$\boldsymbol{A}$的对角元同乘以λ后所得新矩阵的行列式。

例3.7 用雅可比迭代法求解下列线性方程组

$$\begin{cases} 10x_1-2x_2-x_3=3, \\ -2x_1+10x_2-x_3=15, \\ -x_1-2x_2+5x_3=10 \end{cases}$$

并分析迭代格式的收敛性。

解 相应的雅可比迭代格式为

$$\begin{cases} x_1^{(k+1)}=(2x_2^{(k)}+x_3^{(k)}+3)/10, \\ x_2^{(k+1)}=(2x_1^{(k)}+x_3^{(k)}+15)/10, \\ x_3^{(k+1)}=(x_1^{(k)}+2x_2^{(k)}+10)/5 \end{cases}$$

取迭代初值为 $x_1^{(0)}=x_2^{(0)}=x_3^{(0)}=0$，按此迭代格式进行迭代，得计算结果列于表3-5-1。

表 3-5-1 雅可比迭代法算例

k	$x_1^{(k)}$	$x_2^{(k)}$	$x_3^{(k)}$
0	0	0	0
1	0.300 0	1.500 0	2.000 0
2	0.800 0	1.760 0	2.660 0
3	0.918 0	1.926 0	2.864 0
4	0.971 6	1.970 0	2.954 0
5	0.989 4	1.989 7	2.982 3
6	0.996 3	1.996 1	2.993 8
7	0.998 6	1.998 6	2.997 7
8	0.999 5	1.999 5	2.999 2
9	0.999 8	1.999 8	2.999 8

容易验证本题所给方程组的准确解为

$$x_1=1,\quad x_2=2,\quad x_3=3$$

因此从表 3-5-1 看出，当迭代次数增加时，迭代结果越来越接近精确解，于是

$$x_1^{(9)}=0.999\,8,\quad x_2^{(9)}=1.999\,8,\quad x_3^{(9)}=2.999\,8$$

可以作为所给方程组的近似解。

迭代矩阵 $\boldsymbol{J}$ 的特征方程为

$$\begin{vmatrix} 10\lambda & -2 & -1 \\ -2 & 10\lambda & -1 \\ -1 & -2 & 5\lambda \end{vmatrix}=0$$

展开得到

$$(10\lambda+2)(50\lambda^2-10\lambda-3)=0$$

解得

$$\lambda_1=-\frac{1}{5},\quad \lambda_2=\frac{1+\sqrt{7}}{10},\quad \lambda_3=\frac{1-\sqrt{7}}{10}$$

于是

$$\rho(\boldsymbol{J})=\frac{1+\sqrt{7}}{10}\approx 0.364\,6<1$$

因而雅可比迭代格式是收敛的。

3.5.3 高斯-赛德尔迭代法

仔细研究雅可比迭代法就会发现在逐个求 $\boldsymbol{x}^{(k+1)}$ 的分量时，当计算到 $x_i^{(k+1)}$ 时，分量 $x_1^{(k+1)},\cdots,x_{i-1}^{(k+1)}$ 都已求得，但却被束之高阁，而仍用旧分量 $x_1^{(k)},x_2^{(k)},\cdots,x_{i-1}^{(k)}$。直观地看，新计算出的分量可能比旧的要准确些，因此设想一旦新分量已求出，马上就用新分量代替，亦即在雅可比迭代法中求 $x_i^{(k+1)}$ 时用 $x_1^{(k+1)},x_2^{(k+1)},\cdots,x_{i-1}^{(k+1)}$ 分别代替 $x_1^{(k)},x_2^{(k)},\cdots,x_{i-1}^{(k)}$，这就是**高斯-赛德尔(Gauss-Seidel)迭代法**。

高斯-赛德尔迭代格式如下：

$$\begin{cases} x_1^{(k+1)} = \dfrac{1}{a_{11}}(-a_{12}x_2^{(k)} - \cdots - a_{1n}x_n^{(k)} + b_1), \\ x_2^{(k+1)} = \dfrac{1}{a_{22}}(-a_{21}x_1^{(k+1)} - a_{23}x_3^{(k)} - \cdots - a_{2n}x_n^{(k)} + b_2), \\ \quad\vdots \\ x_i^{(k+1)} = \dfrac{1}{a_{ii}}(-a_{i1}x_1^{(k+1)} - a_{i2}x_2^{(k+1)} - \cdots - a_{i,i-1}x_{i-1}^{(k+1)} \\ \qquad - a_{i,i+1}x_{i+1}^{(k)} - \cdots - a_{in}x_n^{(k)} + b_i), \\ \quad\vdots \\ x_n^{(k+1)} = \dfrac{1}{a_{nn}}(-a_{n1}x_1^{(k+1)} - a_{n2}x_2^{(k+1)} - \cdots - a_{n,n-1}x_{n-1}^{(k+1)} + b_n) \end{cases} \tag{5.16}$$

其矩阵表示形式为

$$\boldsymbol{x}^{(k+1)} = \boldsymbol{D}^{-1}(-\widetilde{\boldsymbol{L}}\boldsymbol{x}^{(k+1)} - \widetilde{\boldsymbol{U}}\boldsymbol{x}^{(k)} + \boldsymbol{b}) \tag{5.17}$$

现将 $\boldsymbol{x}^{(k+1)}$ 显式化，由

$$(\boldsymbol{D}+\widetilde{\boldsymbol{L}})\boldsymbol{x}^{(k+1)} = -\widetilde{\boldsymbol{U}}\boldsymbol{x}^{(k)} + \boldsymbol{b}$$

得

$$\boldsymbol{x}^{(k+1)} = -(\boldsymbol{D}+\widetilde{\boldsymbol{L}})^{-1}\widetilde{\boldsymbol{U}}\boldsymbol{x}^{(k)} + (\boldsymbol{D}+\widetilde{\boldsymbol{L}})^{-1}\boldsymbol{b}$$

令

$$\boldsymbol{G} = -(\boldsymbol{D}+\widetilde{\boldsymbol{L}})^{-1}\widetilde{\boldsymbol{U}}$$

$$\boldsymbol{g} = (\boldsymbol{D}+\widetilde{\boldsymbol{L}})^{-1}\boldsymbol{b}$$

则得

$$\boldsymbol{x}^{(k+1)} = \boldsymbol{G}\boldsymbol{x}^{(k)} + \boldsymbol{g} \tag{5.18}$$

此即高斯-赛德尔迭代法的矩阵表示形式，$\boldsymbol{G}$ 称为高斯-赛德尔迭代矩阵。

用定理3.3来判断高斯-赛德尔迭代公式是否收敛需要考虑 G 的特征方程

$$|\lambda\boldsymbol{I} - \boldsymbol{G}| = 0 \tag{5.19}$$

即

$$|\lambda\boldsymbol{I} + (\boldsymbol{D}+\widetilde{\boldsymbol{L}})^{-1}\widetilde{\boldsymbol{U}}| = 0$$

上式又可以写成

$$|(\boldsymbol{D}+\widetilde{\boldsymbol{L}})^{-1}|\cdot|\lambda(\boldsymbol{D}+\widetilde{\boldsymbol{L}})+\widetilde{\boldsymbol{U}}|=0$$

由于 $|(\boldsymbol{D}+\widetilde{\boldsymbol{L}})^{-1}|\neq 0$，所以

$$|\lambda(\boldsymbol{D}+\widetilde{\boldsymbol{L}})+\widetilde{\boldsymbol{U}}|=0 \tag{5.20}$$

上式左端为将 $\boldsymbol{A}$ 的对角线及对角线以下的元素同时乘以 λ 所得新矩阵的行列式。

高斯-赛德尔迭代法的一个优点是只需要一组工作单元用来存放近似值，而每次迭代的计算量与雅可比迭代法相同。

例 3.8　用高斯-赛德尔迭代法求解例 3.7 中的线性方程组，并分析迭代格式的收敛性。

解　例 3.7 中所给线性方程组的高斯-赛德尔迭代格式为

$$\begin{cases} x_1^{(k+1)}=(2x_2^{(k)}+x_3^{(k)}+3)/10, \\ x_2^{(k+1)}=(2x_1^{(k+1)}+x_3^{(k)}+15)/10, \\ x_3^{(k+1)}=(x_1^{(k+1)}+2x_2^{(k+1)}+10)/5 \end{cases}$$

取迭代初值为 $x_1^{(0)}=x_2^{(0)}=x_3^{(0)}=0$，按此迭代格式进行迭代得计算，结果列于表 3-5-2。

表 3-5-2　高斯-赛德尔迭代法算例

k	$x_1^{(k)}$	$x_2^{(k)}$	$x_3^{(k)}$
0	0	0	0
1	0.300 0	1.560 0	2.684 0
2	0.880 4	1.944 5	2.953 9
3	0.984 3	1.992 3	2.993 8
4	0.997 8	1.998 9	2.999 1
5	0.999 7	1.999 9	2.999

高斯-赛德尔迭代矩阵 $\boldsymbol{G}$ 的特征方程为

$$\begin{vmatrix} 10\lambda & -2 & -1 \\ -2\lambda & 10\lambda & -1 \\ -\lambda & -2\lambda & 5\lambda \end{vmatrix}=0$$

即 $\lambda(500\lambda^2-54\lambda-2)=0$，解得

$$\lambda_1=0,\quad \lambda_2=\frac{27+\sqrt{1\,729}}{500},\quad \lambda_3=\frac{27-\sqrt{1\,729}}{500}$$

于是

$$\rho(\boldsymbol{G})=\frac{27+\sqrt{1\,729}}{500}\approx 0.137\,2<1$$

因而高斯-赛德尔迭代格式是收敛的。

对于两类特殊线性方程组，有如下收敛结果。

定理 3.4(充分条件判别法) 对于线性方程组 $\boldsymbol{Ax}=\boldsymbol{b}$，若

(1) $\boldsymbol{A}$ 为(按行或按列)严格对角占优阵，则雅可比迭代法和高斯-赛德尔迭代法均收敛；

(2) $\boldsymbol{A}$ 为对称正定阵，则高斯-赛德尔迭代法收敛。

由于例3.7所给方程组系数矩阵 $\boldsymbol{A}$ 严格对角占优，因此根据定理3.4很容易得出雅可比迭代法和高斯-赛德尔迭代法均收敛。

小　　结

本章主要讨论线性方程组的直接解法和迭代法。

直接解法的重点是列主元高斯消去法及其列主元直接三角分解法。从代数的角度看，直接三角分解法和高斯消去法本质上是一样的，但从实际计算来看是不同的，若在直接分解法中采用"双精度累加"计算和式 $\sum_{q=1}^{m} l_{iq}u_{qk}$，则直接分解法得到的解的精度比高斯消去法高。

引进选列主元的技巧是为了控制计算过程中舍入误差的增长，减少舍入误差的影响。一般说来列主元消去法及列主元三角分解法是稳定的算法，更稳定的算法是完全选主元的方法，但它的工作量太大，所以通常只采用列主元三角分解法或列主元消去法。

对于一些特殊类型的方程组可用特殊方法求解。例如系数矩阵是三对角矩阵，可用追赶法求解，系数矩阵是对称正定矩阵可用改进平方根法求解。这些方法是很实用的方法。

迭代法是一类重要的方法，它能充分利用系数矩阵的稀疏性，减少内存占用量，而且程序简单，缺点是计算量大，同时还有收敛性的问题需要讨论。

关于迭代法，本章主要介绍了雅可比迭代法和高斯-赛德尔迭代法。这两种迭代法每迭代一步均是作一次矩阵和向量的乘法，但前者需要两组工作单元分别存放 $\boldsymbol{x}^{(k)}$ 和 $\boldsymbol{x}^{(k+1)}$，而后者只需一组工作单元。对于同一个线性方程组，这两种方法可能同时收敛，也可能同时发散，也可能其一收敛，而另一发散。但当二者皆收敛时，一般说来高斯-赛德尔迭代法比雅可比迭代法收敛快。实用中更多的是使用逐次超松弛迭代法，只是限于学时，不能作介绍，有兴趣的可参考文献[3]～[7]。

关于迭代法的收敛性的判别，本章介绍了一个充要条件判别法(定理3.3)和两个充分条件判别法(定理3.2和3.4)，关于这些条件的使用应视系数矩阵或迭代矩阵的特点灵活运用。需注意的是充分条件不满足，不能肯定迭代的发散性，它只能用作收敛性的判别。

复　习　思　考　题

1. 追赶法适用于何种类型的方程组?它是怎么从高斯消去法演变过来的?

2. 为什么要采用列主元消去法?它是怎么从高斯消去法演变过来的?

3. 改进平方根法适用于何种类型的方程组?怎样用紧凑格式的方法来记忆改进平方根法?

4. 如何充分利用矩阵的LU分解求解两个系数矩阵相同的方程组$\boldsymbol{Ax}=\boldsymbol{b}_1$，$\boldsymbol{Ay}=\boldsymbol{b}_2$(其中$\boldsymbol{b}_2$依赖于$\boldsymbol{x}$)?体会$\boldsymbol{A}$的直接分解法比高斯消去法优越的原因。

5. 写出雅可比迭代法和高斯-赛德尔迭代法的计算公式;它们各有什么特点?

6. 雅可比迭代法和高斯-赛德尔迭代法的矩阵表示形式是什么?为什么要研究它们的矩阵表示形式?

7. 判别迭代法收敛的充分必要条件及充分条件是什么?

8. 雅可比迭代法和高斯-赛德尔迭代法收敛性的各种判别条件是什么?

习　题　3

1. 用高斯消去法解下列线性方程组:

(1) $\begin{cases} 2x_1-x_2+3x_3=1, \\ 4x_1+2x_2+5x_3=4, \\ x_1+2x_2=7; \end{cases}$　　(2) $\begin{cases} 11x_1-3x_2-2x_3=3, \\ -23x_1+11x_2+x_3=0, \\ x_1+2x_2+2x_3=-1。 \end{cases}$

2. 用追赶法求解线性方程组

$$\begin{cases} 2M_0+M_1=-5.5200, \\ \dfrac{5}{14}M_0+2M_1+\dfrac{9}{14}M_2=-4.3144, \\ \dfrac{3}{5}M_1+2M_2+\dfrac{2}{5}M_3=-3.2664, \\ \dfrac{3}{7}M_2+2M_3+\dfrac{4}{7}M_4=-2.4287, \\ M_3+2M_4=-2.1150 \end{cases}$$

3. 用列主元高斯消去法解第1题所给方程组。

4. 设$a_{11}\neq 0$,经高斯消去法的第1步将$\boldsymbol{A}$化为

$$\begin{bmatrix} a_{11} & \boldsymbol{\alpha}_1 \\ \boldsymbol{O} & \boldsymbol{A}_2 \end{bmatrix}$$

试证:若$\boldsymbol{A}$是严格对角占优的,则$\boldsymbol{A}_2$也是严格对角占优的。

5. 设

$$L_k=\begin{bmatrix}1 & & & & & \\ & \ddots & & & & \\ & & 1 & & & \\ & & -l_{k+1,k} & 1 & & \\ & & \vdots & & \ddots & \\ & & -l_{nk} & & & 1\end{bmatrix}$$

证明：

$$L_k^{-1}=\begin{bmatrix}1 & & & & & \\ & \ddots & & & & \\ & & 1 & & & \\ & & l_{k+1,k} & 1 & & \\ & & \vdots & & \ddots & \\ & & l_{nk} & & & 1\end{bmatrix}$$

6. 设

$$L_1=\begin{bmatrix}1 & & & \\ -l_{21} & 1 & & \\ -l_{31} & & 1 & \\ -l_{41} & & & 1\end{bmatrix},\quad L_2=\begin{bmatrix}1 & & & \\ & 1 & & \\ & -l_{32} & 1 & \\ & -l_{42} & & 1\end{bmatrix}$$

$$L_3=\begin{bmatrix}1 & & & \\ & 1 & & \\ & & 1 & \\ & & -l_{43} & 1\end{bmatrix}$$

证明：

$$L_1^{-1}L_2^{-1}L_3^{-1}=\begin{bmatrix}1 & & & \\ l_{21} & 1 & & \\ l_{31} & l_{32} & 1 & \\ l_{41} & l_{42} & l_{43} & 1\end{bmatrix}$$

7. 将矩阵 $A=\begin{bmatrix}1 & 0 & 2 & 0\\ 0 & 1 & 1 & 1\\ 2 & 0 & -1 & 1\\ 0 & 0 & 1 & 1\end{bmatrix}$ 作 LU 分解。

8. 用LU紧凑格式分解法解线性方程组

$$\begin{bmatrix}5 & 7 & 9 & 10\\6 & 8 & 10 & 9\\7 & 10 & 8 & 7\\5 & 7 & 6 & 5\end{bmatrix}\begin{bmatrix}x_1\\x_2\\x_3\\x_4\end{bmatrix}=\begin{bmatrix}1\\1\\1\\1\end{bmatrix}$$

9. 用改进平方根法求解线性方程组

$$\begin{cases}4x_1-2x_2-4x_3=10,\\-2x_1+17x_2+10x_3=3,\\-4x_1+10x_2+9x_3=-7\end{cases}$$

10. 统计用改进平方根法解 n 阶线性方程组 $\boldsymbol{Ax}=\boldsymbol{b}$（$\boldsymbol{A}$ 是实对称正定矩阵）所需的乘除法次数和加减法次数。

11. 用列主元三角分解法求解线性方程组

$$\begin{cases}-x_1+2x_2-2x_3=-1,\\3x_1-x_2+4x_3=7,\\2x_1-3x_2-2x_3=0\end{cases}$$

12. 设 $\boldsymbol{x}=(1,-2,3)^{\mathrm{T}}$，计算 $\|\boldsymbol{x}\|_\infty$，$\|\boldsymbol{x}\|_1$ 和 $\|\boldsymbol{x}\|_2$。

13. 设 $\boldsymbol{A}=\begin{bmatrix}1 & 1 & 0\\2 & 2 & -3\\5 & 4 & 1\end{bmatrix}$，求 $\|\boldsymbol{A}\|_\infty$，$\|\boldsymbol{A}\|_1$ 和 $\|\boldsymbol{A}\|_2$。

14. 设 $\boldsymbol{A}=\begin{bmatrix}3 & 1 & 1\\-1 & 1 & 1\\1 & 2 & 1\end{bmatrix}$，$\boldsymbol{x}=\begin{bmatrix}-1\\3\\2\end{bmatrix}$，计算 $\|\boldsymbol{x}\|_\infty$，$\|\boldsymbol{A}\|_\infty$ 及 $\|\boldsymbol{Ax}\|_\infty$，并比较 $\|\boldsymbol{Ax}\|_\infty$ 和 $\|\boldsymbol{A}\|_\infty\|\boldsymbol{x}\|_\infty$ 的大小。

15. 设 $\boldsymbol{A}\in\mathbf{R}^{n\times n}$，$\boldsymbol{B}\in\mathbf{R}^{n\times n}$ 均为非奇异矩阵，证明：

$$\|\boldsymbol{A}^{-1}-\boldsymbol{B}^{-1}\|\leqslant\|\boldsymbol{A}^{-1}\|\cdot\|\boldsymbol{B}^{-1}\|\cdot\|\boldsymbol{A}-\boldsymbol{B}\|$$

16. 给定线性方程组

$$\begin{bmatrix}1 & -2 & 2\\-1 & 1 & -1\\-2 & -2 & 1\end{bmatrix}\begin{bmatrix}x_1\\x_2\\x_3\end{bmatrix}=\begin{bmatrix}-12\\0\\10\end{bmatrix}$$

(1) 写出雅可比迭代格式和高斯-赛德尔迭代格式；

(2) 证明雅可比迭代法收敛而高斯-赛德尔迭代法发散；

(3) 给定 $\boldsymbol{x}^{(0)}=(0,0,0)^{\mathrm{T}}$，用迭代法求出该方程组的解，精确到

$$\|\boldsymbol{x}^{(k+1)}-\boldsymbol{x}^{(k)}\|_\infty\leqslant\frac{1}{2}\times10^{-3}$$

17. 给定线性方程组

$$\begin{bmatrix}2 & 1 & 1\\1 & 1 & 1\\1 & 1 & 2\end{bmatrix}\begin{bmatrix}x_1\\x_2\\x_3\end{bmatrix}=\begin{bmatrix}0\\3\\1\end{bmatrix}$$

(1) 写出雅可比迭代格式和高斯-赛德尔迭代格式；

(2) 证明雅可比迭代法发散而高斯-赛德尔迭代法收敛；

(3) 取 $\boldsymbol{x}^{(0)}=(0,0,0)^{\mathrm{T}}$，用迭代法求出该方程组的解，精确到

$$\|\boldsymbol{x}^{(k+1)}-\boldsymbol{x}^{(k)}\|_{\infty}\leqslant\frac{1}{2}\times10^{-3}$$

18. 给定线性方程组

$$\begin{cases}5x_1-x_2-x_3-x_4=-4,\\-x_1+10x_2-x_3-x_4=12,\\-x_1-x_2+5x_3-x_4=8,\\-x_1-x_2-x_3+10x_4=34\end{cases}$$

考查雅可比迭代格式和高斯-赛德尔迭代格式的收敛性。

19. 试解释为什么高斯-赛德尔迭代矩阵 $\boldsymbol{G}=-(\boldsymbol{D}+\widetilde{\boldsymbol{L}})^{-1}\widetilde{\boldsymbol{U}}$ 至少有1个特征根为零。

4 插值法

4.1 问题的提出

在生产实际及科学实验中经常要研究变量之间的函数关系，但是在很多情况下又很难找到具体的函数表达式，往往只能通过测量或者观察获得一张数据表，即

x	x_0	x_1	…	x_n
y	y_0	y_1	…	y_n

根据这种用表格形式给出的函数无法得到不在表中的点的函数值，也不能进一步研究函数的分析性质，如函数的导数及积分等。有的虽然能给出一个函数的分析表达式，但式子很复杂，不适合使用。为了解决这些问题，我们设法通过这张表格求出一个简单函数 $P(x)$，使得 $P(x_j)=y_j(j=0,1,\cdots,n)$。这种求 $P(x)$ 的方法称为插值法。

4.1.1 插值函数的概念

定义 4.1 设函数 $y=f(x)$ 在区间$[a,b]$上有定义，且已知在点 $a\leqslant x_0<x_1<\cdots<x_n\leqslant b$ 上的值为 $y_0,y_1,\cdots,y_n$，若存在一个简单的函数 $P(x)$ 使得

$$P(x_j)=y_j\quad(j=0,1,\cdots,n)\tag{1.1}$$

成立，则称 $P(x)$ 为 $f(x)$ 的**插值函数**，称点 $x_0,x_1,x_2,\cdots,x_n$ 为**插值节点**，称区间$[a,b]$为**插值区间**，称 $f(x)$ 为**被插函数**，称求 $P(x)$ 的方法为**插值法**，称条件(1.1) 为**插值条件**。

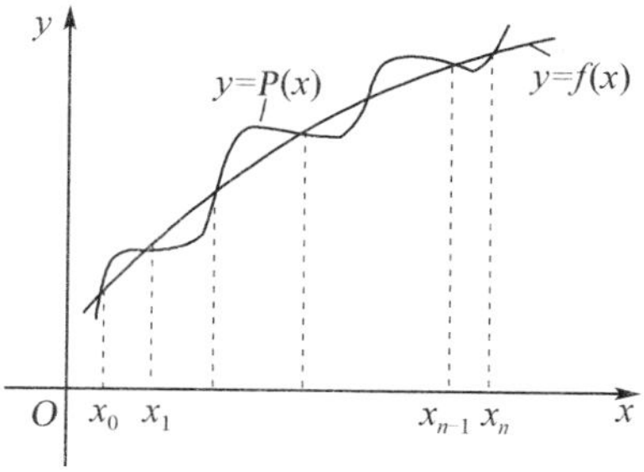

图 4-1-1 n **次插值多项式的几何表示**

从几何上说，插值法就是求一条曲线 $y=P(x)$，使得它通过已知的$(n+1)$个点$(x_j,y_j)(j=0,1,2,\cdots,n)$，并取 $P(x)\approx f(x)$，如图 4-1-1 所示。

可以根据不同的要求选择不同的插值函数，其中最简单的一类是代数多项式。若

$$P(x)=P_n(x)=a_0+a_1x+a_2x^2+\cdots+a_nx^n\tag{1.2}$$

是次数不超过 n 的多项式，其中 $a_i(i=0,1,\cdots,n)$ 是实数，则称 $P_n(x)$ 为 n 次插值多项式。这一章主要讨论 $P(x)$ 为多项式时的情况。

特别当 $n=1$ 时，所求的一次插值多项式为通过两点的直线，称相应的插值问题为线性插值；当 $n=2$ 时，所求的二次插值多项式为通过3点的抛物线，称相应的插值问题为抛物插值。

函数插值是计算方法的重要工具，在以后的章节中将会看到，我们常常借助于插值函数 $P(x)$ 来计算被插值函数 $f(x)$ 的函数值、零点、导数和积分等等。

4.1.2 插值多项式的存在唯一性

从插值多项式的定义可知，要求满足插值条件式(1.1)的 n 次插值多项式 $P_n(x)$，只要把式(1.2)代入式(1.1)，即可得 $(n+1)$ 个方程

$$\begin{cases} a_0+a_1x_0+\cdots+a_nx_0^n=y_0, \\ a_0+a_1x_1+\cdots+a_nx_1^n=y_1, \\ \quad\vdots \\ a_0+a_1x_n+\cdots+a_nx_n^n=y_n \end{cases} \tag{1.3}$$

这是关于 $a_0,a_1,\cdots,a_n$ 的 $(n+1)$ 元线性方程组，可以利用上一章的方法求出这个方程组的解 $a_0,a_1,\cdots,a_n$，再代入式(1.2)，即得插值多项式 $P_n(x)$，这种方法称为待定系数法。我们首先证明这样的 $P_n(x)$ 是存在而且唯一的。

定理 4.1 满足条件 $P_n(x_j)=y_j(j=0,1,\cdots,n)$ 的 n 次多项式 $P_n(x)=a_0+a_1x+a_2x^2+\cdots+a_nx^n$ 是存在而且唯一的。

证明 方程组(1.3)的系数矩阵的行列式

$$V_n=\begin{vmatrix} 1 & x_0 & x_0^2 & \cdots & x_0^n \\ 1 & x_1 & x_1^2 & \cdots & x_1^n \\ \vdots & \vdots & \vdots & & \vdots \\ 1 & x_n & x_n^2 & \cdots & x_n^n \end{vmatrix}=\prod_{0\leqslant j<i\leqslant n}(x_i-x_j)\neq 0$$

因而该方程组有唯一解，即 $(n+1)$ 个插值条件唯一确定一个 n 次插值多项式。

应该注意：如果不限制多项式的次数，插值多项式并不唯一。事实上，设 α 是任意实数，若 $P(x)$ 是满足式(1.1)的一个插值多项式，则 $P(x)+\alpha\prod\limits_{i=0}^{n}(x-x_i)$ 也是满足式(1.1)的一个插值多项式。

例 4.1 当 $n=0$ 时，方程组(1.3)为

$$a_0=y_0$$

因而 $P_0(x)=y_0$。

例 4.2 当 $n=1$ 时，方程组(1.3)为

$$\begin{cases} a_0 + a_1 x_0 = y_0, \\ a_0 + a_1 x_1 = y_1 \end{cases}$$

解得

$$a_0 = \frac{\begin{vmatrix} y_0 & x_0 \\ y_1 & x_1 \end{vmatrix}}{\begin{vmatrix} 1 & x_0 \\ 1 & x_1 \end{vmatrix}} = \frac{x_1 y_0 - x_0 y_1}{x_1 - x_0}, \quad a_1 = \frac{\begin{vmatrix} 1 & y_0 \\ 1 & y_1 \end{vmatrix}}{\begin{vmatrix} 1 & x_0 \\ 1 & x_1 \end{vmatrix}} = \frac{y_1 - y_0}{x_1 - x_0}$$

因而

$$\begin{aligned} P_1(x) &= a_0 + a_1 x \\ &= \frac{x_1 y_0 - x_0 y_1}{x_1 - x_0} + \frac{y_1 - y_0}{x_1 - x_0} x \\ &= \frac{x - x_1}{x_0 - x_1} y_0 + \frac{x - x_0}{x_1 - x_0} y_1 \\ &= y_0 + \frac{y_1 - y_0}{x_1 - x_0}(x - x_0) \end{aligned} \tag{1.4}$$

4.2 拉格朗日插值多项式

4.2.1 基本插值多项式

由上节定理可知，满足插值条件(1.1)的 n 次多项式是唯一存在的，且可以用待定系数法求出来，但是当 n 较大时，不仅计算复杂，而且方程组往往是病态的，因此不宜采用。通常我们采用的是构造方法，即直接构造一个满足插值条件式(1.1)的 n 次插值多项式。

观察式(1.4)。若令

$$l_0(x) = \frac{x - x_1}{x_0 - x_1}, \quad l_1(x) = \frac{x - x_0}{x_1 - x_0} \tag{2.1}$$

则有

$$P_1(x) = y_0 l_0(x) + y_1 l_1(x) \tag{2.2}$$

注意到这里的 $l_0(x)$ 可以看作是满足插值条件

$$l_0(x_0) = 1, \quad l_0(x_1) = 0$$

的一次插值多项式；$l_1(x)$ 可以看作是满足插值条件

$$l_1(x_0) = 0, \quad l_1(x_1) = 1$$

的一次插值多项式。这两个特殊的插值多项式称作一次插值的**基本插值多项式**。式(2.2)表明一次插值多项式 $P_1(x)$ 可以通过基本插值多项式 $l_0(x)$ 和 $l_1(x)$ 的线性组合得到，且其系数恰为所给数据 y_0 和 y_1。

现在来讨论 n 次多项式的插值问题。为了得到 n 次插值多项式 $P_n(x)$，我们先来解决一个特殊的 n 次多项式插值问题：求作一个 n 次多项式 $l_k(x)$ 满足

$$l_k(x_0)=0,\cdots,l_k(x_{k-1})=0,l_k(x_k)=1,l_k(x_{k+1})=0,\cdots,l_k(x_n)=0 \tag{2.3}$$

即

$$l_k(x_i)=\delta_{ki}=\begin{cases}0 & (i\neq k);\\ 1 & (i=k)\end{cases}$$

其中 $0\leqslant i\leqslant n$。由于 $x_0,x_1,\cdots,x_{k-1},x_{k+1},\cdots,x_n$ 为 n 次多项式 $l_k(x)$ 的 n 个零点，所以 $l_k(x)$ 含有如下 n 个一次因子：

$$x-x_0,x-x_1,\cdots,x-x_{k-1},x-x_{k+1},\cdots,x-x_n$$

于是 $l_k(x)$ 可以写成

$$\begin{aligned}l_k(x)&=A_k(x-x_0)(x-x_1)\cdots(x-x_{k-1})(x-x_{k+1})\cdots(x-x_n)\\&=A_k\prod_{\substack{i=0\\i\neq k}}^{n}(x-x_i)\end{aligned} \tag{2.4}$$

其中 A_k 为待定常数。再由 $l_k(x_k)=1$，得到

$$A_k\prod_{\substack{i=0\\i\neq k}}^{n}(x_k-x_i)=1$$

于是

$$A_k=\frac{1}{\prod\limits_{\substack{i=0\\i\neq k}}^{n}(x_k-x_i)}$$

将它代入到式(2.4)得

$$l_k(x)=\frac{\prod\limits_{\substack{i=0\\i\neq k}}^{n}(x-x_i)}{\prod\limits_{\substack{i=0\\i\neq k}}^{n}(x_k-x_i)}=\prod_{\substack{i=0\\i\neq k}}^{n}\frac{x-x_i}{x_k-x_i} \tag{2.5}$$

式中，$l_k(x)$ 称为 n 次插值问题的(第 k 个) **基本插值多项式**。当 $k=0,1,\cdots,n$ 时，我们依次得到基本插值多项式 $l_0(x),l_1(x),\cdots,l_n(x)$。

4.2.2 拉格朗日插值多项式

利用基本插值多项式容易得出满足插值条件式(1.1)的 n 次插值多项式

$$P_n(x)=\sum_{k=0}^{n}y_kl_k(x) \tag{2.6}$$

事实上，由于每个基本插值多项式 $l_k(x)$ 都是 n 次多项式，因而 $P_n(x)$ 的次数不超

过 n。又据式(2.3)，有

$$P_n(x_i) = \sum_{k=0}^{n} y_k l_k(x_i) = y_i l_i(x_i) = y_i \quad (0 \leqslant i \leqslant n)$$

即 $P_n(x)$ 满足插值条件式(1.1)。故式(2.6)表示的 $P_n(x)$ 即为所求的 n 次插值多项式。称式(2.6)为 **n 次拉格朗日(Lagrange)插值多项式**，常记为 $L_n(x)$，即

$$L_n(x) = \sum_{k=0}^{n} y_k l_k(x) = \sum_{k=0}^{n} \left(\prod_{\substack{i=0 \\ i \neq k}}^{n} \frac{x - x_i}{x_k - x_i} \right) y_k \tag{2.7}$$

由于基本插值多项式 $l_0(x), l_1(x), \cdots, l_n(x)$ 是线性无关的，n 次插值多项式 $L_n(x)$ 可由它们线性表示，因此又称 $l_0(x), l_1(x), \cdots, l_n(x)$ 为 n 次拉格朗日插值基函数。

4.2.3 插值余项

通过 $(n+1)$ 个节点的 n 次插值多项式，在节点处有

$$L_n(x_j) = f(x_j) \quad (j = 0, 1, \cdots, n)$$

而在其他点上，均是 $f(x)$ 的近似值。记

$$R_n(x) = f(x) - L_n(x)$$

称 $R_n(x)$ 为插值多项式的余项。我们希望用数量关系来刻画余项的大小。

定理 4.2 设 $f^{(n)}(x)$ 在 $[a,b]$ 上连续，$f^{(n+1)}(x)$ 在 (a,b) 内存在，节点 $a \leqslant x_0 < \cdots < x_n \leqslant b$，$L_n(x)$ 是满足插值条件 $L_n(x_j) = y_j (j = 0, 1, \cdots, n)$ 的 n 次插值多项式，则对任意 $x \in [a,b]$，插值余项

$$R_n(x) = f(x) - L_n(x) = \frac{f^{(n+1)}(\xi)}{(n+1)!} W_{n+1}(x) \tag{2.8}$$

其中，$W_{n+1}(x) = (x - x_0)(x - x_1)\cdots(x - x_n)$，$\xi \in (a,b)$ 且依赖于 x 的位置。

证明 因为 $R_n(x) = f(x) - L_n(x)$，所以在节点 $x_0, x_1, \cdots, x_n$ 处 $R_n(x) = 0$，即 $R_n(x)$ 有 $(n+1)$ 个零点，可设

$$R_n(x) = K(x)(x - x_0)(x - x_1)\cdots(x - x_n) = K(x) W_{n+1}(x) \tag{2.9}$$

其中，$K(x)$ 是待定函数，它与 x 的位置有关。现在我们来确定 $K(x)$。当 $x = x_j (j = 0, 1, \cdots, n)$ 时，因等式两边均为 0，所以 $K(x)$ 可取为任意常数。当 $x \neq x_j (j = 0, 1, \cdots, n)$ 时，这时因子 $W_{n+1}(x) \neq 0$，$K(x) = \dfrac{R_n(x)}{W_{n+1}(x)}$。为了把 $K(x)$ 具体找出来，作辅助函数

$$\varphi(t) = R_n(t) - K(x) W_{n+1}(t)$$

这时 $\varphi(t)$ 至少有 $(n+2)$ 个互异的零点，它们是 $x, x_0, x_1, \cdots, x_n$。将这 $(n+2)$ 个零点按从小到大的顺序排列，由罗尔(Rolle)定理，$\varphi'(t)$ 在 $\varphi(t)$ 的两个相邻零点之间至少有一个零点，这样 $\varphi'(t)$ 在 (a,b) 内至少有 $(n+1)$ 个互异的零点。对 $\varphi'(t)$ 再应

用罗尔定理，得 $\varphi''(t)$ 在 (a,b) 内至少有 n 个互异的零点；继续这个过程可知，$\varphi^{(n+1)}(t)$ 在 (a,b) 内至少有一个零点，记为 ξ，则有

$$\varphi^{(n+1)}(\xi)=0$$

而

$$\varphi^{(n+1)}(t)=R_n^{(n+1)}(t)-K(x)[W_{n+1}(t)]^{(n+1)}=f^{(n+1)}(t)-K(x)(n+1)!$$

由

$$\varphi^{(n+1)}(\xi)=f^{(n+1)}(\xi)-K(x)(n+1)!=0$$

得

$$K(x)=\frac{f^{(n+1)}(\xi)}{(n+1)!} \tag{2.10}$$

其中，$\xi\in(a,b)$，且与 x 的位置有关。把式(2.10)代入式(2.9)即得

$$R_n(x)=\frac{1}{(n+1)!}f^{(n+1)}(\xi)W_{n+1}(x)$$

定理得证。

说明几点：(1) 当 $f(x)$ 本身是一个次数不超过 n 的多项式时

$$R_n(x)=0$$

因而

$$f(x)=L_n(x)=\sum_{j=0}^{n}l_j(x)y_j$$

特别当 $f(x)\equiv1$ 时，有

$$\sum_{j=0}^{n}l_j(x)\equiv1$$

这是拉格朗日插值基函数的一个基本性质。

(2) 余项表达式(2.8)只有在 $f(x)$ 的 $(n+1)$ 阶导数存在时才能使用，由于 ξ 不能具体求出，因此一般常利用 $\max\limits_{a\leqslant x\leqslant b}|f^{(n+1)}(x)|=M_{n+1}$ 求出误差限，即有

$$|R_n(x)|\leqslant\frac{M_{n+1}}{(n+1)!}|W_{n+1}(x)| \tag{2.11}$$

例 4.3 已知 $f(x)=\sin x, x\in[0,\pi]$。

(1) 以 $x_0=0, x_1=\frac{\pi}{2}, x_2=\pi$ 为插值节点，求2次插值多项式 $L_2(x)$，并作出 $f(x)$ 和 $L_2(x)$ 的图像；

(2) 以 $x_0=0, x_1=\frac{\pi}{3}, x_2=\frac{2\pi}{3}, x_3=\pi$ 为插值节点，求3次插值多项式 $L_3(x)$，并作出 $f(x)$ 和 $L_3(x)$ 的图像；

(3) 估计插值误差 $|f(x)-L_2(x)|$ 和 $|f(x)-L_3(x)|$ 的上界。

解 (1) $L_2(x)=f(x_0)\frac{(x-x_1)(x-x_2)}{(x_0-x_1)(x_0-x_2)}+f(x_1)\frac{(x-x_0)(x-x_2)}{(x_1-x_0)(x_1-x_2)}$

$$+f(x_2)\frac{(x-x_0)(x-x_1)}{(x_2-x_0)(x_2-x_1)}$$

$$=\frac{x(x-\pi)}{\frac{\pi}{2}\left(\frac{\pi}{2}-\pi\right)}=\frac{4}{\pi^2}x(\pi-x)$$

$f(x)$ 和 $L_2(x)$ 的图像如图 4-2-1 所示。

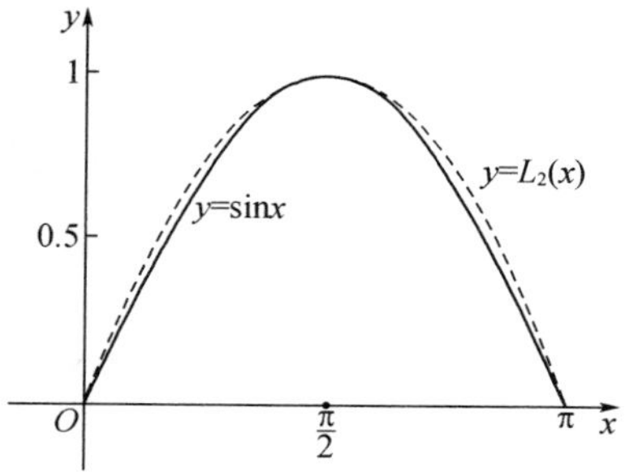

图 4-2-1 $f(x)$ 与 $L_2(x)$ 对比图

(2) $$L_3(x)=f(x_0)\frac{(x-x_1)(x-x_2)(x-x_3)}{(x_0-x_1)(x_0-x_2)(x_0-x_3)}$$

$$+f(x_1)\frac{(x-x_0)(x-x_2)(x-x_3)}{(x_1-x_0)(x_1-x_2)(x_1-x_3)}$$

$$+f(x_2)\frac{(x-x_0)(x-x_1)(x-x_3)}{(x_2-x_0)(x_2-x_1)(x_2-x_3)}$$

$$+f(x_3)\frac{(x-x_0)(x-x_1)(x-x_2)}{(x_3-x_0)(x_3-x_1)(x_3-x_2)}$$

$$=\frac{\sqrt{3}}{2}\times\frac{(x-0)\left(x-\frac{2\pi}{3}\right)(x-\pi)}{\left(\frac{\pi}{3}-0\right)\left(\frac{\pi}{3}-\frac{2\pi}{3}\right)\left(\frac{\pi}{3}-\pi\right)}$$

$$+\frac{\sqrt{3}}{2}\times\frac{(x-0)\left(x-\frac{\pi}{3}\right)(x-\pi)}{\left(\frac{2\pi}{3}-0\right)\left(\frac{2\pi}{3}-\frac{\pi}{3}\right)\left(\frac{2\pi}{3}-\pi\right)}$$

$$=\frac{9\sqrt{3}}{4\pi^2}x(\pi-x)$$

$f(x)$ 和 $L_3(x)$ 的图像如图 4-2-2 所示。

(3) $f(x)-L_2(x)=\frac{f'''(\xi)}{3!}(x-0)\left(x-\frac{\pi}{2}\right)(x-\pi)$， $\xi\in(0,\pi)$；

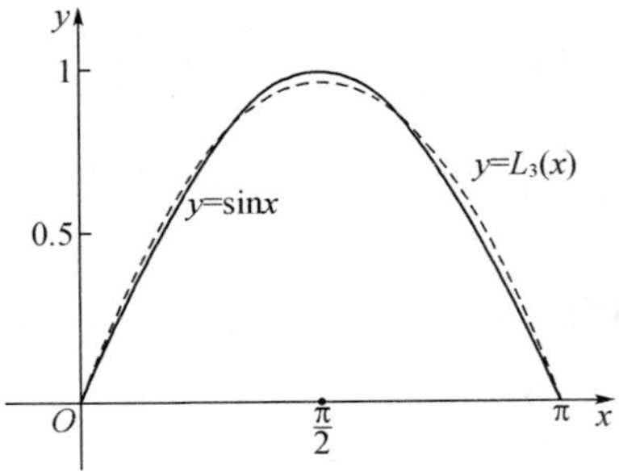

图 4-2-2 $f(x)$ 与 $L_3(x)$ 对比图

$$\max_{0\leqslant x\leqslant\pi}|f(x)-L_2(x)|\leqslant\frac{1}{6}\max_{0\leqslant x\leqslant\pi}\left|(x-0)\left(x-\frac{\pi}{2}\right)(x-\pi)\right|$$

$$\leqslant\frac{1}{6}\times\left(\frac{\pi}{2}\right)^3\max_{-1\leqslant t\leqslant1}|t(1-t^2)|$$

$$=\frac{1}{6}\times\left(\frac{\pi}{2}\right)^3\max_{0\leqslant t\leqslant1}t(1-t^2)=\frac{\sqrt{3}}{216}\pi^3$$

$$f(x)-L_3(x)=\frac{f^{(4)}(\eta)}{4!}(x-0)\left(x-\frac{\pi}{3}\right)\left(x-\frac{2\pi}{3}\right)(x-\pi)$$

其中 $\eta\in(0,\pi)$。

$$\max_{0\leqslant x\leqslant\pi}|f(x)-L_3(x)|\leqslant\frac{1}{4!}\max_{0\leqslant x\leqslant\pi}\left|(x-0)\left(x-\frac{\pi}{3}\right)\left(x-\frac{2\pi}{3}\right)(x-\pi)\right|$$

$$=\frac{1}{4!}\left(\frac{\pi}{2}\right)^4\max_{-1\leqslant t\leqslant1}\left|(t+1)\left(t+\frac{1}{3}\right)\left(t-\frac{1}{3}\right)(t-1)\right|$$

$$=\frac{1}{4!}\left(\frac{\pi}{2}\right)^4\max_{-1\leqslant t\leqslant1}\left|(t^2-1)\left(t^2-\frac{1}{9}\right)\right|$$

$$=\frac{1}{4!}\left(\frac{\pi}{2}\right)^4\max_{0\leqslant s\leqslant1}\left|(s-1)\left(s-\frac{1}{9}\right)\right|$$

$$=\frac{1}{4!}\left(\frac{\pi}{2}\right)^4\times\frac{16}{81}$$

$$=\frac{\pi^4}{1\,944}$$

4.2.4 一类带导数插值条件的插值

在实际问题中要求的插值多项式,有时不仅要求在给定节点处函数值相等,而且还要求在某些节点处若干阶导数值也相等。例如飞机的机翼外形是由几条不同的曲线衔接起来的,为保证衔接处足够光滑,不仅要求在这些点上有相同的函数值,而且要求有相同的导数值。

例 4.4 设 x_0, x_1 和 x_2 是互不相同的节点，现已知节点上的函数值 $f(x_j) = y_j (j = 0,1,2)$ 和 x_1 处的导数值 $f'(x_1) = m_1$，要求一个次数不超过 3 的多项式 $P_3(x)$，使得 $P_3(x_j) = y_j (j = 0,1,2)$，且 $P'_3(x_1) = m_1$；并估计插值余项 $f(x) - P_3(x)$。

解 (1) 求插值多项式。记

$$L_2(x) = y_0 \frac{(x - x_1)(x - x_2)}{(x_0 - x_1)(x_0 - x_2)} + y_1 \frac{(x - x_0)(x - x_2)}{(x_1 - x_0)(x_1 - x_2)} + y_2 \frac{(x - x_0)(x - x_1)}{(x_2 - x_0)(x_2 - x_1)}$$

并令

$$P_3(x) = L_2(x) + Q(x) \tag{2.12}$$

则易知

$$Q(x) = P_3(x) - L_2(x)$$

为不超过 3 次的多项式，且

$$Q(x_j) = P_3(x_j) - L_2(x_j) = y_j - y_j = 0 \quad (j = 0,1,2)$$

即 x_0, x_1, x_2 为 $Q(x)$ 的 3 个零点。于是

$$Q(x) = A(x - x_0)(x - x_1)(x - x_2) \tag{2.13}$$

其中，A 为待定常数。由

$$P'_3(x_1) = L'_2(x_1) + Q'(x_1) = m_1$$

可得

$$y_0 \frac{x_1 - x_2}{(x_0 - x_1)(x_0 - x_2)} + y_1 \frac{2x_1 - x_0 - x_2}{(x_1 - x_0)(x_1 - x_2)} + y_2 \frac{x_1 - x_0}{(x_2 - x_0)(x_2 - x_1)} + A(x_1 - x_0)(x_1 - x_2) = m_1$$

因而

$$A = \frac{1}{(x_1 - x_0)(x_1 - x_2)}\left[m_1 - y_0 \frac{x_1 - x_2}{(x_0 - x_1)(x_0 - x_2)} - y_1 \frac{2x_1 - x_0 - x_2}{(x_1 - x_0)(x_1 - x_2)} - y_2 \frac{x_1 - x_0}{(x_2 - x_0)(x_2 - x_1)}\right]$$

代入式(2.13)，再由式(2.12) 即得所求插值多项式 $P_3(x)$。

(2) 求余项。记

$$R(x) = f(x) - P_3(x) \tag{2.14}$$

由于 x_0 和 x_2 是 $R(x)$ 的一重零点，x_1 为它的二重零点，所以可以设 $R(x)$ 具有如下形式

$$R(x) = K(x)(x - x_0)(x - x_1)^2(x - x_2) \tag{2.15}$$

其中，$K(x)$ 待定。当 $x = x_0, x_1, x_2$ 时，式(2.15) 中 $K(x)$ 取任意常数均成立，因为此时左、右两边均为零。现考虑 $x \neq x_0, x_1, x_2$ 的情形。暂时固定 x，作辅助函数

$$\varphi(t)=R(t)-K(x)(t-x_0)(t-x_1)^2(t-x_2)$$

显然 $\varphi(t)$ 在插值区间内有 5 个零点，即 x,x_0,x_1（二重），x_2。反复应用罗尔定理可知 $\varphi^{(4)}(t)$ 在该区间内至少有 1 个零点，记为 ξ。则有

$$\varphi^{(4)}(\xi)=f^{(4)}(\xi)-4!K(x)=0$$

所以

$$K(x)=\frac{1}{4!}f^{(4)}(\xi)$$

代入式(2.15)，即得

$$R(x)=\frac{1}{4!}f^{(4)}(\xi)(x-x_0)(x-x_1)^2(x-x_2)$$

其中，ξ 在插值区间内且与 x 有关。

由上例启发，根据已知条件去确定插值多项式的形式是很重要的。这里我们利用 3 个点上的函数值作二次拉格朗日插值多项式 $L_2(x)$，然后将所求插值多项式 $P_3(x)$ 写为式(2.12)的形式，其中 $Q(x)$ 由式(2.13)给出，含一个待定常数。再利用导数插值条件确定此待定常数，这样就方便地得到了所求的插值多项式。

4.3 差商、差分和牛顿插值多项式

拉格朗日插值多项式作为一种计算方案有一些缺点。譬如要确定 $f(x)$ 在某一点 x^* 处的近似值，预先不知道要选择多少个插值节点为宜，通常的办法是依次算出 $L_1(x^*)$，$L_2(x^*)$，$L_3(x^*)$，…，直至（根据估计）求出足够精确的 $f(x^*)$ 的近似值 $L_k(x^*)$ 为止，其中 $L_k(x)$ 表示 $f(x)$ 的以 $x_0,x_1,\cdots,x_k$ 为插值节点的 k 次插值多项式。在确定 $L_k(x)$ 的过程中，希望最好能利用已算出的 $L_{k-1}(x)$，但是拉格朗日插值多项式却不能满足这一要求。我们设想给出一个构造 $L_k(x)$ 的方法，它只需要对已求出的 $L_{k-1}(x)$ 作一个简单的修正。为此考察 $h(x)=L_k(x)-L_{k-1}(x)$。显然，$h(x)$ 是一个次数不高于 k 的多项式，且对 $j=0,1,\cdots,k-1$，有

$$h(x_j)=L_k(x_j)-L_{k-1}(x_j)=f(x_j)-f(x_j)=0$$

这样 $h(x)$ 有零点 $x_0,x_1,\cdots,x_{k-1}$。因而存在一个常数 a_k，使得

$$h(x)=a_k(x-x_0)(x-x_1)\cdots(x-x_{k-1})$$

或等价于

$$L_k(x)=L_{k-1}(x)+a_k(x-x_0)(x-x_1)\cdots(x-x_{k-1}) \tag{3.1}$$

如果常数 a_k 可以确定，那么知道 $L_{k-1}(x)$，就可应用式(3.1)来确定 $L_k(x)$。由式(3.1)递推可得

$$\begin{aligned}L_n(x)=&a_0+a_1(x-x_0)+a_2(x-x_0)(x-x_1)+\cdots\\&+a_n(x-x_0)(x-x_1)\cdots(x-x_{n-1})\end{aligned} \tag{3.2}$$

现在我们来决定常数 a_k。在式(3.1)中令 $x = x_k$,并解出 a_k 得

$$a_k = \frac{L_k(x_k) - L_{k-1}(x_k)}{(x_k - x_0)(x_k - x_1)\cdots(x_k - x_{k-1})}$$

$$= \frac{f(x_k) - \sum_{m=0}^{k-1} \prod_{\substack{i=0 \\ i\neq m}}^{k-1} \frac{x_k - x_i}{x_m - x_i} f(x_m)}{\prod_{i=0}^{k-1}(x_k - x_i)}$$

$$= \frac{f(x_k)}{\prod_{i=0}^{k-1}(x_k - x_i)} - \sum_{m=0}^{k-1} \frac{f(x_m)}{(x_k - x_m)\prod_{\substack{i=0 \\ i\neq m}}^{k-1}(x_m - x_i)}$$

$$= \sum_{m=0}^{k} \frac{f(x_m)}{\prod_{\substack{i=0 \\ i\neq m}}^{k}(x_m - x_i)} \tag{3.3}$$

4.3.1 差商及牛顿插值多项式

按照式(3.3)计算 a_k 仍然比较麻烦,为此引进差商的概念。

定义 4.2 设已知函数 $f(x)$ 在 $(n+1)$ 个互异节点 $x_0, x_1, \cdots, x_n$ 上的函数值分别为 $f(x_0), f(x_1), \cdots, f(x_n)$,称

$$\frac{f(x_j) - f(x_i)}{x_j - x_i}$$

为 $f(x)$ 关于节点 x_i, x_j 的一阶差商,简称**一阶差商**(或称均差),记作 $f[x_i, x_j]$,即

$$f[x_i, x_j] = \frac{f(x_j) - f(x_i)}{x_j - x_i}$$

称一阶差商 $f[x_i, x_j]$ 及 $f[x_j, x_k]$ 的差商

$$\frac{f[x_j, x_k] - f[x_i, x_j]}{x_k - x_i}$$

为 $f(x)$ 关于节点 x_i, x_j 和 x_k 的**二阶差商**,记作 $f[x_i, x_j, x_k]$,即

$$f[x_i, x_j, x_k] = \frac{f[x_j, x_k] - f[x_i, x_j]}{x_k - x_i}$$

一般地称 $(k-1)$ 阶差商的差商为 ***k* 阶差商**,即

$$f[x_0, x_1, \cdots, x_k] = \frac{f[x_1, x_2, \cdots, x_k] - f[x_0, x_1, \cdots, x_{k-1}]}{x_k - x_0}$$

约定 $f(x_i)$ 为 $f(x)$ 关于节点 x_i 的零阶差商,并记为 $f[x_i]$。

由差商的定义可知,若给定 $f(x)$ 在 $(n+1)$ 个节点上的函数值,则可求出直至 n 阶的各阶差商。例如给定函数表

x	x_0	x_1	x_2	x_3
$f(x)$	$f(x_0)$	$f(x_1)$	$f(x_2)$	$f(x_3)$

各阶差商列于表 4-3-1。

表 4-3-1 差商表

k	x_k	$f[x_k]$	$f[x_k,x_{k+1}]$	$f[x_k,x_{k+1},x_{k+2}]$	$f[x_k,x_{k+1},x_{k+2},x_{k+3}]$
0	x_0	$f[x_0]$	$f[x_0,x_1]$	$f[x_0,x_1,x_2]$	$f[x_0,x_1,x_2,x_3]$
1	x_1	$f[x_1]$	$f[x_1,x_2]$	$f[x_1,x_2,x_3]$	
2	x_2	$f[x_2]$	$f[x_2,x_3]$		
3	x_3	$f[x_3]$			

由表 4-3-1 可以发现求各阶差商是很方便的，且差商 $f[x_0]$，$f[x_0,x_1]$，$f[x_0,x_1,x_2]$ 及 $f[x_0,x_1,x_2,x_3]$ 处于该表的第 1 行上。

差商有如下重要性质。

性质 1 k 阶差商 $f[x_0,x_1,\cdots,x_k]$ 是由函数值 $f(x_0),f(x_1),\cdots,f(x_k)$ 线性组合而成的，即

$$f[x_0,x_1,\cdots,x_k]=\sum_{m=0}^{k}\frac{f(x_m)}{\prod\limits_{\substack{i=0\\i\neq m}}^{k}(x_m-x_i)} \tag{3.4}$$

证明 应用数学归纳法进行证明。当 $k=0$ 时，左边 $=f[x_0]=f(x_0)$，右边 $=f(x_0)$，所以结论成立。

现设 $k=l-1$ 时结论成立，即有

$$f[x_0,x_1,\cdots,x_{l-1}]=\sum_{m=0}^{l-1}\frac{f(x_m)}{\prod\limits_{\substack{i=0\\i\neq m}}^{l-1}(x_m-x_i)}$$

和

$$f[x_1,x_2,\cdots,x_l]=\sum_{m=1}^{l}\frac{f(x_m)}{\prod\limits_{\substack{i=1\\i\neq m}}^{l}(x_m-x_i)}$$

于是

$$\begin{aligned}f[x_0,x_1,\cdots,x_l]&=\frac{1}{x_l-x_0}\cdot\{f[x_1,x_2,\cdots,x_l]-f[x_0,x_1,\cdots,x_{l-1}]\}\\&=\frac{1}{x_l-x_0}\left\{\sum_{m=1}^{l}\frac{f(x_m)}{\prod\limits_{\substack{i=1\\i\neq m}}^{l}(x_m-x_i)}-\sum_{m=0}^{l-1}\frac{f(x_m)}{\prod\limits_{\substack{i=0\\i\neq m}}^{l-1}(x_m-x_i)}\right\}\end{aligned}$$

$$= \frac{1}{x_0 - x_l} \frac{f(x_0)}{\prod_{i=1}^{l-1}(x_0 - x_i)}$$

$$+ \frac{1}{x_l - x_0} \sum_{m=1}^{l-1} \left[\frac{1}{\prod_{\substack{i=1 \\ i \neq m}}^{l}(x_m - x_i)} - \frac{1}{\prod_{\substack{i=0 \\ i \neq m}}^{l-1}(x_m - x_i)} \right] f(x_m)$$

$$+ \frac{1}{x_l - x_0} \frac{f(x_l)}{\prod_{i=1}^{l-1}(x_l - x_i)}$$

$$= \sum_{m=0}^{l} \frac{f(x_m)}{\prod_{\substack{i=0 \\ i \neq m}}^{l}(x_m - x_i)}$$

即式(3.4)对 $k = l$ 成立。

用归纳原理,性质 1 成立。

由式(3.3)和(3.4)有

$$a_k = f[x_0, x_1, \cdots, x_k]$$

将此表达式代入式(3.2),得到

$$L_n(x) = f[x_0] + f[x_0, x_1](x - x_0) + f[x_0, x_1, x_2](x - x_0)(x - x_1) + \cdots + f[x_0, x_1, \cdots, x_n](x - x_0)(x - x_1)\cdots(x - x_{n-1}) \quad (3.5)$$

式(3.5)的右端称为 **n 次牛顿(Newton)插值多项式**,通常记为 $N_n(x)$,即

$$N_n(x) = f[x_0] + f[x_0, x_1](x - x_0) + f[x_0, x_1, x_2](x - x_0)(x - x_1) + \cdots + f[x_0, x_1, \cdots, x_n](x - x_0)(x - x_1)\cdots(x - x_{n-1}) \quad (3.6)$$

例 4.5 给定数据

x	30	45	60
$f(x)$	$\frac{1}{2}$	$\frac{\sqrt{2}}{2}$	$\frac{\sqrt{3}}{2}$

求二次牛顿插值多项式 $N_2(x)$,并求 $N_2(50)$。

解 先求差商表

k	x_k	$f[x_k]$	$f[x_k, x_{k+1}]$	$f[x_k, x_{k+1}, x_{k+2}]$
0	30	$\frac{1}{2}$	$\frac{1}{30}(\sqrt{2} - 1)$	$\frac{1}{900}(\sqrt{3} - 2\sqrt{2} + 1)$
1	45	$\frac{\sqrt{2}}{2}$	$\frac{1}{30}(\sqrt{3} - \sqrt{2})$	
2	60	$\frac{\sqrt{3}}{2}$		

所以二次牛顿插值多项式为

$$N_2(x)=\frac{1}{2}+\frac{\sqrt{2}-1}{30}(x-30)+\frac{\sqrt{3}-2\sqrt{2}+1}{900}(x-30)(x-45)$$

可以求得 $N_2(50)=0.765\ 43$。

牛顿插值多项式便于计算，因此对于计算问题应尽量使用牛顿插值，而拉格朗日插值常用于理论推导。

性质 2　差商具有对称性，即在 k 阶差商 $f[x_0,x_1,\cdots,x_k]$ 中任意调换 2 个节点 x_l 和 x_m 的顺序，其值不变。

事实上，调换 x_l 和 x_m 的次序，在式(3.4) 的右端只改变求和次序，故其值不变。

由这个性质可知：如果已由插值节点 $x_0,x_1,x_2,\cdots,x_m$ 求得 m 次插值多项式 $N_m(x)$，现增加一个节点 $\tilde{x}$($\tilde{x}$ 可位于插值区间上的任何位置)，要由插值节点 x_0，$x_1,\cdots,x_m,\tilde{x}$ 求$(m+1)$ 次插值多项式 $N_{m+1}(x)$，只需在差商表的末尾加上一个反斜线上差商值的计算，就可得到 $f[x_0,x_1,\cdots,x_m,\tilde{x}]$。当 $m=3$ 时，见表 4－3－2。

表 4－3－2　差商表

x_0	$f[x_0]$	$f[x_0,x_1]$	$f[x_0,x_1,x_2]$	$f[x_0,x_1,x_2,x_3]$	$f[x_0,x_1,x_2,x_3,\tilde{x}]$
x_1	$f[x_1]$	$f[x_1,x_2]$	$f[x_1,x_2,x_3]$	$f[x_1,x_2,x_3,\tilde{x}]$	
x_2	$f[x_2]$	$f[x_2,x_3]$	$f[x_2,x_3,\tilde{x}]$		
x_3	$f[x_3]$	$f[x_3,\tilde{x}]$			
$\tilde{x}$	$f[\tilde{x}]$				

于是

$$N_{m+1}(x)=N_m(x)+f[x_0,x_1,\cdots,x_m,\tilde{x}](x-x_0)(x-x_1)(x-x_2)\cdots(x-x_m)$$

性质 3　k 阶差商和 k 阶导数之间有如下重要关系：

$$f[x_0,x_1,\cdots,x_k]=\frac{f^{(k)}(\eta)}{k\,!}$$

其中 $\eta\in(\min\{x_0,x_1,\cdots,x_k\},\max\{x_0,x_1,\cdots,x_k\})$.

证明　以 $x_0,x_1,\cdots,x_k$ 为节点作 $f(x)$ 的 k 次牛顿插值多项式

$$N_k(x)=f[x_0]+f[x_0,x_1](x-x_0)+\cdots+f[x_0,x_1,\cdots,x_k]\prod_{i=0}^{k-1}(x-x_i)$$

考虑余项

$$R_k(x) = f(x) - N_k(x)$$

易知 $R_k(x_i) = 0(i = 0,1,2,\cdots,k)$，即 $R_k(x)$ 有 $(k+1)$ 个互异的零点 $x_0,x_1,\cdots,x_k$。将这 $(k+1)$ 个零点按从小到大的顺序重新排列。由罗尔定理知在这样排好的任意两个相邻的零点之间至少有 $R'_k(x)$ 的一个零点，因而 $R'_k(x)$ 至少有 k 个互异的零点。依次类推，$R_k^{(k)}(x)$ 至少有一个零点 η。由

$$R_k^{(k)}(\eta) = f^{(k)}(\eta) - N_k^{(k)}(\eta) = f^{(k)}(\eta) - k!f[x_0,x_1,\cdots,x_k] = 0$$

得到

$$f[x_0,x_1,\cdots,x_k] = \frac{f^{(k)}(\eta)}{k!}$$

易知

$$\min\{x_0,x_1,\cdots,x_k\} < \eta < \max\{x_0,x_1,\cdots,x_k\}$$

这就证明了性质 3。

4.3.2 差分及等距节点插值公式

上面讨论的是节点任意分布时的牛顿插值公式。但在实际使用中，有时碰到等距节点的情况，即节点为

$$x_i = x_0 + ih \quad (i = 0,1,\cdots,n)$$

这里 h 称为步长。此时插值公式可以进一步简化，同时可以避免作除法运算。为此引进另一个重要概念 —— 差分。

定义 4.3 设已知函数 $f(x)$ 在等距节点 $x_i(i = 0,1,\cdots,n)$ 上的函数值为 $f(x_i) \equiv f_i$，称

$$f_{i+1} - f_i$$

为 $f(x)$ 在 x_i 处以 h 为步长的一阶向前差分，简称**一阶差分**，记作 Δf_i，即

$$\Delta f_i = f_{i+1} - f_i$$

类似地，称

$$\Delta^m f_i = \Delta^{m-1} f_{i+1} - \Delta^{m-1} f_i$$

为 $f(x)$ 在 x_i 处以 h 为步长的 m 阶向前差分，简称 ***m* 阶差分**。

和差商的计算一样，可构造差分表 4-3-3。

表 4-3-3 差分表

x_k	f_k	Δf_k	$\Delta^2 f_k$	$\Delta^3 f_k$	$\Delta^4 f_0$
x_0	f_0	Δf_0	$\Delta^2 f_0$	$\Delta^3 f_0$	$\Delta^4 f_0$
x_1	f_1	Δf_1	$\Delta^2 f_1$	$\Delta^3 f_1$	
x_2	f_2	Δf_2	$\Delta^2 f_2$		
x_3	f_3	Δf_3			
x_4	f_4				

差分和差商之间有如下关系：

$$f[x_i,x_{i+1},\cdots,x_{i+k}]=\frac{\Delta^k f_i}{k!h^k} \tag{3.7}$$

证明 当 $k=1$ 时，左边 $=f[x_i,x_{i+1}]=\dfrac{f(x_{i+1})-f(x_i)}{x_{i+1}-x_i}=\dfrac{\Delta f_i}{h}=$ 右边。

设结论对 m 阶差分成立，即有

$$f[x_i,x_{i+1},\cdots,x_{i+m}]=\frac{\Delta^m f_i}{m!h^m}$$

$$f[x_{i+1},x_{i+2},\cdots,x_{i+m+1}]=\frac{\Delta^m f_{i+1}}{m!h^m}$$

于是

$$f[x_i,x_{i+1},\cdots,x_{i+m+1}]=\frac{f[x_{i+1},x_{i+2},\cdots,x_{i+m+1}]-f[x_i,x_{i+1},\cdots,x_{i+m}]}{x_{i+m+1}-x_i}$$

$$=\frac{\dfrac{\Delta^m f_{i+1}}{m!h^m}-\dfrac{\Delta^m f_i}{m!h^m}}{(m+1)h}=\frac{\Delta^{m+1} f_i}{(m+1)!h^{m+1}}$$

由归纳原理可知结论成立。

令

$$x=x_0+th$$

则

$$\prod_{j=0}^{k-1}(x-x_j)=\prod_{j=0}^{k-1}[(x_0+th)-(x_0+jh)]=h^k\sum_{j=0}^{k-1}(t-j) \tag{3.8}$$

将式(3.7)和(3.8)代入到牛顿插值多项式

$$N_n(x)=\sum_{k=0}^{n}f[x_0,x_1,\cdots,x_k]\prod_{j=0}^{k-1}(x-x_j)$$

中得到

$$\begin{aligned}N_n(x_0+th)&=\sum_{k=0}^{n}\frac{\Delta^k f_0}{k!}\prod_{j=0}^{k-1}(t-j)\\&=f_0+\frac{\Delta f_0}{1!}t+\frac{\Delta^2 f_0}{2!}t(t-1)+\cdots\\&\quad+\frac{\Delta^n f_0}{n!}t(t-1)\cdots(t-n+1)\end{aligned} \tag{3.9}$$

称式(3.9)为**(n次)牛顿前插公式。**

例4.6 给定数据

x	30	45	60
$f(x)$	$\frac{1}{2}$	$\frac{\sqrt{2}}{2}$	$\frac{\sqrt{3}}{2}$

求二次牛顿前插公式。

解 记 $h=15, x_0=30, x_1=45, x_2=60, x=30+15t$。先求差分表：

x_k	f_k	Δf_k	$\Delta^2 f_k$
30	$\frac{1}{2}$	$\frac{1}{2}(\sqrt{2}-1)$	$\frac{1}{2}(\sqrt{3}-2\sqrt{2}+1)$
45	$\frac{\sqrt{2}}{2}$	$\frac{1}{2}(\sqrt{3}-\sqrt{2})$	
60	$\frac{\sqrt{3}}{2}$		

由上表及式(3.9)可得所求二次牛顿前插公式为

$$N_2(30+15t)=\frac{1}{2}+\frac{1}{2}(\sqrt{2}-1)t+\frac{1}{4}(\sqrt{3}-2\sqrt{2}+1)t(t-1)$$

4.4 高次插值的缺点及分段插值

4.4.1 高次插值的误差分析

前面我们讨论了多项式插值，并给出了相应的余项估计式。由这些公式看出余项的大小既与插值节点的个数 $(n+1)$ 有关，也与 $f(x)$ 的高阶导数有关。以拉格朗日插值为例，如果 $f(x)$ 在区间 $[a,b]$ 上存在任意阶导数，且存在与 n 无关的常数 M，使得

$$\max_{a\leqslant x\leqslant b}|f^{(n)}(x)|\leqslant M \tag{4.1}$$

则由式(2.11)有

$$\max_{a\leqslant x\leqslant b}|f(x)-L_n(x)|\leqslant\frac{M}{(n+1)!}(b-a)^{n+1}\longrightarrow 0\quad(n\to\infty\text{时}) \tag{4.2}$$

我们看出此时当插值节点的个数越多(即 $(n+1)$ 越大)，误差越小，但是我们不能简单地认为对所有插值问题当插值节点的个数越多，误差就越小。这是由于估计式(4.2)是有条件的。在 $[a,b]$ 上函数 $f(x)$ 要有高阶导数，而且高阶导数要有一致的界。

例如，对于给定区间 $[-1,1]$ 上的函数 $g(x)=\dfrac{1}{1+25x^2}$，可以求得 $f^{(2k)}(0)=(-1)^k\cdot 5^{2k}\cdot(2k)!$，因而

$$\max_{-1\leqslant x\leqslant 1}|f^{(2k)}(x)|\geqslant 5^{2k}\cdot(2k)!$$

取等距节点，譬如把[−1,1]等分，分点为

$$x_j = -1 + \frac{2j}{10} \quad (j = 0,1,\cdots,10)$$

可以构造10次插值多项式，用拉格朗日公式写为

$$L_{10}(x) = \sum_{i=0}^{10} f(x_i) l_i(x)$$

其中，$f(x_i) = \dfrac{1}{1+25x_i^2}$，$l_i(x) = \prod\limits_{\substack{j=0 \\ j \neq i}}^{10} \dfrac{x - x_j}{x_i - x_j}$。

计算结果列于表4-4-1中，并作草图4-4-1。

表4-4-1 $f(x)$ 与 $L_{10}(x)$ 函数值对照表

x	$\frac{1}{1+25x^2}$	$L_{10}(x)$	x	$\frac{1}{1+25x^2}$	$L_{10}(x)$
−1.00	0.038 46	0.038 46	−0.46	0.158 98	0.241 45
−0.96	0.041 60	1.804 38	−0.40	0.200 00	0.199 99
−0.90	0.047 06	1.578 72	−0.36	0.235 85	0.188 78
−0.86	0.051 31	0.888 08	−0.30	0.307 69	0.235 35
−0.80	0.058 82	0.058 82	−0.26	0.371 75	0.316 50
−0.76	0.064 77	−0.201 30	−0.20	0.500 00	0.500 00
−0.70	0.075 47	−0.226 20	−0.16	0.609 76	0.643 16
−0.66	0.084 10	−0.108 32	−0.10	0.800 00	0.843 40
−0.60	0.100 00	0.100 00	−0.06	0.917 43	0.940 90
−0.56	0.113 12	0.198 73	0.00	1.000 00	1.000 00
−0.50	0.137 93	0.253 76			

从图中可知，用 $L_{10}(x)$ 近似代替 $f(x)$ 时，只有当 x 在区间[−0.2,0.2]内逼近程度较好，在其他地方误差就很大，特别在端点附近误差更大。如 $f(-0.86) = 0.051\,31$，而 $L_{10}(-0.86) = 0.888\,08$；$f(-0.96) = 0.041\,60$，而 $L_{10}(-0.96) = 1.804\,38$。对于高次插值所发生的这种现象，称为龙格(Runge)现象。龙格现象说明插值多项式不一定都能一致收敛于被插函数 $f(x)$。由于以上原因，一般都避免使用高次插值，改进的方法很多，其中一个常用的方法就是用分段低次插值。

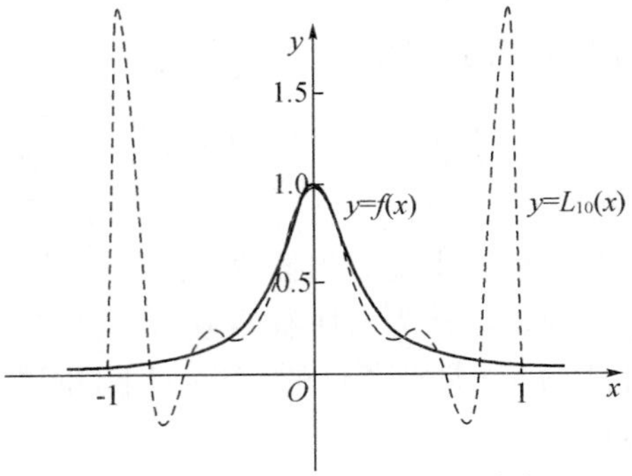

图4-4-1 $f(x)$ 与 $L_{10}(x)$ 对比图

4.4.2 分段线性插值

给定 $f(x)$ 在 $(n+1)$ 个节点 $a=x_0<x_1<\cdots<x_n=b$ 上的数据表

x	x_0	x_1	$\cdots$	x_{n-1}	x_n
$f(x)$	$f(x_0)$	$f(x_1)$	$\cdots$	$f(x_{n-1})$	$f(x_n)$

记 $h_i=x_{i+1}-x_i, h=\max\limits_{0\leqslant i\leqslant n-1} h_i$。

在每个小区间 $[x_i, x_{i+1}]$ 上利用数据

x	x_i	x_{i+1}
$f(x)$	$f(x_i)$	$f(x_{i+1})$

作线性插值函数

$$L_{1,i}(x)=f(x_i)\frac{x-x_{i+1}}{x_i-x_{i+1}}+f(x_{i+1})\frac{x-x_i}{x_{i+1}-x_i} \tag{4.3}$$

由线性插值的余项估计式有

$$\begin{aligned}\max_{x_i\leqslant x\leqslant x_{i+1}}|f(x)-L_{1,i}(x)| &\leqslant \max_{x_i\leqslant x\leqslant x_{i+1}}\left|\frac{f''(\xi_i)}{2}(x-x_i)(x-x_{i+1})\right| \\ &\leqslant \frac{h_i^2}{8}\max_{x_i\leqslant x\leqslant x_{i+1}}|f''(x)|\end{aligned} \tag{4.4}$$

令

$$\widetilde{L}_1(x)=\begin{cases}L_{1,0}(x), & x\in[x_0, x_1);\\ L_{1,1}(x), & x\in[x_1, x_2);\\ \vdots & \\ L_{1,n-2}(x), & x\in[x_{n-2}, x_{n-1});\\ L_{1,n-1}(x), & x\in[x_{n-1}, x_n]\end{cases}$$

则

$$\widetilde{L}_1(x_i)=f(x_i)\quad(i=0,1,\cdots,n)$$

即 $\widetilde{L}_1(x)$ 满足插值条件。称 $\widetilde{L}_1(x)$ 为 $f(x)$ 的分段线性插值函数(见图 4-4-2)。此外利用式(4.4)有

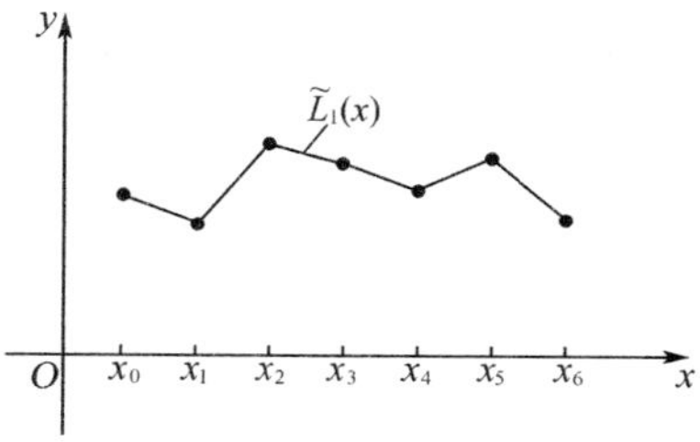

图 4-4-2 分段线性插值示意图

$$\max_{a\leqslant x\leqslant b}|f(x)-\widetilde{L}_1(x)| = \max_{x_0\leqslant x\leqslant x_n}|f(x)-\widetilde{L}_1(x)|$$
$$= \max_{0\leqslant i\leqslant n-1}\max_{x_i\leqslant x\leqslant x_{i+1}}|f(x)-L_{1,i}(x)|$$
$$\leqslant \max_{0\leqslant i\leqslant n-1}\frac{h_i^2}{8}\max_{x_i\leqslant x\leqslant x_{i+1}}|f''(x)|$$
$$\leqslant \frac{h^2}{8}\max_{0\leqslant i\leqslant n-1}\max_{x_i\leqslant x\leqslant x_{i+1}}|f''(x)|$$
$$= \frac{h^2}{8}\max_{a\leqslant x\leqslant b}|f''(x)| \tag{4.5}$$

分段线性插值的余项只依赖于二阶导数的界。只要 $f(x)$ 在$[a,b]$上存在二阶连续的导数，当 $h\to 0$ 时余项就一致趋于0。

4.4.3 分段二次插值

给定 $f(x)$ 在$(n+1)$个节点 $a=x_0<x_1<\cdots<x_n=b$ 上的数据表

x	x_0	x_1	$\cdots$	x_{n-1}	x_n
$f(x)$	$f(x_0)$	$f(x_1)$	$\cdots$	$f(x_{n-1})$	$f(x_n)$

(1) 设 n 为偶数。在每个小区间$[x_{2k},x_{2k+2}]$上利用数据

x	x_{2k}	x_{2k+1}	x_{2k+2}
$f(x)$	$f(x_{2k})$	$f(x_{2k+1})$	$f(x_{2k+2})$

作二次插值函数

$$\begin{aligned}S_{2,2k}(x) = & f(x_{2k})\frac{(x-x_{2k+1})(x-x_{2k+2})}{(x_{2k}-x_{2k+1})(x_{2k}-x_{2k+2})} \\ & + f(x_{2k+1})\frac{(x-x_{2k})(x-x_{2k+2})}{(x_{2k+1}-x_{2k})(x_{2k+1}-x_{2k+2})} \\ & + f(x_{2k+2})\frac{(x-x_{2k})(x-x_{2k+1})}{(x_{2k+2}-x_{2k})(x_{2k+2}-x_{2k+1})}\end{aligned} \tag{4.6}$$

利用二次插值的余项估计式有

$$\max_{x_{2k}\leqslant x\leqslant x_{2k+2}}|f(x)-S_{2,2k}(x)|$$
$$\leqslant \max_{x_{2k}\leqslant x\leqslant x_{2k+2}}\left|\frac{f'''(\xi_i)}{6}(x-x_{2k})(x-x_{2k+1})(x-x_{2k+2})\right|$$
$$\leqslant \frac{h^3}{6}\max_{x_{2k}\leqslant x\leqslant x_{2k+2}}|f'''(x)|$$

令

$$\widetilde{S}_2(x)=\begin{cases}S_{2,0}(x), & x\in[x_0,x_2);\\ S_{2,2}(x), & x\in[x_2,x_4);\\ \vdots & \\ S_{2,n-4}(x), & x\in[x_{n-4},x_{n-2});\\ S_{2,n-2}(x), & x\in[x_{n-2},x_n]\end{cases}$$

（2）如果 n 为奇数，在小区间$[x_{n-2},x_n]$上作二次插值 $S_{2,n-2}(x)$，令

$$\widetilde{S}_2(x)=\begin{cases}S_{2,0}(x), & x\in[x_0,x_2);\\ S_{2,2}(x), & x\in[x_2,x_4);\\ \vdots & \\ S_{2,n-3}(x), & x\in[x_{n-3},x_{n-1});\\ S_{2,n-2}(x), & x\in[x_{n-1},x_n]\end{cases}$$

则有 $\widetilde{S}_2(x)$ 满足

$$\widetilde{S}_2(x_i)=f(x_i)\quad(i=0,1,\cdots,n)$$

称 $\widetilde{S}_2(x)$ 为 $f(x)$ 的分段二次插值函数。

可以证明

$$\max_{a\leqslant x\leqslant b}|f(x)-\widetilde{S}_2(x)|\leqslant\frac{h^3}{6}\max_{a\leqslant x\leqslant b}|f'''(x)| \tag{4.7}$$

分段二次插值函数的图像见图 4-4-3。

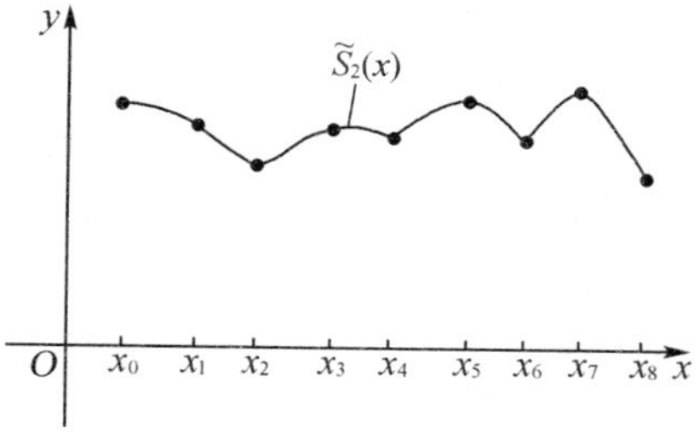

图 4-4-3　分段二次插值示意图

分段插值有很好的收敛性，计算比较简单，还可根据函数 $f(x)$ 的具体情况在不同的小区间上采用不同次数的插值公式。分段插值虽然连续，但在节点处导数不一定存在，因而光滑性较差。下一节介绍的三次样条插值函数将克服这一缺点。

4.5　样条插值函数

由前面讨论可知，给定$(n+1)$个节点上的函数值，可以作 n 次插值多项式，但当 n 较大时，高次插值不仅计算复杂，而且还可能出现不一致收敛现象；如果采用分段插值，虽计算简单，也具有一致收敛性，但光滑性比较差。有些实际问题，如船

体放样、机翼设计等要求有二阶光滑度，即有连续的二阶导数。过去，工程师制图时往往将一根富有弹性的木条(称为样条)用压铁固定在样点上，其他地方让它自由弯曲，然后画一条曲线，称为样条曲线。它实际上是由分段三次曲线连接而成，在连接点处有二阶连续导数。我们将工程师描绘的样条曲线抽象成数学模型，得出的函数称为样条函数，它实质上是分段多项式的光滑连接。下面我们主要讨论常用的三次样条函数。

4.5.1 三次样条插值函数

定义 4.4 设在区间$[a,b]$上给定$(n+1)$个节点$a = x_0 < x_1 < \cdots < x_n = b$，若函数$S(x)$满足：

① $S(x)$在每一小区间$[x_j, x_{j+1}]$$(j = 0,1,\cdots,n-1)$上是三次多项式；

② $S(x)$在$[a,b]$上有连续二阶导数。

则称$S(x)$为**三次样条函数**。

从样条函数的定义可知，要求出$S(x)$，必须求出在每个小区间$[x_j, x_{j+1}]$$(j = 0,1,\cdots,n-1)$上$S(x)$的表达式。设其为

$$S_j(x) = A_j + B_j x + C_j x^2 + D_j x^3 \quad (j = 0,1,\cdots,n-1) \tag{5.1}$$

其中系数A_j, B_j, C_j, D_j待定，并要使它满足下列连接条件：

$$\begin{cases} S(x_j - 0) = S(x_j + 0), \\ S'(x_j - 0) = S'(x_j + 0), \quad (j = 1,2,\cdots,n-1) \\ S''(x_j - 0) = S''(x_j + 0) \end{cases} \tag{5.2}$$

式(5.2)共给出了$3(n-1)$个条件，而需要确定$4n$个系数。

定义 4.5 设在区间$[a,b]$上给定$(n+1)$个节点$a = x_0 < x_1 < \cdots < x_n = b$及函数$y = f(x)$在这些节点上的值$y = f(x_0), y = f(x_1), \cdots, y = f(x_n)$，若三次样条函数$S(x)$满足插值条件

$$S(x_j) = f(x_j) \quad (0 \leqslant j \leqslant n) \tag{5.3}$$

则称$S(x)$为三次样条插值函数。

式(5.3)给出了$(n+1)$个条件，但要唯一确定三次样条插值函数$S(x)$，还必须附加两个条件，通常情况是给出区间端点上的性态，称为边界条件。常用的有如下两种：

(1) 已知两端点的一阶导数值

$$S'(x_0) = f'(x_0), \quad S'(x_n) = f'(x_n) \tag{5.4}$$

(2) 已知两端点的二阶导数值

$$S''(x_i) = f''(x_0), \quad S''(x_n) = f''(x_n) \tag{5.5}$$

其中一种特殊情况是

$$S''(x_0) = S''(x_n) = 0 \tag{5.6}$$

这样由给定的一种边界条件和插值、连接条件就能得出 $4n$ 个方程，可以唯一确定 $4n$ 个系数。然而用这种待定系数法去求解，当 n 较大时计算量很大，这是不可取的。和前面构造各种形式的插值多项式一样，我们希望能找到一种简单的构造方法。

4.5.2 三次样条插值函数的求法

设在节点 $a=x_0<x_1<\cdots<x_n=b$ 处的函数值为 $y_0,y_1,\cdots,y_n$，要求三次样条插值函数 $S(x)$ 的表达式。注意到 $S(x)$ 在每个小区间$[x_j,x_{j+1}]$上是三次多项式，知 $S''(x)$ 在此小区间上是一次多项式。如果 $S''(x)$ 在小区间$[x_j,x_{j+1}]$的两个端点上的值能知道，设 $S''(x_j)=M_j$，$S''(x_{j+1})=M_{j+1}$，则 $S''(x)$ 的表达式可以写成

$$S''(x)=M_j\frac{x_{j+1}-x}{h_j}+M_{j+1}\frac{x-x_j}{h_j} \tag{5.7}$$

其中，$h_j=x_{j+1}-x_j$。将 $S''(x)$ 积分两次，得到带有两个任意常数 c_j 和 d_j 的 $S(x)$ 的表达式

$$S'(x)=\int S''(x)\mathrm{d}x=-M_j\frac{(x_{j+1}-x)^2}{2h_j}+M_{j+1}\frac{(x-x_j)^2}{2h_j}+\tilde{c}_j \tag{5.8}$$

$$\begin{aligned}S(x)&=\int S'(x)\mathrm{d}x=M_j\frac{(x_{j+1}-x)^3}{6h_j}+M_{j+1}\frac{(x-x_j)^3}{6h_j}+\tilde{c}_jx+\tilde{d}_j\\&=M_j\frac{(x_{j+1}-x)^3}{6h_j}+M_{j+1}\frac{(x-x_j)^3}{6h_j}+c_j(x_{j+1}-x)+d_j(x-x_j)\end{aligned} \tag{5.9}$$

式中，c_j 和 d_j 可由插值条件

$$S(x_j)=y_j,\quad S(x_{j+1})=y_{j+1}$$

确定，即要求 c_j 和 d_j 满足

$$S(x_j)=\frac{1}{6}M_jh_j^2+c_jh_j=y_j$$

$$S(x_{j+1})=\frac{1}{6}M_{j+1}h_j^2+d_jh_j=y_{j+1}$$

求得

$$c_j=\frac{1}{h_j}\left(y_j-\frac{1}{6}M_jh_j^2\right),\quad d_j=\frac{1}{h_j}\left(y_{j+1}-\frac{1}{6}M_{j+1}h_j^2\right)$$

将其代入式(5.9)得 $S(x)$ 的表达式

$$\begin{aligned}S(x)=&M_j\frac{(x_{j+1}-x)^3}{6h_j}+M_{j+1}\frac{(x-x_j)^3}{6h_j}+\left(y_j-\frac{1}{6}M_jh_j^2\right)\frac{x_{j+1}-x}{h_j}\\&+\left(y_{j+1}-\frac{1}{6}M_{j+1}h_j^2\right)\frac{x-x_j}{h_j}\end{aligned}$$

$$(x\in[x_j,x_{j+1}];j=0,1,\cdots,n-1) \tag{5.10}$$

式中，$M_0, M_1, \cdots, M_n$ 是未知的，需设法把它们求出来。

注意到式(5.9)，有 $\tilde{c}_j = d_j - c_j$，将其代入式(5.8)得

$$S'(x) = -M_j \frac{(x_{j+1}-x)^2}{2h_j} + M_{j+1}\frac{(x-x_j)^2}{2h_j} + \frac{y_{j+1}-y_j}{h_j} - (M_{j+1}-M_j)\frac{h_j}{6} \quad (x \in [x_j, x_{j+1}]; j = 0,1,\cdots,n-1) \tag{5.11}$$

由此可求得

$$S'(x_j+0) = -\frac{M_j}{3}h_j - \frac{M_{j+1}}{6}h_j + \frac{y_{j+1}-y_j}{h_j} \quad (0 \leqslant j \leqslant n-1) \tag{5.12}$$

$$S'(x_{j+1}-0) = \frac{M_j}{6}h_j + \frac{M_{j+1}}{3}h_j + \frac{y_{j+1}-y_j}{h_j} \quad (0 \leqslant j \leqslant n-1)$$

或

$$S'(x_j-0) = \frac{M_{j-1}}{6}h_{j-1} + \frac{M_j}{3}h_{j-1} + \frac{y_j-y_{j-1}}{h_{j-1}} \quad (1 \leqslant j \leqslant n) \tag{5.13}$$

由 $S'(x)$ 的连续性知

$$S'(x_j-0) = S'(x_j+0) \quad (1 \leqslant j \leqslant n-1) \tag{5.14}$$

将式(5.12)和(5.13)代入式(5.14)得

$$\frac{h_{j-1}}{6}M_{j-1} + \frac{h_{j-1}}{3}M_j + \frac{y_j-y_{j-1}}{h_{j-1}} = -\frac{h_j}{3}M_j - \frac{h_j}{6}M_{j+1} + \frac{y_{j+1}-y_j}{h_j} \quad (1 \leqslant j \leqslant n-1)$$

整理得

$$\mu_j M_{j-1} + 2M_j + \lambda_j M_{j+1} = d_j \quad (j = 1,2,\cdots,n-1) \tag{5.15}$$

其中

$$\begin{gathered} \mu_j = \frac{h_{j-1}}{h_{j-1}+h_j}, \quad \lambda_j = \frac{h_j}{h_{j-1}+h_j} \\ d_j = 6\frac{f[x_j, x_{j+1}] - f[x_{j-1}, x_j]}{h_{j-1}+h_j} = 6f[x_{j-1}, x_j, x_{j+1}] \end{gathered} \tag{5.16}$$

式(5.15)给出了$(n-1)$个方程。若边界条件为式(5.4)，把 $S'(x_0) = f'(x_0)$，$S'(x_n) = f'(x_n)$ 分别代入式(5.12)及(5.13)，即得两个方程

$$2M_0 + M_1 = \frac{6}{h_0}\{f[x_0, x_1] - f'(x_0)\} = d_0 \tag{5.17}$$

$$M_{n-1} + 2M_n = \frac{6}{h_{n-1}}\{f'(x_n) - f[x_{n-1}, x_n]\} = d_n \tag{5.18}$$

把式(5.15)，(5.17)，(5.18)合并在一起，并把它写成矩阵形式，即有

$$\begin{bmatrix} 2 & 1 & & & & \\ \mu_1 & 2 & \lambda_1 & & & \\ & \mu_2 & 2 & \lambda_2 & & \\ & & \ddots & \ddots & \ddots & \\ & & & \mu_{n-1} & 2 & \lambda_{n-1} \\ & & & & 1 & 2 \end{bmatrix} \begin{bmatrix} M_0 \\ M_1 \\ M_2 \\ \vdots \\ M_{n-1} \\ M_n \end{bmatrix} = \begin{bmatrix} d_0 \\ d_1 \\ d_2 \\ \vdots \\ d_{n-1} \\ d_n \end{bmatrix} \tag{5.19}$$

如果边界条件为式(5.5)，则得$M_0 = f''(x_0)$，$M_n = f''(x_n)$。这时式(5.15)中第1个方程为

$$2M_1 + \lambda_1 M_2 = d_1 - \mu_1 M_0$$

第$(n-1)$个方程为

$$\mu_{n-1} M_{n-2} + 2M_{n-1} = d_{n-1} - \lambda_{n-1} M_n$$

这时总共有$(n-1)$个方程，$(n-1)$个未知数，写成矩阵形式为

$$\begin{bmatrix} 2 & \lambda_1 & & & \\ \mu_1 & 2 & \lambda_2 & & \\ & \ddots & \ddots & \ddots & \\ & & \mu_{n-2} & 2 & \lambda_{n-2} \\ & & & \mu_{n-1} & 2 \end{bmatrix} \begin{bmatrix} M_1 \\ M_2 \\ \vdots \\ M_{n-2} \\ M_{n-1} \end{bmatrix} = \begin{bmatrix} d_1 - \mu_1 M_0 \\ d_2 \\ \vdots \\ d_{n-2} \\ d_{n-1} - \lambda_{n-1} M_n \end{bmatrix} \tag{5.20}$$

方程组(5.19)和(5.20)都是系数矩阵为严格对角占优的三对角方程组。由第3章的内容知它们均有唯一解，并可用追赶法求之。求得M_j以后，代入式(5.10)即得$S(x)$的分段表示式。

具体计算时必须先将μ_j, λ_j, d_j求出，如表4-5-1所示。

表4-5-1 求样条插值函数表

j	x_j	y_j	h_j	μ_j	λ_j	d_j
0	x_0	y_0	$h_0 = x_1 - x_0$			
1	x_1	y_1	$h_1 = x_2 - x_1$	μ_1	λ_1	d_1
2	x_2	y_2	$h_2 = x_3 - x_2$	μ_2	λ_2	d_2
$\vdots$	$\vdots$	$\vdots$	$\vdots$	$\vdots$	$\vdots$	$\vdots$
$n-1$	x_{n-1}	y_{n-1}	$h_{n-1} = x_n - x_{n-1}$	μ_{n-1}	λ_{n-1}	d_{n-1}
n	x_n	y_n				

表4-5-1中

$$h_j = x_{j+1} - x_j, \quad f[x_j, x_{j+1}] = \frac{y_{j+1} - y_j}{h_j} \quad (j = 0, 1, \cdots, n)$$

$$\mu_j = \frac{h_{j-1}}{h_{j-1} + h_j}, \quad \lambda_j = \frac{h_j}{h_{j-1} + h_j} = 1 - \mu_j \quad (j = 1, 2, \cdots, n-1)$$

$$d_j = 6\,\frac{f[x_j, x_{j+1}] - f[x_{j-1}, x_j]}{h_{j-1} + h_j} \quad (j = 1, 2, \cdots, n-1)$$

三次样条插值的误差估计比较复杂，这里不加证明地给出关于误差界与收敛性的一个结论。

定理 4.3(Hall 定理)[6,9]　设 $f(x)\in C^4[a,b]$，$S(x)$ 为 $f(x)$ 的三次样条插值函数，则有估计式

$$\| f^{(k)} - S^{(k)} \|_\infty \leqslant c_k \| f^{(4)} \|_\infty h^{4-k} \quad (k=0,1,2,3) \tag{5.21}$$

其中，$\| g \|_\infty = \max\limits_{a\leqslant x\leqslant b} | g(x) |$；系数 $c_0=\dfrac{5}{384}$，$c_1=\dfrac{1}{24}$，$c_2=\dfrac{3}{8}$，$c_3=\dfrac{1}{2}\left(\beta+\dfrac{1}{\beta}\right)$，$\beta=\max\limits_{0\leqslant i\leqslant n-1} h_i / \min\limits_{0\leqslant i\leqslant n-1} h_i$；$h=\max\limits_{0\leqslant i\leqslant n-1} h_i$。

由式(5.21)可知，当 $h\to 0$ 时样条插值函数 $S(x)$ 及其一阶导数 $S'(x)$、二阶导数 $S''(x)$ 分别一致收敛于 $f(x)$，$f'(x)$ 及 $f''(x)$。

例 4.7　已知(x_j,y_j)的值列于表 4-5-2，并有边界条件 $M_0=M_n=0$，求三次样条插值函数 $S(x)$。

表 4-5-2　函数表

j	0	1	2	3	4
x_j	0.25	0.30	0.39	0.45	0.53
y_j	0.500 0	0.547 7	0.624 5	0.670 8	0.728 0

解　把这些值代入式(5.16)，求得 λ_j,μ_j,d_j 的结果列于表 4-5-3 中。

表 4-5-3　例 4.7 计算表

j	x_j	y_j	h_j	μ_j	λ_j	d_j
0	0.25	0.500 0	0.05			
1	0.30	0.547 7	0.09	0.357 14	0.642 86	−4.314 4
2	0.39	0.624 5	0.06	0.600 00	0.400 00	−3.266 4
3	0.45	0.670 8	0.08	0.428 57	0.571 43	−2.428 7
4	0.53	0.728 0				

再将 μ_j,λ_j 和 d_j 的值代入式(5.15)即得方程组

$$\begin{cases} 2M_1+0.642\,86M_2=-4.314\,4, \\ 0.600\,00M_1+2M_2+0.400\,00M_3=-3.266\,4, \\ 0.428\,57M_2+2M_3=-2.428\,7 \end{cases}$$

求解得

$$M_1=-1.879\,6,\quad M_2=-0.863\,43,\quad M_3=-1.029\,3$$

再把求得的 $M_j(j=1,2,3)$ 及 M_0,M_4 代入式(5.10)，并写成分段表达式如下：

$$
S(x)=\begin{cases}
-6.2653\times(x-0.25)^3+10.0000\times(0.30-x) \\
\quad +10.9697\times(x-0.25) \qquad (0.25\leqslant x\leqslant 0.30); \\
-3.4807\times(0.39-x)^3-1.5989\times(x-0.30)^3 \\
\quad +6.1137\times(0.39-x)+6.9518\times(x-0.30) \\
\qquad\qquad (0.30< x\leqslant 0.39); \\
-2.3984\times(0.45-x)^3-2.8591\times(x-0.39)^3 \\
\quad +10.4170\times(0.45-x)+11.1903\times(x-0.39) \\
\qquad\qquad (0.39< x\leqslant 0.45); \\
-2.1444\times(0.53-x)^3+8.3987\times(0.53-x) \\
\quad +9.1000\times(x-0.45) \qquad (0.45< x\leqslant 0.53)
\end{cases}
$$

样条插值函数还可用其他的方法求得，这里就不讲了。

4.6 应用实例：丙烷导热系数的计算

丙烷的导热系数是化学生产中值得注意的一个量，而且常常需要测量在不同温度及压力下的导热系数，然而我们不可能也没有必要进行过细的实验测量。已知实验数据如表4－6－1 所示，其中 T，P 和 K 分别表示温度、压力和导热系数，并假设在这个范围内导热系数近似地随压力线性变化。欲求在温度 $T^*=99$ ℃，压力 $P^*=10.13\times10^3$ kN/m^2 下的导热系数。

表 4－6－1 导热系数表

T/℃	P/(kN·m^{-2})	K/(W·m^{-2}·K^{-1})	T/℃	P/(kN·m^{-2})	K/(W·m^{-2}·K^{-1})
68	9.7981×10^3	0.0848	106	9.7918×10^3	0.0696
	13.324×10^3	0.0897		14.277×10^3	0.0753
87	9.0078×10^3	0.0762	140	9.6563×10^3	0.0611
	13.355×10^3	0.0807		12.463×10^3	0.0651

记

$$T_1=68,\quad T_2=87,\quad T_3=106,\quad T_4=140$$
$$P_1=9.7981\times10^3,\quad P_2=13.324\times10^3$$
$$P_3=9.0078\times10^3,\quad P_4=13.355\times10^3$$
$$P_5=9.7918\times10^3,\quad P_6=14.277\times10^3$$
$$P_7=9.6563\times10^3,\quad P_8=12.463\times10^3$$
$$K_1=0.0848,\quad K_3=0.0762,\quad K_5=0.0696,\quad K_7=0.0611$$
$$K_2=0.0897,\quad K_4=0.0807,\quad K_6=0.0753,\quad K_8=0.0651$$

则温度和压力的数据如图 4－6－1 所示。易知导热系数是温度和压力的函数，即

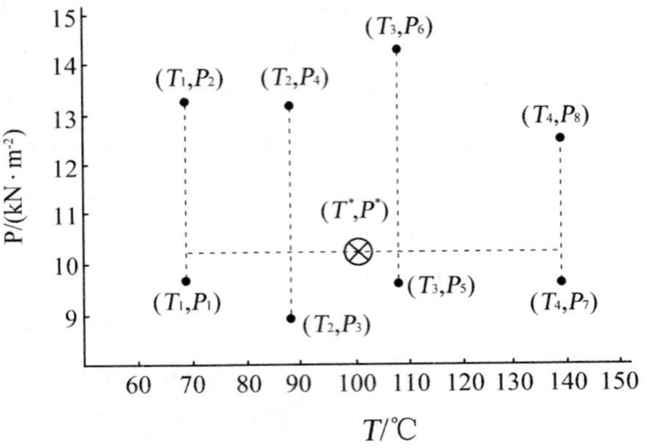

图 4-6-1　温度-压力数据示意图

$$K = K(T,P)$$

现在的问题是已知 8 个点

$$(T_i, P_{2i-1}),\quad (T_i, P_{2i})\quad (i = 1,2,3,4)$$

处的导热系数，要求在点(T^*, P^*)处的导热系数的值。

我们可以用插值的方法来解决这样一个问题。

首先在 $T = T_i$ 处，利用数据

$$(T_i, P_{2i-1}),\quad (T_i, P_{2i})$$

关于变量 P 作线性插值，有

$$K(T_i, P) \approx K_{2i-1}\frac{P - P_{2i}}{P_{2i-1} - P_{2i}} + K_{2i}\frac{P - P_{2i-1}}{P_{2i} - P_{2i-1}}\quad (i = 1,2,3,4)$$

于是可得

$$\begin{aligned} K(T_1, P^*) &\approx 0.084\,8\frac{10.13\times 10^3 - 13.324\times 10^3}{9.798\,1\times 10^3 - 13.324\times 10^3} \\ &\quad + 0.089\,7\frac{10.13\times 10^3 - 9.798\,1\times 10^3}{13.324\times 10^3 - 9.798\,1\times 10^3} \\ &= 0.085\,26(\mathrm{W/(m^2\cdot K)}) \end{aligned}$$

$$\begin{aligned} K(T_2, P^*) &\approx 0.076\,2\frac{10.13\times 10^3 - 13.355\times 10^3}{9.007\,8\times 10^3 - 13.355\times 10^3} \\ &\quad + 0.080\,7\frac{10.13\times 10^3 - 9.007\,8\times 10^3}{13.355\times 10^3 - 9.007\,8\times 10^4} \\ &= 0.077\,36(\mathrm{W/(m^2\cdot K)}) \end{aligned}$$

$$\begin{aligned} K(T_3, P^*) &\approx 0.069\,6\frac{10.13\times 10^3 - 14.277\times 10^3}{9.791\,8\times 10^3 - 14.277\times 10^3} \\ &\quad + 0.075\,3\frac{10.13\times 10^3 - 9.791\,8\times 10^3}{14.277\times 10^3 - 9.791\,8\times 10^3} \end{aligned}$$

$$= 0.07003(W/(m^2 \cdot K))$$

$$K(T_4, P^*) \approx 0.0611 \frac{10.13 \times 10^3 - 12.463 \times 10^3}{9.6563 \times 10^3 - 12.463 \times 10^3} + 0.0657 \frac{10.13 \times 10^3 - 9.6563 \times 10^3}{12.463 \times 10^3 - 9.6563 \times 10^3}$$

$$= 0.06178(W/(m^2 \cdot K))$$

然后利用上面的 4 个数关于变量 T 作三次插值，有

$$K(T, P^*) \approx K(T_1, P^*) \frac{(T-T_2)(T-T_3)(T-T_4)}{(T_1-T_2)(T_1-T_3)(T_1-T_4)} + K(T_2, P^*) \frac{(T-T_1)(T-T_3)(T-T_4)}{(T_2-T_1)(T_2-T_3)(T_2-T_4)} + K(T_3, P^*) \frac{(T-T_1)(T-T_2)(T-T_4)}{(T_3-T_1)(T_3-T_2)(T_3-T_4)} + K(T_4, P^*) \frac{(T-T_1)(T-T_2)(T-T_3)}{(T_4-T_1)(T_4-T_2)(T_4-T_3)}$$

于是有

$$K(T^*, P^*) \approx 0.08526 \frac{(99-87)(99-106)(99-140)}{(68-87)(68-106)(68-140)} + 0.07736 \frac{(99-68)(99-106)(99-140)}{(87-68)(87-106)(87-140)} + 0.07003 \frac{(99-68)(99-87)(99-140)}{(106-68)(106-87)(106-140)} + 0.06178 \frac{(99-68)(99-87)(99-106)}{(140-68)(140-87)(140-106)}$$

$$= 0.07636(W/(m^2 \cdot K))$$

即温度 99 ℃，压力 10.13×10^3 kN/m^2 下的导热系数为 0.076 36 W/(m^2 · K)。

小 结

使用插值函数是函数逼近的一种主要方法，它是数值积分、微分方程数值解等数值计算的基础及工具。本章主要介绍多项式插值，它是最常用和最基本的方法。

拉格朗日型插值多项式和牛顿差商型插值多项式适用于不等距节点的情况；在等距节点的条件下，利用牛顿差分型插值公式可使计算简单。

由于高次插值多项式的效果并非一定比低次插值好，所以当区间较大、节点较多时常用分段低次插值，如分段线性插值和分段二次插值。

三次样条插值是分段三次插值多项式，在整个插值区间上具有一阶、二阶连续导数，用它来求数值微分、微分方程数值解等都能得到良好的效果。

复　习　思　考　题

1. 什么叫插值函数？什么叫插值多项式？什么叫插值余项？

2. 拉格朗日插值多项式是怎样构造的？当给出 $(n+1)$ 个节点时，$L_n(x)$ 和 $R_n(x)$ 的表达式分别是什么？

3. 什么叫差商？怎样构造差商表？牛顿插值公式是怎样构造的？它有什么优点？

4. 差分和差商有何关系？在什么情况下可以构造差分型牛顿插值多项式？

5. 分段插值主要有哪几种常用公式？它的优点是什么？

6. 什么叫三次样条插值函数？三次样条插值比之于前面几种插值公式有什么优点？怎样构造三次样条插值函数？

习　题　4

1. 利用函数 $y=\sqrt{x}$ 在 $x_1=100, x_2=121$ 处的值，计算 $\sqrt{115}$ 的近似值，并估计误差。

2. 给出概率积分 $y(x)=\dfrac{2}{\sqrt{\pi}}\int_0^x \mathrm{e}^{-x^2}\mathrm{d}x$ 的数据表如下：

x	0.46	0.47	0.48	0.49
$y(x)$	0.484 655	0.493 745	0.502 750	0.511 668

试用抛物插值计算：

(1) 当 $x=0.472$ 时，该积分值等于多少？

(2) 当 x 为何值时，该积分等于 0.505？

3. 对于 n 次拉格朗日基本插值多项式，证明：

$$\sum_{j=0}^{n} x_j^k l_j(x) = x^k \quad (k=0,1,\cdots,n)$$

4. 设 $f(x)$ 在 $[a,b]$ 上有二阶连续导数，且 $f(a)=f(b)=0$，试证明：

$$\max_{a\leqslant x\leqslant b} |f(x)| \leqslant \frac{1}{8}(b-a)^2 \max_{a\leqslant x\leqslant b} |f''(x)|$$

5. 设 $f(x)\in C^3[a,b]$，作一个 2 次多项式 $P(x)$，使得 $P(a)=f(a), P'(a)=f'(a), P(b)=f(b)$，并证明

$$f(x)-P(x)=\frac{1}{6}f'''(\xi)(x-a)^2(x-b)$$

其中 $\xi\in(\min\{a,x\},\max\{b,x\})$。

6. 给出函数表

x	0	1	2	4	5
y	0	16	46	88	0

试求各阶差商,并写出牛顿插值多项式。

7. 已知 $f(x)=2x^7+5x^3+1$,求差商

$f[2^0,2^1]$, $f[2^0,2^1,\cdots,2^7]$, $f[2^0,2^1,\cdots,2^7,2^8]$

8. 对于任意的整数 $n>0,0\leqslant k\leqslant n-1$,证明下列恒等式成立:

$$\sum_{i=0}^{n}\frac{i^k}{\prod\limits_{\substack{j=0\\j\neq i}}^{n}(i-j)}=0$$

9. 设 $f(x)=\dfrac{1}{a-x}$,$x_0,x_1,\cdots,x_n$ 互异且不等于 a,求 $f[x_0,x_1,\cdots,x_k](k=1,2,\cdots,n)$,并写出 $f(x)$ 的 n 次牛顿插值多项式。

10. 给定数据表

x	0.125	0.250	0.375	0.500	0.625	0.750
$f(x)$	0.796 18	0.773 34	0.743 71	0.704 13	0.656 32	0.602 28

试用三次牛顿差分插值公式计算 $f(0.158\,1)$ 及 $f(0.636)$。

11. 设 $f(x)=\dfrac{1}{1+25x^2}$ 定义在区间$[-1,1]$上,现将$[-1,1]$作 n 等分,按等距节点求分段线性插值函数 $I_k(x)$,并求各相邻节点中点处 $I_k(x)$ 的值,与 $f(x)$ 相应的值进行比较,误差为多大?

12. 给出 $f(x)=\sin x$ 的等距节点函数值表,如用线性插值计算 $\sin x$ 的近似值,使其截断误差不超过$\dfrac{1}{2}\times10^{-4}$,则函数表的步长应取多大?

13. 设 $f(x)$ 在$[a,b]$上有三阶连续导数,将$[a,b]$作 n 等分(n 为偶数),试证明分段二次插值 $\tilde{S}_2(x)$ 的余项估计式(4.7)。

14. 已知数据表

i	0	1	2
x_i	2.5	7.5	10
$f(x_i)$	4.0	7.0	5.0
$f'(x_i)$	0.13		−0.13

求三次样条插值函数。

5　曲线拟合

前面所述的插值法是利用函数在一组节点上的值构造一个插值函数来逼近已知函数，并要求插值函数与已给函数在节点处满足插值条件，即 $P(x_j) = f(x_j)(j = 0,1,\cdots,n)$。但是，这些节点上的函数值一般都是由测量或者实验得到的数据，其本身往往不可避免地带有测试误差，如果个别点上误差较大，插值函数保留了这些误差，就会影响逼近的精度。为了尽可能减少这种测试误差的影响，我们希望用另外的方法来构造逼近函数，使得从总的趋势上来说更能反映被逼近函数的特性；或者说，希望求得的逼近函数与已给函数从总体来说其偏差按某种方法度量能达到最小。这就是本章所要讲的最小二乘法。

5.1　最小二乘原理

先考查一个例子。

例 5.1　测得铜导线在温度 t_j 时的电阻 r_j 如表 5-1-1 所示，求出电阻 r 与温度 t 的近似表达式。

表 5-1-1　电阻 r 与温度 t 的关系

j	1	2	3	4	5	6	7
t_j/℃	19.1	25.0	30.1	36.0	40.0	45.1	50.0
r_j/Ω	76.30	77.80	79.25	80.80	82.35	83.90	85.10

如果把这 7 个点画在图上（见图 5-1-1），可以看出它近似地在一条直线上。设此直线方程为

$$r = a + bt \tag{1.1}$$

式中，a，b 待定。

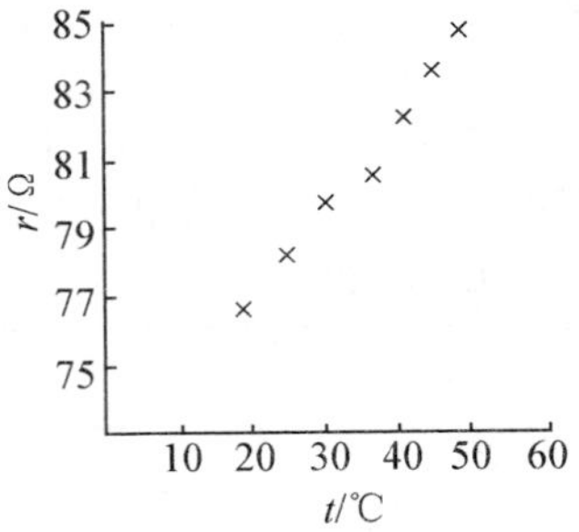

图 5-1-1　电阻 r 和 温度 t 的数据示意图

从图上可知，(t_j, r_j) 不是严格地在一条直线上，因此不论怎样选择 a，b，总是不能使所有的点均落在式(1.1)所表示的直线上，也就是误差

$$R_j = a + bt_j - r_j \quad (j = 1,2,\cdots,7)$$

一般不都全为零。我们希望选择 a，b，使 R_j 的平方和尽可能地小，即求 a^*，b^*，使

$$R=R(a,b)=\sum_{j=1}^{7}R_j^2=\sum_{j=1}^{7}(a+bt_j-r_j)^2$$

取最小值。用这种方法求得a^*，b^*的原理称为**最小二乘原理**，求得的函数$r=a^*+b^*t$称为**拟合函数**或者称为**经验公式**。

一般地说，所求得的拟合函数可以是不同的函数类，其中最简单的是多项式。现给出如下定义。

定义 5.1　设$x_1,x_2,\cdots,x_n$为互不相同的点，$\varphi_0(x),\varphi_1(x),\cdots,\varphi_m(x)$是$(m+1)$个已知函数，如果存在不全为零的常数$c_0,c_1,\cdots,c_m$使得

$$c_0\varphi_0(x_j)+c_1\varphi_1(x_j)+\cdots+c_m\varphi_m(x_j)=0\quad(j=1,2,\cdots,n)$$

则称$\varphi_0(x),\varphi_1(x),\cdots,\varphi_m(x)$（关于点$x_1,x_2,\cdots,x_n$）是线性相关的，否则称为线性无关的。

定义 5.2　给定数据(x_j,y_j)，$j=1,2,\cdots,n$。假设拟合函数的形式为

$$p(x)=a_0\varphi_0(x)+a_1\varphi_1(x)+\cdots+a_m\varphi_m(x)\tag{1.2}$$

这里$\{\varphi_k(x)\}_{k=0}^m$为已知的线性无关函数。求系数$a_0^*,a_1^*,\cdots,a_m^*$，使得

$$\begin{aligned}\varphi(a_0,a_1,\cdots,a_m)&=\sum_{j=1}^{n}[p(x_j)-y_j]^2\\&=\sum_{j=1}^{n}\left[\sum_{k=0}^{m}a_k\varphi_k(x_j)-y_j\right]^2\end{aligned}\tag{1.3}$$

取最小值。称

$$p^*(x)=\sum_{k=0}^{m}a_k^*\varphi_k(x)\tag{1.4}$$

为拟合函数或经验公式。

如果$\varphi_k(x)=x^k(k=0,1,\cdots,m)$，则称式(1.4)为$m$次最小二乘拟合多项式。

由式(1.3)可以看出，$\varphi(a_0,a_1,\cdots,a_m)$为$a_0,a_1,\cdots,a_m$的$(m+1)$元二次多项式（二次型），可以用多元函数求极值的方法求其最小点和最小值。将φ对a_k求偏导数，得到驻点方程组如下：

$$\frac{\partial\varphi}{\partial a_k}=2\sum_{j=1}^{n}\left(\sum_{i=0}^{m}a_i^*\varphi_i(x_j)-y_j\right)\varphi_k(x_j)=0\quad(k=0,1,\cdots,m)$$

即

$$\sum_{i=0}^{m}\left[\sum_{j=1}^{n}\varphi_i(x_j)\varphi_k(x_j)\right]a_i^*=\sum_{j=1}^{n}y_j\varphi_k(x_j)\quad(k=0,1,\cdots,m)\tag{1.5}$$

引进内积的记号可使方程组(1.5)的表达更为简洁。

设$\boldsymbol{u}=(u(x_1),u(x_2),\cdots,u(x_n))^{\mathrm T}$，$\boldsymbol{v}=(v(x_1),v(x_2),\cdots,v(x_n))^{\mathrm T}$，$\boldsymbol{w}=(w(x_1),w(x_2),\cdots,w(x_n))^{\mathrm T}$，称为**点集函数**。记

$$(\boldsymbol{u},\boldsymbol{v})=\sum_{j=1}^{n}u(x_j)v(x_j)\tag{1.6}$$

称之为 $\boldsymbol{u}$ 和 $\boldsymbol{v}$ 的**内积**。内积具有如下 3 个性质：

(1) $(\boldsymbol{u},\boldsymbol{u}) \geqslant 0, (\boldsymbol{u},\boldsymbol{u}) = 0$ 当且仅当 $u(x_j) = 0 (j = 1,2,\cdots,n)$；

(2) $(\boldsymbol{u},\boldsymbol{v}) = (\boldsymbol{v},\boldsymbol{u})$；

(3) $(\alpha\boldsymbol{u} + \beta\boldsymbol{v},\boldsymbol{w}) = \alpha(\boldsymbol{u},\boldsymbol{w}) + \beta(\boldsymbol{v},\boldsymbol{w})$，其中 α,β 为任意实数。

利用如上定义的内积，式(1.5) 可以写为

$$\begin{bmatrix} (\boldsymbol{\varphi}_0,\boldsymbol{\varphi}_0) & (\boldsymbol{\varphi}_1,\boldsymbol{\varphi}_0) & \cdots & (\boldsymbol{\varphi}_{m-1},\boldsymbol{\varphi}_0) & (\boldsymbol{\varphi}_m,\boldsymbol{\varphi}_0) \\ (\boldsymbol{\varphi}_0,\boldsymbol{\varphi}_1) & (\boldsymbol{\varphi}_1,\boldsymbol{\varphi}_1) & \cdots & (\boldsymbol{\varphi}_{m-1},\boldsymbol{\varphi}_1) & (\boldsymbol{\varphi}_m,\boldsymbol{\varphi}_1) \\ \vdots & \vdots & & \vdots & \vdots \\ (\boldsymbol{\varphi}_0,\boldsymbol{\varphi}_m) & (\boldsymbol{\varphi}_1,\boldsymbol{\varphi}_m) & \cdots & (\boldsymbol{\varphi}_{m-1},\boldsymbol{\varphi}_m) & (\boldsymbol{\varphi}_m,\boldsymbol{\varphi}_m) \end{bmatrix} \begin{bmatrix} a_0^* \\ a_1^* \\ \vdots \\ a_m^* \end{bmatrix} = \begin{bmatrix} (\boldsymbol{y},\boldsymbol{\varphi}_0) \\ (\boldsymbol{y},\boldsymbol{\varphi}_1) \\ \vdots \\ (\boldsymbol{y},\boldsymbol{\varphi}_m) \end{bmatrix} \tag{1.7}$$

式中

$$\boldsymbol{\varphi}_0 = \begin{bmatrix} \varphi_0(x_1) \\ \varphi_0(x_2) \\ \vdots \\ \varphi_0(x_{n-1}) \\ \varphi_0(x_n) \end{bmatrix}, \boldsymbol{\varphi}_1 = \begin{bmatrix} \varphi_1(x_1) \\ \varphi_1(x_2) \\ \vdots \\ \varphi_1(x_{n-1}) \\ \varphi_1(x_n) \end{bmatrix}, \cdots, \boldsymbol{\varphi}_m = \begin{bmatrix} \varphi_m(x_1) \\ \varphi_m(x_2) \\ \vdots \\ \varphi_m(x_{n-1}) \\ \varphi_m(x_n) \end{bmatrix}, \boldsymbol{y} = \begin{bmatrix} y_1 \\ y_2 \\ \vdots \\ y_{n-1} \\ y_n \end{bmatrix} \tag{1.8}$$

方程组(1.7) 称为**正规方程组**，它是关于 $\{a_k^*\}_{k=0}^m$ 的 $(m+1)$ 阶线性方程组。可以用第 3 章所学的各种数值方法求出 $\{a_k^*\}$ 的值，然后代入式(1.4) 即可得到所要求的拟合函数

$$p^*(x) = \sum_{k=0}^{m} a_k^* \varphi_k(x)$$

为了计算方便，再分析一下方程组(1.7) 的特点。由内积的性质知 $(\boldsymbol{\varphi}_i,\boldsymbol{\varphi}_k) = (\boldsymbol{\varphi}_k,\boldsymbol{\varphi}_i)$，因而方程组(1.7) 的系数矩阵是对称的。于是方程组(1.7) 也可写为

$$\begin{bmatrix} (\boldsymbol{\varphi}_0,\boldsymbol{\varphi}_0) & (\boldsymbol{\varphi}_0,\boldsymbol{\varphi}_1) & \cdots & (\boldsymbol{\varphi}_0,\boldsymbol{\varphi}_m) \\ (\boldsymbol{\varphi}_1,\boldsymbol{\varphi}_0) & (\boldsymbol{\varphi}_1,\boldsymbol{\varphi}_1) & \cdots & (\boldsymbol{\varphi}_1,\boldsymbol{\varphi}_m) \\ \vdots & \vdots & & \vdots \\ (\boldsymbol{\varphi}_m,\boldsymbol{\varphi}_0) & (\boldsymbol{\varphi}_m,\boldsymbol{\varphi}_1) & \cdots & (\boldsymbol{\varphi}_m,\boldsymbol{\varphi}_m) \end{bmatrix} \begin{bmatrix} a_0^* \\ a_1^* \\ \vdots \\ a_m^* \end{bmatrix} = \begin{bmatrix} (\boldsymbol{y},\boldsymbol{\varphi}_0) \\ (\boldsymbol{y},\boldsymbol{\varphi}_1) \\ \vdots \\ (\boldsymbol{y},\boldsymbol{\varphi}_m) \end{bmatrix}$$

现在，用上述方法求出例 1 中的一次最小二乘拟合多项式。记

$$\varphi_0(t) = 1, \quad \varphi_1(t) = t$$

则有

$$(\boldsymbol{\varphi}_0,\boldsymbol{\varphi}_0) = \sum_{j=1}^{7} \varphi_0^2(t_j) = 7$$

$$(\boldsymbol{\varphi}_0,\boldsymbol{\varphi}_1) = \sum_{j=1}^{7} \varphi_0(t_j)\varphi_1(t_j) = 245.3$$

$$(\boldsymbol{\varphi}_1,\boldsymbol{\varphi}_1)=\sum_{j=1}^{7}\varphi_1^2(t_j)=9\,325.83$$

$$(\boldsymbol{r},\boldsymbol{\varphi}_0)=\sum_{j=1}^{7}r_j\varphi_0(t_j)=565.5$$

$$(\boldsymbol{r},\boldsymbol{\varphi}_1)=\sum_{j=1}^{7}r_j\varphi_1(t_j)=20\,029.445$$

正规方程组为

$$\begin{bmatrix}7 & 245.3\\ 245.3 & 9\,325.83\end{bmatrix}\begin{bmatrix}a^*\\ b^*\end{bmatrix}=\begin{bmatrix}565.5\\ 20\,029.445\end{bmatrix}$$

求得 $a^*=70.57, b^*=0.291\,5$，则所求得的直线方程为

$$r=70.57+0.291\,5t$$

求出 r 与 t 的直线方程以后，可以根据这一函数关系求出不在表上的 r 和 t 的值。例如当 $r=0$ 时 $t\approx-242.1$，这说明铜导线在无电阻时，温度应为 -242.1℃。

到此为止，我们自然会提出这样两个问题：一是方程组(1.7) 是否一定有解；二是如果有解，是否一定能使 $\varphi(a_0,a_1,\cdots,a_m)$ 取得最小值。下面我们分别来讨论这两个问题。

(1) 存在唯一性问题。如果 $\varphi_0(x),\varphi_1(x),\cdots,\varphi_m(x)$ 是线性无关的，即向量组(1.8) 是线性无关的，则方程组(1.7) 有唯一解，我们只要证明方程组(1.7) 相应的齐次方程组

$$\begin{bmatrix}(\boldsymbol{\varphi}_0,\boldsymbol{\varphi}_0) & (\boldsymbol{\varphi}_1,\boldsymbol{\varphi}_0) & \cdots & (\boldsymbol{\varphi}_{m-1},\boldsymbol{\varphi}_0) & (\boldsymbol{\varphi}_m,\boldsymbol{\varphi}_0)\\ (\boldsymbol{\varphi}_0,\boldsymbol{\varphi}_1) & (\boldsymbol{\varphi}_1,\boldsymbol{\varphi}_1) & \cdots & (\boldsymbol{\varphi}_{m-1},\boldsymbol{\varphi}_1) & (\boldsymbol{\varphi}_m,\boldsymbol{\varphi}_1)\\ \vdots & \vdots & & \vdots & \vdots\\ (\boldsymbol{\varphi}_0,\boldsymbol{\varphi}_m) & (\boldsymbol{\varphi}_1,\boldsymbol{\varphi}_m) & \cdots & (\boldsymbol{\varphi}_{m-1},\boldsymbol{\varphi}_m) & (\boldsymbol{\varphi}_m,\boldsymbol{\varphi}_m)\end{bmatrix}\begin{bmatrix}a_0\\ a_1\\ \vdots\\ a_m\end{bmatrix}=\begin{bmatrix}0\\ 0\\ \vdots\\ 0\end{bmatrix}\qquad(1.9)$$

只有零解。用$(a_0,a_1,\cdots,a_m)$ 左乘式(1.9) 两端，得到

$$\left(\sum_{i=0}^{m}a_i\boldsymbol{\varphi}_i,\sum_{k=0}^{m}a_k\boldsymbol{\varphi}_k\right)=0$$

或

$$\left(\sum_{k=0}^{m}a_k\boldsymbol{\varphi}_k,\sum_{k=0}^{m}a_k\boldsymbol{\varphi}_k\right)=0$$

由内积的性质(1) 知

$$\sum_{k=0}^{m}a_k\varphi_k(x_j)=0\quad(j=1,2,\cdots,n)$$

再由 $\varphi_0(x),\varphi_1(x),\cdots,\varphi_m(x)$ 是线性无关的知 $a_0=0,a_1=0,\cdots,a_m=0$。因而方程组(1.9) 只有零解。

(2) 取得最小值问题，即证明由方程组(1.7) 所求得的$\{a_k^*\}$ 确使 $\varphi(a_0,a_1,\cdots,a_m)$ 取得最小值。记

$$p^*(x)=\sum_{k=0}^{m}a_k^*\varphi_k(x),\quad p(x)=\sum_{k=0}^{m}a_k\varphi_k(x)$$

则有

$$\begin{aligned}&\varphi(a_0,a_1,\cdots,a_m)-\varphi(a_0^*,a_1^*,\cdots,a_m^*)\\&\quad=\sum_{j=1}^{n}[p(x_j)-y_j]^2-\sum_{j=1}^{n}[p^*(x_j)-y_j]^2\\&\quad=\sum_{j=1}^{n}[p^*(x_j)-y_j+p(x_j)-p^*(x_j)]^2-\sum_{j=1}^{n}[p^*(x_j)-y_j]^2\\&\quad=2\sum_{j=1}^{n}[p^*(x_j)-y_j][p(x_j)-p^*(x_j)]+\sum_{j=1}^{n}[p(x_j)-p^*(x_j)]^2\end{aligned}\tag{1.10}$$

由方程组(1.5)有

$$\sum_{j=1}^{n}[p^*(x_j)-y_j]\varphi_k(x_j)=\sum_{i=0}^{m}(\boldsymbol{\varphi}_i,\boldsymbol{\varphi}_k)a_i^*-(\boldsymbol{y},\boldsymbol{\varphi}_k)=0$$
$$(k=0,1,\cdots,m)$$

因而

$$\begin{aligned}&\sum_{j=1}^{n}[p^*(x_j)-y_j][p(x_j)-p^*(x_j)]\\&\quad=\sum_{j=1}^{n}[p^*(x_j)-y_j]\sum_{k=0}^{m}(a_k-a_k^*)\varphi_k(x_j)\\&\quad=\sum_{k=0}^{m}(a_k-a_k^*)\sum_{j=1}^{n}[p^*(x_j)-y_j]\varphi_k(x_j)=0\end{aligned}$$

将上式代入式(1.10)得

$$\begin{aligned}&\varphi(a_0,a_1,\cdots,a_m)-\varphi(a_0^*,a_1^*,\cdots,a_m^*)\\&\quad=\sum_{j=1}^{n}[p(x_j)-p^*(x_j)]^2\geqslant 0\end{aligned}$$

这说明 $p^*(x)$ 使得 $\varphi(a_0,a_1,\cdots,a_m)$ 取得最小值，或者说 $p^*(x)$ 是在这种度量下的拟合函数。

例 5.2 设从某一实验中测得两个变量 x 和 y 的一组数据如表 5-1-2 所示，求一代数多项式曲线，使其最好地拟合这组给定数据。

表 5-1-2 例 5.2 数据表

i	1	2	3	4	5	6	7	8	9
x_i	1	3	4	5	6	7	8	9	10
y_i	10	5	4	2	1	1	2	3	4

解 将所给数据点画在坐标纸上(见图5-1-2)，可以看出这些点大致在一条

抛物线上。设拟合曲线方程为

$$f(x)=a+bx+cx^2 \tag{1.11}$$

即取 $m=2,\varphi_0(x)=1,\varphi_1(x)=x,\varphi_2(x)=x^2$，相应的正规方程组为

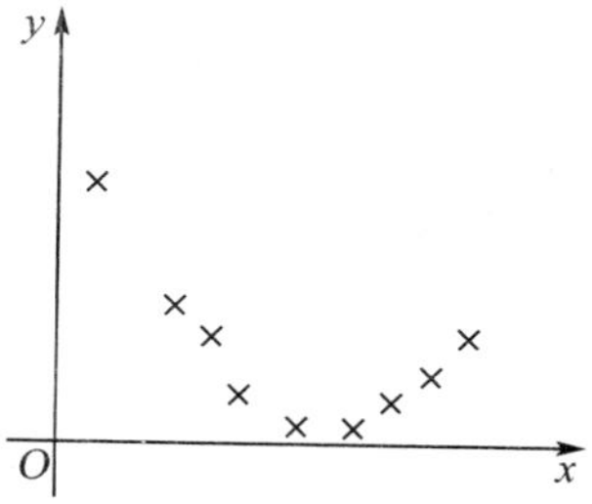

图 5-1-2　数据描点图

$$\begin{bmatrix}(\boldsymbol{\varphi}_0,\boldsymbol{\varphi}_0) & (\boldsymbol{\varphi}_1,\boldsymbol{\varphi}_0) & (\boldsymbol{\varphi}_2,\boldsymbol{\varphi}_0)\\ (\boldsymbol{\varphi}_0,\boldsymbol{\varphi}_1) & (\boldsymbol{\varphi}_1,\boldsymbol{\varphi}_1) & (\boldsymbol{\varphi}_2,\boldsymbol{\varphi}_1)\\ (\boldsymbol{\varphi}_0,\boldsymbol{\varphi}_2) & (\boldsymbol{\varphi}_1,\boldsymbol{\varphi}_2) & (\boldsymbol{\varphi}_2,\boldsymbol{\varphi}_2)\end{bmatrix}\begin{bmatrix}a\\ b\\ c\end{bmatrix}=\begin{bmatrix}(\boldsymbol{y},\boldsymbol{\varphi}_0)\\ (\boldsymbol{y},\boldsymbol{\varphi}_1)\\ (\boldsymbol{y},\boldsymbol{\varphi}_2)\end{bmatrix} \tag{1.12}$$

计算得

$$(\boldsymbol{\varphi}_0,\boldsymbol{\varphi}_0)=\sum_{i=1}^{9}1\times 1=9$$

$$(\boldsymbol{\varphi}_1,\boldsymbol{\varphi}_1)=\sum_{i=1}^{9}x_i^2=381$$

$$(\boldsymbol{\varphi}_2,\boldsymbol{\varphi}_2)=\sum_{i=1}^{9}x_i^4=25\,317$$

$$(\boldsymbol{\varphi}_1,\boldsymbol{\varphi}_0)=(\boldsymbol{\varphi}_0,\boldsymbol{\varphi}_1)=\sum_{i=1}^{9}x_i=53$$

$$(\boldsymbol{\varphi}_2,\boldsymbol{\varphi}_0)=(\boldsymbol{\varphi}_0,\boldsymbol{\varphi}_2)=\sum_{i=1}^{9}x_i^2=381$$

$$(\boldsymbol{\varphi}_1,\boldsymbol{\varphi}_2)=(\boldsymbol{\varphi}_2,\boldsymbol{\varphi}_1)=\sum_{i=1}^{9}x_i^3=3\,017$$

$$(\boldsymbol{y},\boldsymbol{\varphi}_0)=\sum_{i=1}^{9}y_i\times 1=32$$

$$(\boldsymbol{y},\boldsymbol{\varphi}_1)=\sum_{i=1}^{9}y_ix_i=147$$

$$(\boldsymbol{y},\boldsymbol{\varphi}_2)=\sum_{i=1}^{9}y_ix_i^2=1\,025$$

将以上数据代入式(1.12)得

$$\begin{bmatrix}9 & 53 & 381\\ 53 & 381 & 3\,017\\ 381 & 3\,017 & 25\,317\end{bmatrix}\begin{bmatrix}a\\ b\\ c\end{bmatrix}=\begin{bmatrix}32\\ 147\\ 1\,025\end{bmatrix}$$

应用列主元高斯消去法解得

$$a=13.460\,9,\quad b=-3.605\,85,\quad c=0.267\,616$$

因而所求拟合多项式为

$$f(x) = 13.4609 - 3.60585x + 0.267616x^2$$

某些非线性最小二乘拟合问题通过适当的变换可以转化为线性最小二乘问题进行求解。

例 5.3　求一形如 $P(x) = Ae^{Mx}$ 的经验公式，使它和表 5-1-3 所列已知数据相拟合。

表 5-1-3　例 5.3 数据表

x_i	1	2	3	4
P_i	7	11	17	27

解　所求拟合公式是一个指数函数，对它两边取自然对数，得到

$$\ln P = \ln A + Mx$$

记 $y = \ln P, a_0 = \ln A, a_1 = M$，则有

$$y = a_0 + a_1 x$$

相应于表 5-1-3 的一个对应关系为表 5-1-4，于是原问题转化为求数据表 5-1-4 的一次拟合多项式。此时 $m = 1, \varphi_0(x) = 1, \varphi_1(x) = x$，正规方程组为

表 5-1-4　函数值变换表

x_i	1	2	3	4
$y_i = \ln P_i$	1.95	2.40	2.83	3.30

$$\begin{cases} 4a_0 + 10a_1 = 10.48, \\ 10a_0 + 30a_1 = 28.44 \end{cases}$$

求得 $a_0 = 1.50, a_1 = 0.448$，于是

$$y = 1.50 + 0.448x$$

注意到 $P = e^y$，知所求经验公式为

$$P(x) = e^{1.50+0.448x} = 4.48e^{0.448x}$$

5.2　超定方程组的最小二乘解

给定线性方程组

$$\boldsymbol{Ax} = \boldsymbol{b} \tag{2.1}$$

式中

$$\boldsymbol{A} = \begin{bmatrix} a_{11} & a_{12} & \cdots & a_{1n} \\ a_{21} & a_{22} & \cdots & a_{2n} \\ \vdots & \vdots & & \vdots \\ a_{m1} & a_{m2} & \cdots & a_{mn} \end{bmatrix}, \quad \boldsymbol{b} = \begin{bmatrix} b_1 \\ b_2 \\ \vdots \\ b_m \end{bmatrix}, \quad \boldsymbol{x} = \begin{bmatrix} x_1 \\ x_2 \\ \vdots \\ x_n \end{bmatrix}$$

当 $m>n$ 时，称为**超定方程组**。在线性代数中我们知道，这种超定方程组因为方程的个数超过未知量的个数，一般来说是没有解的。也就是说，对于任意一组数 $(x_1, x_2, \cdots, x_n)$，一般来说

$$\delta_i = \sum_{j=1}^{n} a_{ij}x_j - b_i \quad (i=1,2,\cdots,m)$$

不会全为零。我们设想去求一组数 $\boldsymbol{x}^* = (x_1^*, x_2^*, \cdots, x_n^*)$，使得

$$\varphi(x_1, x_2, \cdots, x_n) = \sum_{i=1}^{m} \delta_i^2 = \sum_{i=1}^{m} \left(\sum_{j=1}^{n} a_{ij}x_j - b_i\right)^2 \tag{2.2}$$

取最小值。

式(2.2)和前面的式(1.3)形式上完全一样。利用多元函数求极值的方法，得

$$\frac{\partial \varphi}{\partial x_k} = 2\sum_{i=1}^{m}\sum_{j=1}^{n}(a_{ij}x_j - b_i)a_{ik} = 0 \quad (k=1,2,\cdots,n)$$

即

$$\sum_{j=1}^{n}\left(\sum_{i=1}^{m} a_{ij}a_{ik}\right)x_j = \sum_{i=1}^{m} a_{ik}b_i \quad (k=1,2,\cdots,n)$$

用矩阵形式给出，即

$$\boldsymbol{A}^{\mathrm{T}}\boldsymbol{A}\boldsymbol{x} = \boldsymbol{A}^{\mathrm{T}}\boldsymbol{b} \tag{2.3}$$

可以证明如果 $\boldsymbol{A}$ 是列满秩的，则方程组(2.3)存在唯一解，且该解使得由式(2.2)定义的 $\varphi(x_1, x_2, \cdots, x_n)$ 取得最小值。我们把方程组(2.3)的解称为超定方程组(2.1)的最小二乘解。

例 5.4 用最小二乘法求下列超定方程组的近似解：

$$\begin{cases} 2x_1 - x_2 = 1, \\ 8x_1 + 4x_2 = 0, \\ 2x_1 + x_2 = 1, \\ 7x_1 - x_2 = 8, \\ 4x_1 = 3 \end{cases}$$

解 因为

$$\boldsymbol{A} = \begin{bmatrix} 2 & -1 \\ 8 & 4 \\ 2 & 1 \\ 7 & -1 \\ 4 & 0 \end{bmatrix}, \quad \boldsymbol{b} = \begin{bmatrix} 1 \\ 0 \\ 1 \\ 8 \\ 3 \end{bmatrix}$$

有

$$A^{\mathrm{T}}A = \begin{bmatrix} 2 & 8 & 2 & 7 & 4 \\ -1 & 4 & 1 & -1 & 0 \end{bmatrix} \begin{bmatrix} 2 & -1 \\ 8 & 4 \\ 2 & 1 \\ 7 & -1 \\ 4 & 0 \end{bmatrix} = \begin{bmatrix} 137 & 25 \\ 25 & 19 \end{bmatrix}$$

$$A^{\mathrm{T}}b = \begin{bmatrix} 2 & 8 & 2 & 7 & 4 \\ -1 & 4 & 1 & -1 & 0 \end{bmatrix} \begin{bmatrix} 1 \\ 0 \\ 1 \\ 8 \\ 3 \end{bmatrix} = \begin{bmatrix} 72 \\ -8 \end{bmatrix}$$

故得方程组

$$\begin{cases} 137x_1 + 25x_2 = 72, \\ 25x_1 + 19x_2 = -8 \end{cases}$$

解得

$$x_1 = 0.792\,72, \quad x_2 = -1.464\,1$$

5.3 应用实例:价格、广告与赢利

推销商品的重要手段之一是做广告,而做广告要出钱,利弊得失如何估计,需要利用有关数学模型作定量的讨论。

某建材公司有一大批水泥需要出售,根据以往统计资料,零售价增高,则销售量减少,具体数据列于表 5-3-1;如果做广告可使销售量增加,具体增加量用售量提高因子 k 表示,k 与广告费的关系列于表5-3-2。现在已知水泥的进价是每吨 250 元,问如何确定该批水泥的价格和花多少广告费可使公司获利最大?

表 5-3-1 水泥预期销售量与价格的关系

单价 /(元·t^{-1})	250	260	270	280	290	300	310	320
售量 /(10^4 t)	200	190	176	150	139	125	110	100

表 5-3-2 售量提高因子与广告费的关系

广告费 / 万元	0	60	120	180	240	300	360	420
提高因子 k	1.00	1.40	1.70	1.85	1.95	2.00	1.95	1.80

为了解决这一问题,我们用 x,y,z 和 c 分别表示销售单价、预期销售量、广告费和成本单价。

将表5－3－1所给数据绘于图5－3－1中，可以看出售量与单价近似成线性关系。因此可设

$$y = a + bx \tag{3.1}$$

用最小二乘法，根据表5－3－1的数据可得正规方程组

$$\begin{bmatrix} 8 & 2\,280 \\ 2\,280 & 654\,000 \end{bmatrix}\begin{bmatrix} a \\ b \end{bmatrix} = \begin{bmatrix} 1\,190 \\ 332\,830 \end{bmatrix}$$

解此方程组，得到系数 $a = 577.7$，$b = -1.505$。显然 $b < 0$。

将表5－3－2所给数据绘于图5－3－2中，可以看出提高因子与广告费近似成二次关系。因此可设

$$k = d + ez + fz^2 \tag{3.2}$$

同样用最小二乘法，根据表5－3－2的数据可得正规方程组

$$\begin{bmatrix} 8 & 1\,680 & 504\,000 \\ 1\,680 & 504\,000 & 169\,344\,000 \\ 504\,000 & 169\,344\,000 & 60\,600\,959\,990 \end{bmatrix}\begin{bmatrix} d \\ e \\ f \end{bmatrix} = \begin{bmatrix} 13.65 \\ 3\,147 \\ 952\,020 \end{bmatrix}$$

解此方程组，得到系数 $d = 1.020\,00$，$e = 6.807 \times 10^{-3}$ 和 $f = -1.179\,73 \times 10^{-5}$。这里 $f < 0$，抛物线开口向下。

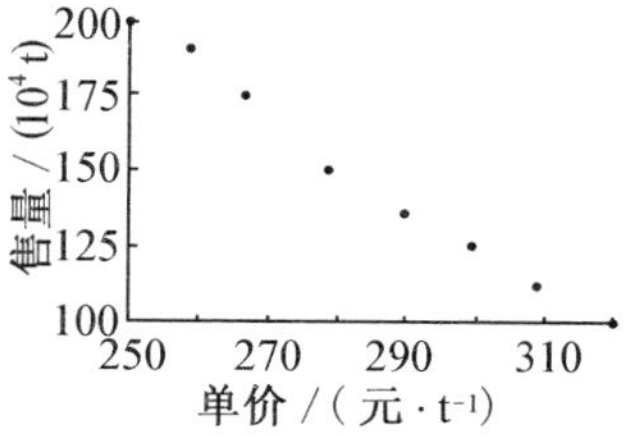

图5－3－1　预期销售量与单价描点图

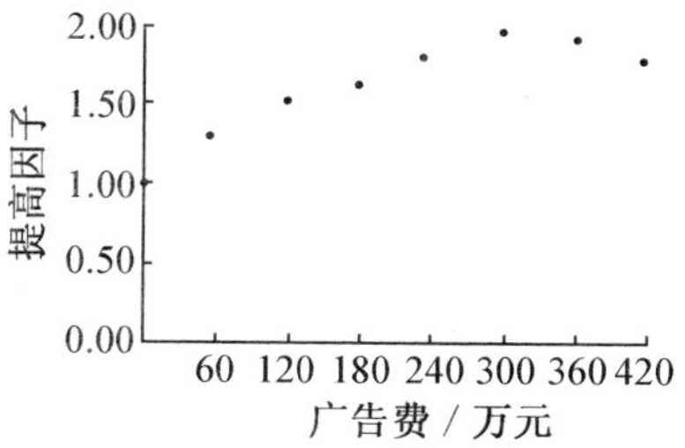

图5－3－2　提高因子与广告费描点图

设实际销售量为 S，它等于预期销售量乘以销售提高因子，即 $S = ky$。于是，利润 P 可表示为

$$\begin{aligned} P &= \text{收入} - \text{支出} \\ &= \text{销售收入} - \text{成本支出} - \text{广告费} \\ &= Sx - Sc - z \\ &= ky(x - c) - z \end{aligned} \tag{3.3}$$

将式(3.1)和式(3.2)代入式(3.3)，可见 P 只是 x 和 z 的函数，即有

$$P(x,z) = (d + ez + fz^2)(a + bx)(x - c) - z \tag{3.4}$$

要想求出最大利润，只需利用函数求极值的方法，令 $\dfrac{\partial P}{\partial x} = 0$ 和 $\dfrac{\partial P}{\partial z} = 0$，求出其解即可。容易算得

$$\frac{\partial P}{\partial x}=(d+ez+fz^2)(a-bc+2bx)$$

$$\frac{\partial P}{\partial z}=(e+2fz)(a+bx)(x-c)-1$$

当$\frac{\partial P}{\partial x}=0$时可得

$$d+ez+fz^2=0 \quad 或 \quad a-bc+2bx=0$$

其中前一个等式意味着$k=0$,所以z的取值无实际意义,我们舍去它。因此只能有

$$x_0=\frac{1}{2b}(bc-a)$$

再由$\frac{\partial P}{\partial z}=0$,可得

$$z=\frac{1}{2f}\left[\frac{1}{(a+bx)(x-c)}-e\right]$$

因此$P(x,z)$的临界点为

$$\begin{cases} x_0=\frac{1}{2b}(bc-a)=316.93, \\ z_0=\frac{1}{2f}\left[\frac{1}{(a+bx_0)(x_0-c)}-e\right]=282.21 \end{cases} \tag{3.5}$$

进一步求$P(x,z)$的二阶偏导数得

$$\frac{\partial^2 P}{\partial x^2}=2b(d+ez+fz^2)$$

$$\frac{\partial^2 P}{\partial x\partial z}=(e+2fz)(a-bc+2bx)$$

$$\frac{\partial^2 P}{\partial z^2}=2f(a+bx)(x-c)$$

在点(x_0,z_0)处,显然有

$$A=\frac{\partial^2 P}{\partial x^2}<0, \quad B=\frac{\partial^2 P}{\partial x\partial z}=0, \quad C=\frac{\partial^2 P}{\partial z^2}<0$$

根据多元函数极值的充分条件知,在(x_0,z_0)处利润P取最大值

$$P_{\max}=P(x_0,z_0)=13\,209.6\text{ 万元}$$

可以预言,将单价定为316.93元/t,花广告费282.21万元,实际销售量可达到201.58×10^4 t,可获利润13 209.6万元。

小　结

最小二乘原理是函数逼近的另一重要方法，其在工程技术中被广泛地应用。本章用多元二次多项式求极值的方法导出了一般线性最小二乘问题的正规方程组，并讨论了其解的存在唯一性。点集函数的内积是一个很重要的概念，应用内积可使得正规方程组的表述更为简洁。某些非线性问题可以转化为线性问题得以解决。实际应用时，拟合函数的形式是需要预先确定的，一般可对数据作分析，例如在方格纸上作草图，从草图中观察应取什么样的拟合函数。对于给定数据对 $\{(x_j,y_j)\mid j=1,2,\cdots,n\}$，如果已求得其两个拟合函数 $p_1^*(x)$ 和 $p_2^*(x)$，则以使偏差 $\sum_{j=1}^{n}[y_j-p_1^*(x_j)]^2$ 及 $\sum_{j=1}^{n}[y_j-p_2^*(x_j)]^2$ 小者为优。超定方程组一般是没有通常意义下的解的，我们用最小二乘原理求得其解，称其为最小二乘解。

复　习　思　考　题

1. 什么叫最小二乘原理？为什么要研究最小二乘原理？用最小二乘法求函数的近似式的一般步骤怎样？它与插值函数求近似式有何区别？

2. 最小二乘问题的正规方程组是如何构造出来的？它是否存在唯一解？

3. 当数据点集满足什么条件时，其最小二乘拟合多项式和插值多项式是一致的？

4. 比较点集函数的内积和向量的内积，它们之间有无区别？

5. 什么是超定线性方程组？如何求解？

习　题　5

1. 设有某实验数据如下：

x	1.36	1.49	1.73	1.81	1.95	2.16	2.28	2.48
y	14.094	15.096	16.844	17.378	18.435	19.949	20.963	22.494

试按最小二乘法求一次多项式拟合以上数据。

2. 给定如下数据表：

x	0.1	0.2	0.3	0.4	0.5
y	5.123 4	5.305 3	5.568 4	5.937 8	6.427 0
x	0.6	0.7	0.8	0.9	
y	7.079 8	7.949 3	9.025 3	10.362 7	

求二次最小二乘拟合多项式。

3. 用最小二乘法求形如 $y = a + bx^2$ 的经验公式，使它与下列数据拟合：

x	19	25	31	38	44
y	19.0	32.3	49.0	73.3	97.8

4. 给定如下数据表：

x	2.2	2.7	3.5	4.1	4.8
y	65	60	53	50	46

用最小二乘法求形如 $y = ae^{bx}$ 的经验公式。

5. 给定 n 个点 $p_i = (x_i, y_i), i = 1,2,\cdots,n$。记 $\bar{x} = \sum_{i=1}^{n} x_i/n, \bar{y} = \sum_{i=1}^{n} y_i/n$，称 $(\bar{x}, \bar{y})$ 为给定的 n 个点的重心。设 $y = a + bx$ 为数据点 $p_i (i = 1,2,\cdots,n)$ 的线性拟合函数，证明：$(\bar{x}, \bar{y})$ 在直线 $y = a + bx$ 上。

6. 用最小二乘法求线性方程组

$$\begin{cases} 2x + 4y = 11, \\ 3x - 5y = 3, \\ x + 2y = 6, \\ 4x + 2y = 14 \end{cases}$$

的近似解。

7. 设 $f(x) \in C[0,1]$，求 a, b，使得

$$\int_0^1 [f(x) - (a + bx)]^2 \mathrm{d}x$$

取最小值。$\left(\text{用} \int_0^1 f(x)\mathrm{d}x, \int_0^1 xf(x)\mathrm{d}x \text{ 表示}\right)$

6　数值积分与数值微分

6.1　数值积分问题的提出

在许多实际问题中，常常需要计算定积分 $I(f)=\int_a^b f(x)\mathrm{d}x$ 的值。根据微积分学基本定理，若被积函数 $f(x)$ 在区间 $[a,b]$ 上连续，只要能找到 $f(x)$ 的一个原函数 $F(x)$，便可利用牛顿-莱布尼兹公式

$$\int_a^b f(x)\mathrm{d}x=F(b)-F(a)$$

求得积分值。

但是在实际使用中，往往会遇到如下困难而不能使用牛顿-莱布尼兹公式。

(1) 找不到用初等函数表示的原函数，如当 $f(x)$ 为 $\frac{\sin x}{x}$，e^{-x^2}，$\frac{1}{\ln x}$，$\sqrt{1+x^3}$ 等等。

(2) 虽然找到了原函数，但因表达式过于复杂而不便于计算。例如从通常的积分表中可以查到

$$\int\sqrt{a+bu+cu^2}\,\mathrm{d}u=\frac{2cu+b}{4c}\sqrt{a+bu+cu^2}-\frac{b^2-4ac}{8c^{3/2}}\ln(2cu+b+2\sqrt{c}\sqrt{a+bu+cu^2})+c_1$$

原函数计算复杂性大大超过被积函数。

(3) $f(x)$ 是由测量或计算得到的列表函数，即给出的 $f(x)$ 是一张数据表。

由于以上种种困难，因此有必要研究积分的数值计算问题。另外数值积分也是某些微分方程和积分方程数值解法的基础。

为了避免寻找原函数，我们设想积分的值最好能由被积函数的值直接决定。这种想法是否合理呢？回顾积分中值定理

$$\int_a^b f(x)\mathrm{d}x=(b-a)f(\xi)\quad(a<\xi<b)$$

因此这种设想是合理的，可惜的是 ξ 值不易找到，因而难以求出 $f(\xi)$ 的准确值。但若能对 $f(\xi)$ 提供一种近似算法，也就可以得到一种数值积分公式。

若取 $\xi=a$，则得到

$$\int_a^b f(x)\mathrm{d}x\approx f(a)(b-a)\tag{1.1}$$

若取 $\xi = \dfrac{a+b}{2}$,则得到

$$\int_a^b f(x)\mathrm{d}x \approx f\left(\frac{a+b}{2}\right)(b-a) \tag{1.2}$$

若取 $\xi = b$,则得到

$$\int_a^b f(x)\mathrm{d}x \approx f(b)(b-a) \tag{1.3}$$

以上三公式分别称为**左矩形公式**、**中矩形公式**和**右矩形公式**。

我们再来回顾定积分的定义。将$[a,b]$作分割 $a = x_0 < x_1 < \cdots < x_n = b$,并记 $\Delta x_k = x_{k+1} - x_k$,由定积分的定义

$$\int_a^b f(x)\mathrm{d}x = \lim_{\substack{n\to\infty \\ \max\Delta x_k \to 0}} \sum_{k=0}^{n-1} f(x_k)\Delta x_k$$

可以得到定积分的一个近似计算公式

$$\int_a^b f(x)\mathrm{d}x \approx \sum_{k=0}^{n-1} f(x_k)\Delta x_k \tag{1.4}$$

于是再一次说明上述设想是合理的。比式(1.1)～(1.4)更一般的求积公式可设想为

$$\int_a^b f(x)\mathrm{d}x \approx \sum_{k=0}^{n} A_k f(x_k) \tag{1.5}$$

称 x_k 为**求积节点**,A_k 为**求积系数**,它们均与 $f(x)$ 的具体形式无关。

这类数值积分的方法通常称为机械求积法,主要有插值型和外推型两种。它们均是直接应用被积函数 $f(x)$ 在一些节点上的函数值的线性组合得出积分的近似值。于是求积分值的问题就转化为计算被积函数在节点处函数值的问题。对于形如式(1.5)的求积公式,关键在于确定求积系数 A_k。

6.2 插值型求积公式

6.2.1 插值型求积公式

设给定一组节点 $a \leqslant x_0 < x_1 < \cdots < x_n \leqslant b$,且已知函数 $f(x)$ 在这些节点上的值为 $f(x_k)(k = 0,1,\cdots,n)$,则可作 $f(x)$ 的 n 次插值多项式

$$L_n(x) = \sum_{k=0}^{n} f(x_k) l_k(x)$$

其中,$l_k(x) = \prod\limits_{\substack{j=0 \\ j\neq k}}^{n} \dfrac{x - x_j}{x_k - x_j}(k = 0,1,\cdots,n)$。由于 $L_n(x)$ 是代数多项式,其原函数是容易求得的。我们可以取

$$I_n(f)=\int_a^b L_n(x)\mathrm{d}x=\int_a^b\sum_{k=0}^n f(x_k)l_k(x)\mathrm{d}x=\sum_{k=0}^n\left[\int_a^b l_k(x)\mathrm{d}x\right]f(x_k) \tag{2.1}$$

作为

$$I(f)=\int_a^b f(x)\mathrm{d}x$$

的近似值。于是我们构造出了一种求积公式。

定义 6.1 设有计算 $I(f)=\int_a^b f(x)\mathrm{d}x$ 的求积公式

$$I_n(f)=\sum_{k=0}^n A_k f(x_k) \tag{2.2}$$

如其求积系数 $A_k=\int_a^b l_k(x)\mathrm{d}x(k=0,1,\cdots,n)$，则称此求积公式为**插值型求积公式**。

6.2.2 梯形公式、辛卜生公式和柯特斯公式

当 $n=1$ 时，若取 $x_0=a,x_1=b$，则有

$$A_0=\int_a^b l_0(x)\mathrm{d}x=\int_a^b\frac{x-x_1}{x_0-x_1}\mathrm{d}x=\int_a^b\frac{x-b}{a-b}\mathrm{d}x=\frac{1}{2}(b-a)$$

$$A_1=\int_a^b l_1(x)\mathrm{d}x=\int_a^b\frac{x-x_0}{x_1-x_0}\mathrm{d}x=\int_a^b\frac{x-a}{b-a}\mathrm{d}x=\frac{1}{2}(b-a)$$

代入式(2.2)，得到

$$\int_a^b f(x)\mathrm{d}x\approx\frac{b-a}{2}[f(a)+f(b)]$$

记

$$T(f)=\frac{b-a}{2}[f(a)+f(b)] \tag{2.3}$$

称 $T(f)$ 为计算 $I(f)$ 的**梯形公式**。

当 $n=2$ 时，若取 $x_0=a,x_1=\frac{a+b}{2},x_2=b$，则有

$$\begin{aligned}A_0&=\int_a^b l_0(x)\mathrm{d}x=\int_a^b\frac{(x-x_1)(x-x_2)}{(x_0-x_1)(x_0-x_2)}\mathrm{d}x\\&=\int_{-1}^1\frac{t(t-1)}{(-1)\times(-2)}\frac{b-a}{2}\mathrm{d}t=\frac{1}{6}(b-a)\end{aligned}$$

$$\begin{aligned}A_1&=\int_a^b l_1(x)\mathrm{d}x=\int_a^b\frac{(x-x_0)(x-x_2)}{(x_1-x_0)(x_1-x_2)}\mathrm{d}x\\&=\int_{-1}^1\frac{(t+1)(t-1)}{1\times(-1)}\frac{b-a}{2}\mathrm{d}t=\frac{2}{3}(b-a)\end{aligned}$$

$$A_2=\int_a^b l_2(x)\mathrm{d}x=\int_a^b \frac{(x-x_0)(x-x_1)}{(x_2-x_0)(x_2-x_1)}\mathrm{d}x$$
$$=\int_{-1}^{1}\frac{(t+1)t}{2\times 1}\frac{b-a}{2}\mathrm{d}t=\frac{1}{6}(b-a)$$

以上三个积分的计算中,我们均作了变换$\left(x=\frac{a+b}{2}+\frac{b-a}{2}t\right)$。将以上三式代入到式(2.2)得到

$$\int_a^b f(x)\mathrm{d}x\approx\frac{b-a}{6}\left[f(a)+4f\left(\frac{a+b}{2}\right)+f(b)\right]$$

记

$$S(f)=\frac{b-a}{6}\left[f(a)+4f\left(\frac{a+b}{2}\right)+f(b)\right] \tag{2.4}$$

称 $S(f)$ 为计算 $I(f)$ 的**辛卜生(Simpson)公式**。

当 $n=4$ 时,如果我们取 5 个等距节点

$$x_i=a+ih\ \left(0\leqslant i\leqslant 4;h=\frac{b-a}{4}\right)$$

则相应的插值型求积公式为

$$C(f)=\frac{b-a}{90}[7f(x_0)+32f(x_1)+12f(x_2)+32f(x_3)+7f(x_4)] \tag{2.5}$$

称 $C(f)$ 为计算 $I(f)$ 的**柯特斯(Cotes)公式**。

6.2.3 插值型求积公式的截断误差与代数精度

记插值型求积公式 $I_n(f)$(见式(2.1))的截断误差为 $R(f)$,则有

$$R(f)=I(f)-I_n(f)=\int_a^b f(x)\mathrm{d}x-\int_a^b L_n(x)\mathrm{d}x$$
$$=\int_a^b[f(x)-L_n(x)]\mathrm{d}x=\int_a^b\frac{f^{(n+1)}(\xi)}{(n+1)!}W_{n+1}(x)\mathrm{d}x \tag{2.6}$$

其中,$W_{n+1}(x)=\prod_{k=0}^{n}(x-x_k)$;$\xi\in(a,b)$。

由式(2.6)我们看出,如果 $f(x)$ 是一个 n 次多项式,则 $R(f)=0$,即

$$I(f)=I_n(f)$$

求积公式是准确成立的。

定义 6.2 如果一个求积公式

$$I_n(f)=\sum_{k=0}^{n}A_k f(x_k) \tag{2.7}$$

对于次数不超过 m 的多项式均能准确成立,但至少对一个 $(m+1)$ 次多项式不准确

成立，则称该求积公式具有 m 次**代数精度**。

由上面分析可知$(n+1)$ 个求积节点的插值型求积公式的代数精度至少为 n；反过来，如果式(2.7) 的代数精度至少为 n，则它对 $l_i(x)=\prod_{\substack{j=0\\j\neq i}}^{n}\frac{x-x_j}{x_i-x_j}$ 是精确成立的，即有

$$\int_a^b l_i(x)\mathrm{d}x = I(l_i) = I_n(l_i) = \sum_{k=0}^{n}A_k l_i(x_k) = A_i$$

于是

$$A_i = \int_a^b l_i(x)\mathrm{d}x \quad (i=0,1,\cdots,n)$$

即式(2.7) 是插值型的。综上所述，我们有如下定理。

定理 6.1 求积公式

$$I(f) = \sum_{k=0}^{n}A_k f(x_k)$$

至少具有 n 次代数精度的充分必要条件是该公式是插值型的，即

$$A_k = \int_a^b l_k(x)\mathrm{d}x \quad (k=0,1,\cdots,n)$$

借助于下面的定理，可方便地验证一个求积公式的代数精度的次数。

定理 6.2 求积公式(2.7) 具有 m 次代数精度的充分必要条件为该公式对 $f(x)=1,x,\cdots,x^m$ 精确成立，而对 $f(x)=x^{m+1}$ 不精确成立。

证明 记

$$g_k(x) = x^k \quad (k=0,1,2,\cdots,m+1)$$

必要性 设式(2.7) 对任一 m 次多项式精确成立，但对某一$(m+1)$ 次多项式 $p_{m+1}(x)=c_{m+1}x^{m+1}+p_m(x)$ 不准确成立，其中 $c_{m+1}\neq 0$，$p_m(x)$ 是一个 m 次多项式。由于 $g_0,g_1,\cdots,g_m$ 是特殊的次数不超过 m 的多项式，所以求积公式是准确成立的。另外由于

$$I(p_{m+1}) = I(c_{m+1}g_{m+1}+p_m) = c_{m+1}I(g_{m+1})+I(p_m)$$
$$I_n(p_{m+1}) = I_n(c_{m+1}g_{m+1}+p_m) = c_{m+1}I_n(g_{m+1})+I_n(p_m)$$

及 $I(p_{m+1})\neq I_n(p_{m+1})$，$I(p_m)=I_n(p_m)$，得

$$I(g_{m+1}) \neq I_n(g_{m+1})$$

充分性 设 $I(g_0)=I_n(g_0)$，$I(g_1)=I_n(g_1)$，$\cdots$，$I(g_m)=I_n(g_m)$，$I(g_{m+1})\neq I_n(g_{m+1})$。任一 m 次多项式可表示为 $p_m(x)=\sum_{k=0}^{m}a_k x^k=\sum_{k=0}^{m}a_k g_k(x)$，于是

$$I(p_m) = I\left(\sum_{k=0}^{m}a_k g_k\right) = \sum_{k=0}^{m}a_k I(g_k) = \sum_{k=0}^{m}a_k I_n(g_k)$$

$$= I_n(\sum_{k=0}^{m} a_k g_k) = I_n(p_m)$$

即求积公式对任一 m 次多项式是准确成立的，再注意到求积公式对 $g_{m+1}(x) = x^{m+1}$ 是不精确成立的，充分性证毕。

例 6.1　证明辛卜生公式

$$S(f) = \frac{b-a}{6}\left[f(a) + 4f\left(\frac{a+b}{2}\right) + f(b)\right]$$

具有三次代数精度。

证明　辛卜生公式是插值型的，因而至少具有二次代数精度。

当 $f(x) = x^3$ 时，有

$$I(f) = \int_a^b x^3 \mathrm{d}x = \frac{1}{4}(b^4 - a^4)$$

$$S(f) = \frac{b-a}{6}\left[a^3 + 4\left(\frac{a+b}{2}\right)^3 + b^3\right]$$

$$= \frac{b-a}{6}\left[(b+a)(b^2 - ba + a^2) + 4\left(\frac{b+a}{2}\right)^3\right]$$

$$= \frac{b^2 - a^2}{6}\left[b^2 - ba + a^2 + \frac{1}{2}(b+a)^2\right] = \frac{1}{4}(b^4 - a^4)$$

当 $f(x) = x^4$ 时，有

$$I(f) = \int_a^b x^4 \mathrm{d}x = \frac{1}{5}(b^5 - a^5) \tag{2.8}$$

$$S(f) = \frac{b-a}{6}\left[a^4 + 4\left(\frac{a+b}{2}\right)^4 + b^4\right] \tag{2.9}$$

式(2.8)中 b^5 的系数为$\frac{1}{5}$，而式(2.9)中 b^5 的系数为$\frac{5}{24}$，因而求积公式对 $f(x) = x^4$ 是不准确成立的。

综上所述，可知辛卜生公式具有三次代数精度。

例 6.2　考察求积公式

$$\int_{-1}^{1} f(x)\mathrm{d}x \approx \frac{1}{2}[f(-1) + 2f(0) + f(1)]$$

具有几次代数精度。

解　当 $f(x) = 1$ 时，左边 $= \int_{-1}^{1}\mathrm{d}x = 2$，右边 $= \frac{1}{2}(1+2+1) = 2$；当 $f(x) = x$ 时，左边 $= \int_{-1}^{1} x\mathrm{d}x = 0$，右边 $= \frac{1}{2}(-1+2\times 0+1) = 0$；当 $f(x) = x^2$ 时，左边 $= \int_{-1}^{1} x^2\mathrm{d}x = \frac{2}{3}$，右边 $= \frac{1}{2}(1+2\times 0+1) = 1$。所以此求积公式具有一次代数精度。

本例题说明 3 个节点的求积公式不一定具有二次代数精度，其原因是此求积公式不是插值型的。

6.2.4　梯形公式、辛卜生公式和柯特斯公式的截断误差

上面我们已得出了插值型求积公式的截断误差 $R(f)$ 的表达式(2.6)，现对梯形公式、辛卜生公式和柯特斯公式给出其截断误差的具体表达式。

(1) 对于梯形公式 $T(f)$，有

$$R_T(f) = I(f) - T(f) = \int_a^b \frac{f''(\xi)}{2}(x-a)(x-b)\mathrm{d}x$$

由于当 $x \in (a,b)$ 时 $(x-a)(x-b) < 0$，应用第二积分中值定理有

$$R_T(f) = \frac{f''(\eta)}{2}\int_a^b (x-a)(x-b)\mathrm{d}x = -\frac{(b-a)^3}{12}f''(\eta) \quad (\eta \in (a,b)) \tag{2.10}$$

(2) 对于辛卜生公式 $S(f)$，由例 6.1 已知其代数精度为 3，因而对三次多项式是精确成立的。对 $f(x)$ 作满足下列插值条件的三次插值多项式 $H_3(x)$：

$$H_3(a) = f(a), \quad H_3\left(\frac{a+b}{2}\right) = f\left(\frac{a+b}{2}\right)$$

$$H_3(b) = f(b), \quad H_3'\left(\frac{a+b}{2}\right) = f'\left(\frac{a+b}{2}\right)$$

由第 4.2.4 节的例 4.4 可知满足上述插值条件的三次多项式 $H_3(x)$ 是存在的，且有

$$f(x) - H_3(x) = \frac{f^{(4)}(\xi)}{4!}(x-a)\left(x-\frac{a+b}{2}\right)^2(x-b)$$

式中，$\xi \in (\min(x,a,b), \max(x,a,b))$，且 ξ 与 x 有关。另有

$$\int_a^b H_3(x)\mathrm{d}x = S(H_3) = \frac{b-a}{6}\left[H_3(a) + 4H_3\left(\frac{a+b}{2}\right) + H_3(b)\right]$$

$$= \frac{b-a}{6}\left[f(a) + 4f\left(\frac{a+b}{2}\right) + f(b)\right] = S(f)$$

因而

$$R_S(f) = I(f) - S(f) = \int_a^b f(x)\mathrm{d}x - \int_a^b H_3(x)\mathrm{d}x$$

$$= \int_a^b [f(x) - H_3(x)]\mathrm{d}x$$

$$= \int_a^b \frac{f^{(4)}(\xi)}{4!}(x-a)\left(x-\frac{a+b}{2}\right)^2(x-b)\mathrm{d}x$$

$$= \frac{f^{(4)}(\eta)}{4!}\int_a^b (x-a)\left(x-\frac{a+b}{2}\right)^2(x-b)\mathrm{d}x$$

$$= \frac{f^{(4)}(\eta)}{4!}\int_{-1}^{1}(t+1)t^2(t-1)\left(\frac{b-a}{2}\right)^5 \mathrm{d}t$$

$$= \frac{f^{(4)}(\eta)}{4!}\cdot\left(\frac{b-a}{2}\right)^5\cdot 2\int_0^1 t^2(t^2-1)\mathrm{d}t$$

$$= -\frac{b-a}{180}\left(\frac{b-a}{2}\right)^4 f^{(4)}(\eta) \quad (\eta\in(a,b)) \tag{2.11}$$

(3) 对于柯特斯公式 $C(f)$，它具有 5 次代数精度，其截断误差为

$$R_C(f) = I(f) - C(f) = -\frac{2(b-a)}{945}\left(\frac{b-a}{4}\right)^6 f^{(6)}(\eta) \quad (\eta\in(a,b)) \tag{2.12}$$

6.3　复化求积公式

上节我们已给出了计算积分

$$I(f) = \int_a^b f(x)\mathrm{d}x$$

的 3 个基本的求积公式：梯形公式 $T(f)$、辛卜生公式 $S(f)$ 和柯特斯公式 $C(f)$，并分别给出了它们的截断误差的表达式(2.10)、(2.11) 和(2.12)。由这些表达式可知其截断误差依赖于求积区间的长度。若求积区间的长度是小量的话，则这些截断误差是求积区间长度的高阶小量，但若积分区间的长度比较大，直接使用这些求积公式，则精度难以保证。为了提高计算积分的精度，可把积分区间分为若干个小区间，将 $I(f)$ 写成这些小区间上的积分之和，然后对每个小区间上的积分应用梯形公式，或辛卜生公式，或柯特斯公式，并把每个小区间上的结果累加，所得到的求积公式称为**复化求积公式**。

为简单起见，将求积区间作 n 等分，并记 $h=\frac{b-a}{n}$，$x_i = a+ih\,(0\leqslant i\leqslant n)$，于是

$$I(f) = \sum_{k=0}^{n-1}\int_{x_k}^{x_{k+1}} f(x)\mathrm{d}x \tag{3.1}$$

并记

$$I_k(f) = \int_{x_k}^{x_{k+1}} f(x)\mathrm{d}x$$

6.3.1　复化梯形公式

对每一个积分 $I_k(f)$ 应用梯形公式，得到**复化梯形公式**

$$T_n(f) = \sum_{k=0}^{n-1}\frac{h}{2}[f(x_k)+f(x_{k+1})]$$

或

$$T_n(f)=\frac{1}{2}h\left[f(x_0)+2\sum_{k=1}^{n-1}f(x_k)+f(x_n)\right] \tag{3.2}$$

由式(2.10)有

$$\int_{x_k}^{x_{k+1}}f(x)\mathrm{d}x-\frac{h}{2}[f(x_k)+f(x_{k+1})]=-\frac{h^3}{12}f''(\eta_k)\quad(\eta_k\in[x_k,x_{k+1}])$$

于是在$[a,b]$上复化梯形公式$T_n(f)$的截断误差为

$$\begin{aligned}I(f)-T_n(f)&=\sum_{k=0}^{n-1}\int_{x_k}^{x_{k+1}}f(x)\mathrm{d}x-\sum_{k=0}^{n-1}\frac{h}{2}[f(x_k)+f(x_{k+1})]\\&=\sum_{k=0}^{n-1}\left\{\int_{x_k}^{x_{k+1}}f(x)\mathrm{d}x-\frac{h}{2}[f(x_k)+f(x_{k+1})]\right\}\\&=\sum_{k=0}^{n-1}\left[-\frac{h^3}{12}f''(\eta_k)\right]=-\frac{h^3}{12}\sum_{k=0}^{n-1}f''(\eta_k)\end{aligned} \tag{3.3}$$

设$f(x)\in C^2[a,b]$，则由连续函数的介值定理知存在$\eta\in(a,b)$，使得

$$\frac{1}{n}\sum_{k=0}^{n-1}f''(\eta_k)=f''(\eta)$$

将上式代入式(3.3)，得

$$I(f)-T_n(f)=-\frac{h^3}{12}nf''(\eta)=-\frac{b-a}{12}f''(\eta)h^2\quad(\eta\in(a,b)) \tag{3.4}$$

此外，将式(3.3)两边同时除以h^2，得

$$\frac{I(f)-T_n(f)}{h^2}=-\frac{1}{12}h\sum_{k=0}^{n-1}f''(\eta_k) \tag{3.5}$$

注意到定积分的定义，有

$$\lim_{h\to0}\left[h\sum_{k=0}^{n-1}f''(\eta_k)\right]=\int_a^b f''(x)\mathrm{d}x=f'(b)-f'(a)$$

在式(3.5)两边令$h\to0$，并利用上式有

$$\lim_{h\to0}\frac{I(f)-T_n(f)}{h^2}=-\frac{1}{12}\lim_{h\to0}\left[h\sum_{k=0}^{n-1}f''(\eta_k)\right]=\frac{1}{12}[f'(a)-f'(b)]$$

因而当h适当小时，有

$$\frac{I(f)-T_n(f)}{h^2}\approx\frac{1}{12}[f'(a)-f'(b)]$$

或

$$I(f)-T_n(f)\approx\frac{1}{12}[f'(a)-f'(b)]h^2 \tag{3.6}$$

6.3.2 复化辛卜生公式

记$x_{k+\frac{1}{2}}=\frac{1}{2}(x_k+x_{k+1})$。对每一个积分$I_k(f)$应用辛卜生公式，得到**复化辛卜**

生公式

$$S_n(f)=\sum_{k=0}^{n-1}\frac{h}{6}[f(x_k)+4f(x_{k+\frac{1}{2}})+f(x_{k+1})] \tag{3.7}$$

或

$$S_n(f)=\frac{h}{6}\left[f(x_0)+2\sum_{k=1}^{n-1}f(x_k)+f(x_n)+4\sum_{k=0}^{n-1}f(x_{k+\frac{1}{2}})\right]$$

由式(2.11)，有

$$\int_{x_k}^{x_{k+1}}f(x)\mathrm{d}x-\frac{h}{6}[f(x_k)+4f(x_{k+\frac{1}{2}})+f(x_{k+1})]$$
$$=-\frac{h}{180}\left(\frac{h}{2}\right)^4 f^{(4)}(\eta_k)\quad(\eta_k\in(x_k,x_{k+1}))$$

于是在$[a,b]$上复化辛卜生公式的截断误差为

$$\begin{aligned}I(f)-S_n(f)&=\sum_{k=0}^{n-1}\left\{\int_{x_k}^{x_{k+1}}f(x)\mathrm{d}x-\frac{h}{6}[f(x_k)+4f(x_{k+\frac{1}{2}})+f(x_{k+1})]\right\}\\&=\sum_{k=0}^{n-1}\left[-\frac{h}{180}\left(\frac{h}{2}\right)^4 f^{(4)}(\eta_k)\right]\\&=-\frac{h}{180}\left(\frac{h}{2}\right)^4\sum_{k=0}^{n-1}f^{(4)}(\eta_k)\end{aligned} \tag{3.8}$$

设 $f(x)\in C^4[a,b]$，则由连续函数的介值定理知存在 $\eta\in(a,b)$，使得

$$\frac{1}{n}\sum_{k=0}^{n-1}f^{(4)}(\eta_k)=f^{(4)}(\eta)$$

将上式代入式(3.8)，得

$$I(f)-S_n(f)=-\frac{h}{180}\left(\frac{h}{2}\right)^4 nf^{(4)}(\eta)=-\frac{b-a}{180}f^{(4)}(\eta)\left(\frac{h}{2}\right)^4\quad(\eta\in(a,b)) \tag{3.9}$$

此外，将式(3.8)的两边同时除以$\left(\frac{h}{2}\right)^4$得

$$\frac{I(f)-S_n(f)}{\left(\frac{h}{2}\right)^4}=-\frac{1}{180}h\sum_{k=0}^{n-1}f^{(4)}(\eta_k) \tag{3.10}$$

注意到定积分的定义，有

$$\lim_{h\to 0}\left[h\sum_{k=0}^{n-1}f^{(4)}(\eta_k)\right]=\int_a^b f^{(4)}(x)\mathrm{d}x=f^{(3)}(b)-f^{(3)}(a)$$

对式(3.10)的两边令 $h\to 0$，并利用上式得

$$\lim_{h\to 0}\frac{I(f)-S_n(f)}{\left(\frac{h}{2}\right)^4}=-\frac{1}{180}\lim_{h\to 0}\left[h\sum_{k=0}^{n-1}f^{(4)}(\eta_k)\right]=\frac{1}{180}[f^{(3)}(a)-f^{(3)}(b)]$$

因而当 h 适当小时，有

$$\frac{I(f)-S_n(f)}{\left(\frac{h}{2}\right)^4}\approx\frac{1}{180}[f^{(3)}(a)-f^{(3)}(b)]$$

或

$$I(f)-S_n(f)\approx\frac{1}{180}[f^{(3)}(a)-f^{(3)}(b)]\left(\frac{h}{2}\right)^4 \tag{3.11}$$

6.3.3 复化柯特斯公式

记 $x_{k+\frac{1}{4}}=x_k+\frac{1}{4}h$，$x_{k+\frac{1}{2}}=x_k+\frac{1}{2}h$，$x_{k+\frac{3}{4}}=x_k+\frac{3}{4}h$，对每一个积分 $I_k(f)$ 应用柯特斯公式，得到**复化柯特斯公式**

$$C_n(f)=\sum_{k=0}^{n-1}\frac{h}{90}[7f(x_k)+32f(x_{k+\frac{1}{4}})+12f(x_{k+\frac{1}{2}})+32f(x_{k+\frac{3}{4}})+7f(x_{k+1})] \tag{3.12}$$

类似对复化梯形公式和复化辛卜生公式的分析，可得复化柯特斯公式的截断误差为

$$I(f)-C_n(f)=-\frac{2(b-a)}{945}f^{(6)}(\eta)\left(\frac{h}{4}\right)^6 \quad (\eta\in(a,b)) \tag{3.13}$$

且当 h 适当小时，有

$$I(f)-C_n(f)\approx\frac{2}{945}[f^{(5)}(a)-f^{(5)}(b)]\left(\frac{h}{4}\right)^6 \tag{3.14}$$

例 6.3 对于 $f(x)=\frac{4}{1+x^2}$，利用数据表 6-3-1，计算积分 $I=\int_0^1\frac{4}{1+x^2}\mathrm{d}x$。

表 6-3-1 $f(x)=\frac{4}{1+x^2}$ 的数据表

x_k	$f(x_k)$
0	4.000 000 00
1/8	3.938 461 54
1/4	3.764 705 88
3/8	3.506 849 32
1/2	3.200 000 00
5/8	2.876 404 49
3/4	2.560 000 00
7/8	2.265 486 73
1	2.000 000 00

解 这个问题有很明显的答案，即

$$I=4\arctan x\Big|_0^1=\pi=3.141\,592\,653\cdots$$

现在用复化求积公式进行计算。

将积分区间[0,1]划分为8等分，即取 $n=8$，应用复化梯形公式(3.2)求得

$$T_8(f)=\frac{1}{2}\times\frac{1}{8}\left[f(0)+2\left(f\left(\frac{1}{8}\right)+f\left(\frac{1}{4}\right)+f\left(\frac{3}{8}\right)\right.\right.$$
$$\left.\left.+f\left(\frac{1}{2}\right)+f\left(\frac{5}{8}\right)+f\left(\frac{3}{4}\right)+f\left(\frac{7}{8}\right)\right)+f(1)\right]$$
$$=3.138\,988\,50$$

将积分区间[0,1]划分为4等分，即取 $n=4$，应用复化辛卜生公式(3.7)求得

$$S_4(f)=\frac{1}{6}\times\frac{1}{4}\left[f(0)+4f\left(\frac{1}{8}\right)+f\left(\frac{1}{4}\right)\right]$$
$$+\frac{1}{6}\times\frac{1}{4}\left[f\left(\frac{1}{4}\right)+4f\left(\frac{3}{8}\right)+f\left(\frac{1}{2}\right)\right]$$
$$+\frac{1}{6}\times\frac{1}{4}\left[f\left(\frac{1}{2}\right)+4f\left(\frac{5}{8}\right)+f\left(\frac{3}{4}\right)\right]$$
$$+\frac{1}{6}\times\frac{1}{4}\left[f\left(\frac{3}{4}\right)+4f\left(\frac{7}{8}\right)+f(1)\right]$$
$$=3.141\,592\,50$$

比较 T_8 与 S_4 的结果，它们都需要提供9个点的函数值，因此工作量基本相同，然而精度却差别很大，T_8 只有3位有效数字，S_4 却有7位有效数字。

6.3.4 复化求积公式的阶

定义 6.3 设有一个复化求积公式 $I_n(f)$，如果

$$\lim_{h\to 0}\frac{I(f)-I_n(f)}{h^p}=c$$

其中，c 为与 $h\left(h=\dfrac{b-a}{n}\right)$ 无关的非零常数，则称该复化求积公式是 p 阶收敛的。

在这种意义下，由式(3.6)，(3.11)和(3.14)知复化梯形公式、复化辛卜生公式和复化柯特斯公式分别是二阶、四阶和六阶收敛的。

6.3.5 步长的自动选择

由复化求积公式的截断误差的表达式可知加密节点可以提高求积公式的精度，但在使用求积公式之前必须给出合适的步长，这却是一个难题。步长取得太大，满足不了精度；步长取得太小，增加了不必要的运算。

在电子计算机上通常采用把区间逐次二分，反复利用求积公式进行计算，直至所求得的前后二次积分值的差满足精度为止。

设有一个 p 阶收敛的复化求积公式 $I_n(f)$，则当 h 充分小时有

$$I(f)-I_n(f)\approx ch^p \tag{3.15}$$

及

$$I(f)-I_{2n}(f)\approx c\left(\frac{h}{2}\right)^{p} \tag{3.16}$$

由式(3.15)和(3.16)得

$$I(f)-I_{2n}(f)\approx\frac{1}{2^{p}}[I(f)-I_{n}(f)] \tag{3.17}$$

即每二等分一次，截断误差缩小 2^p 倍。将式(3.17)两边同时乘以 2^p，移项得

$$I(f)-I_{2n}(f)\approx\frac{1}{2^{p}-1}[I_{2n}(f)-I_{n}(f)] \tag{3.18}$$

即 $I(f)$ 与 $I_{2n}(f)$ 之间的差约为 $\frac{1}{2^{p}-1}[I_{2n}(f)-I_{n}(f)]$。

对于给定的精度 ε，当 $\frac{1}{2^{p}-1}\mid I_{2n}(f)-I_{n}(f)\mid<\varepsilon$ 时，我们有

$$\left|I(f)-I_{2n}(f)\right|\approx\frac{1}{2^{p}-1}\left|I_{2n}(f)-I_{n}(f)\right|\leqslant\varepsilon$$

因而可取 $I_{2n}(f)$ 作为 $I(f)$ 的近似值。

6.4 龙贝格求积公式

由上节所举例 6.3 可以看出，利用同样几个节点上的函数值，复化梯形公式比复化辛卜生公式收敛慢，精度低，这是梯形公式的缺点。但它的最大优点是算法简单，因此人们关心的问题是如何发扬梯形法的优点，形成一个新的算法。这就是本节讲的龙贝格(Romberg)求积公式。

由式(3.18)，得到复化梯形公式的误差估计式

$$I(f)-T_{2n}(f)\approx\frac{1}{3}[T_{2n}(f)-T_{n}(f)] \tag{4.1}$$

由此可见，只要当二分前后的两个积分值 T_n 与 T_{2n} 相当接近，就可以保证 $T_{2n}(f)$ 的误差很小，大致等于 $\frac{1}{3}[T_{2n}(f)-T_{n}(f)]$。式(4.1)是一个误差的事后估计式。因此我们期望用这个误差值对 $T_{2n}(f)$ 作一种修正，所得到的结果

$$\begin{aligned}\widetilde{T}(f)&=T_{2n}(f)+\frac{1}{3}[T_{2n}(f)-T_{n}(f)]\\&=\frac{3}{4}T_{2n}(f)-\frac{1}{3}T_{n}(f)\end{aligned} \tag{4.2}$$

能更精确些。

$T_{2n}(f)$ 和 $T_n(f)$ 均是 $I(f)$ 的二阶近似。将它们作以上线性组合后其精度是否发生大的变化了呢？由复化梯形公式，我们有

$$
\begin{aligned}
&\frac{4}{3}T_{2n}(f)-\frac{1}{3}T_n(f)\\
&\quad=\frac{4}{3}\sum_{k=0}^{n-1}\left\{\frac{h}{4}[f(x_k)+f(x_{k+\frac{1}{2}})]+\frac{h}{4}[f(x_{k+\frac{1}{2}})+f(x_{k+1})]\right\}\\
&\qquad-\frac{1}{3}\sum_{k=0}^{n-1}\frac{h}{2}[f(x_k)+f(x_{k+1})]\\
&\quad=\sum_{k=0}^{n-1}\left\{\frac{h}{3}[f(x_k)+2f(x_{k+\frac{1}{2}})+f(x_{k+1})]-\frac{h}{6}[f(x_k)+f(x_{k+1})]\right\}\\
&\quad=\sum_{k=0}^{n-1}\frac{h}{6}[f(x_k)+4f(x_{k+\frac{1}{2}})+f(x_{k+1})]=S_n(f)
\end{aligned}
$$

即

$$S_n(f)=\frac{4}{3}T_{2n}(f)-\frac{1}{3}T_n(f) \tag{4.3}$$

就是说，用复化梯形公式算出的二分前后两个积分值 $T_n(f)$ 与 $T_{2n}(f)$ 按照式(4.2)作线性组合，所得结果实际上就是用复化辛卜生公式求得的近似值 $S_n(f)$。

用同样的思想再来研究复化辛卜生公式的加速问题。由式(3.18)可得复化辛卜生的误差估计式

$$I(f)-S_{2n}(f)\approx\frac{1}{15}[S_{2n}(f)-S_n(f)]$$

即

$$
\begin{aligned}
I(f)&\approx S_{2n}(f)+\frac{1}{15}[S_{2n}(f)-S_n(f)]\\
&=\frac{16}{15}S_{2n}(f)-\frac{1}{15}S_n(f)
\end{aligned} \tag{4.4}
$$

直接验证可知式(4.4)右端的值就是复化柯特斯公式所得到的积分值 $C_n(f)$，也就是说用复化辛卜生公式得到的二分前后的积分值 $S_n(f)$ 和 $S_{2n}(f)$，按照式(4.4)的右端作线性组合，结果得到的是 $C_n(f)$，即

$$C_n(f)=\frac{16}{15}S_{2n}(f)-\frac{1}{15}S_n(f) \tag{4.5}$$

重复上述同样方法，由式(3.18)可得复化柯特斯公式的误差估计式

$$I(f)-C_{2n}(f)\approx\frac{1}{63}[C_{2n}(f)-C_n(f)]$$

即

$$
\begin{aligned}
I(f)&\approx C_{2n}(f)+\frac{1}{63}[C_{2n}(f)-C_n(f)]\\
&=\frac{64}{63}C_{2n}(f)-\frac{1}{63}C_n(f)
\end{aligned}
$$

于是又得到计算积分 $I(f)$ 的一个近似公式

$$R_n(f)=\frac{64}{63}C_{2n}(f)-\frac{1}{63}C_n(f) \tag{4.6}$$

称式(4.6)为计算积分 $I(f)$ 的**龙贝格公式**。可以验证龙贝格公式具有 7 次代数精度，它的截断误差是 $O(h^8)$。

由以上的讨论可以看到，我们应用公式(4.3)，(4.5)和(4.6)就能将粗糙的梯形值 $T_n(f)$ 逐步加工成精度较高的辛卜生值 $S_n(f)$、柯特斯值 $C_n(f)$ 和龙贝格值 $R_n(f)$。这种方法称为**龙贝格方法**。

龙贝格算法的过程列于表 6-4-1。

表 6-4-1　龙贝格算法

k	区间等分数 2^k	T_{2^k}	$S_{2^{k-1}}$	$C_{2^{k-2}}$	$R_{2^{k-3}}$
0	1	T_1 ↓			
1	2	T_2 →	S_1		
2	4	T_4 →	S_2 →	C_1	
3	8	T_8 →	S_4 →	C_2 →	R_1
4	16	T_{16} →	S_8 →	C_4 →	R_2
5	32	T_{32} →	S_{16} →	C_8 →	R_4
⋮	⋮	⋮	⋮	⋮	⋮

表中区间等分数是相对复化梯形公式而言的，如果 $\frac{1}{63}\mid C_2-C_1\mid\leqslant\varepsilon$，则以 R_1 为所求近似值；否则再计算 T_{16},S_8,C_4,R_2，当 $\frac{1}{63}\mid C_4-C_2\mid\leqslant\varepsilon$ 或 $\frac{1}{255}\mid R_2-R_1\mid\leqslant\varepsilon$ 时，以 R_2 为所求近似值；否则再计算 $T_{32},S_{16},C_8,R_4,\cdots$，直至 $\frac{1}{63}\mid C_{2^k}-C_{2^{k-1}}\mid\leqslant\varepsilon$ 或 $\frac{1}{255}\mid R_{2^{k-1}}-R_{2^{k-2}}\mid\leqslant\varepsilon$ 成立之时以 $R_{2^{k-1}}$ 为近似值。

复化梯形公式的计算也可简化。现在我们再来讨论复化梯形公式

$$T_n(f)=\sum_{k=0}^{n-1}\frac{h}{2}[f(x_k)+f(x_{k+1})]$$

的计算。计算积分值 $T_n(f)$，需要提供 $(n+1)$ 个函数值。如果求积区间再二分一次，则分点增至 $(2n+1)$ 个。若仍直接用复化梯形公式计算二分后的积分值 $T_{2n}(f)$，就需要重新提供 $(2n+1)$ 个函数值。

注意到 $T_{2n}(f)$ 的全部分点当中有一半($(n+1)$ 个点)是二分前的原有分点，重新计算这些“老分点”上的函数值是个浪费。为了避免这种浪费，我们将二分前后两个积分值联系起来加以考察。注意到每个子区间 $[x_k,x_{k+1}]$ 经过二分后只增加

了一个分点 $x_{k+\frac{1}{2}}=\frac{1}{2}(x_k+x_{k+1})$，用复化梯形公式求得该子区间的积分值为

$$\frac{1}{2}\times\frac{h}{2}[f(x_k)+f(x_{k+\frac{1}{2}})]+\frac{1}{2}\times\frac{h}{2}[f(x_{k+\frac{1}{2}})+f(x_{k+1})]$$
$$=\frac{h}{4}[f(x_k)+2f(x_{k+\frac{1}{2}})+f(x_{k+1})]$$

这里的 $h=\frac{b-a}{n}$ 代表二分前的步长。将每个子区间上的积分值相加，得

$$\begin{aligned}T_{2n}(f)&=\sum_{k=0}^{n-1}\frac{h}{4}[f(x_k)+2f(x_{k+\frac{1}{2}})+f(x_{k+1})]\\&=\frac{1}{2}\sum_{k=0}^{n-1}\frac{h}{2}[f(x_k)+f(x_{k+1})]+\frac{h}{2}\sum_{k=0}^{n-1}f(x_{k+\frac{1}{2}})\\&=\frac{1}{2}T_n(f)+\frac{h}{2}\sum_{k=0}^{n-1}f(x_{k+\frac{1}{2}})\end{aligned}\tag{4.7}$$

此递推公式的前一项 $T_n(f)$ 是二分前的积分值，在求 $T_{2n}(f)$ 时可以作为已知数据使用，而它的后一项只涉及二分时新增加的 n 个分点 $x_{k+\frac{1}{2}}$ 处的函数值。可见递推公式(4.7)由于避免了老分点上函数值的重复计算，从而使计算量节约了一半。

例 6.4　用龙贝格算法计算积分值

$$I=\int_0^2 e^{-x^2}dx$$

精确至 7 位有效数字。

解　设 $f(x)=e^{-x^2}$，则有

$$T_1=\frac{2}{2}[f(0)+f(2)]=1.018\,315\,638\,0$$

$$T_2=\frac{1}{2}T_1+\frac{2}{2}f(1)=0.877\,037\,260\,2$$

$$S_1=\frac{1}{3}(4T_2-T_1)=0.829\,944\,467\,6$$

$$T_4=\frac{1}{2}T_2+\frac{1}{2}[f(0.5)+f(1.5)]=0.880\,618\,633\,9$$

$$S_2=\frac{1}{3}(4T_4-T_2)=0.881\,812\,425\,2$$

$$C_1=\frac{1}{15}(16S_2-S_1)=0.885\,270\,289\,0$$

$$T_8=\frac{1}{2}T_4+\frac{0.5}{2}[f(0.25)+f(0.75)+f(1.25)+f(1.75)]$$
$$=0.881\,703\,791\,2$$

$$S_4=\frac{1}{3}(4T_8-T_4)=0.882\,065\,510\,3$$

$$C_2 = \frac{1}{15}(16S_4 - S_2) = 0.882\ 082\ 382\ 6$$

$$R_1 = \frac{1}{63}(64C_2 - C_1) = 0.882\ 031\ 780\ 9$$

$$T_{16} = \frac{1}{2}T_8 + \frac{0.25}{2}[f(0.125) + f(0.375) + f(0.625) + f(0.875) + f(1.125) + f(1.375) + f(1.625) + f(1.875)] = 0.881\ 986\ 245\ 2$$

$$S_8 = \frac{1}{3}(4T_{16} - T_8) = 0.882\ 080\ 396\ 5$$

$$C_4 = \frac{1}{15}(16S_8 - S_4) = 0.882\ 081\ 388\ 9$$

$$R_2 = \frac{1}{63}(64C_4 - C_2) = 0.882\ 081\ 373\ 1$$

计算结果列于表 6－4－2。由于$\frac{1}{63}\mid C_4 - C_2 \mid = 0.158 \times 10^{-7} < \frac{1}{2} \times 10^{-7}$，所以所求 I 的近似值为 0.882 081 4。

表 6－4－2　龙贝格方法

区间等分数 2^k	T_{2^k}	$S_{2^{k-1}}$	$C_{2^{k-2}}$	$R_{2^{k-3}}$
1	1.018 315 638			
2	0.877 037 260 2	0.829 944 467 6		
4	0.880 618 633 9	0.881 812 425 2	0.885 270 289 0	
8	0.881 703 791 2	0.882 065 510 3	0.882 082 382 6	0.882 031 780 9
16	0.881 986 245 2	0.882 080 396 5	0.882 081 388 9	0.882 081 373 1

现在我们来求 I 的精确值：

$$I = \int_0^2 e^{-x^2}\,dx = \int_0^2 \sum_{n=0}^{\infty} \frac{(-x^2)^n}{n!}\,dx = \sum_{n=0}^{\infty} \frac{(-1)^n}{n!}\int_0^2 x^{2n}\,dx = \sum_{n=0}^{\infty} \frac{(-1)^n}{n!}\,\frac{2^{2n+1}}{2n+1}$$

上面的级数是一个交错级数。取前 21 项之和，得

$$S_{21} = \sum_{n=0}^{20} \frac{(-1)^n}{n!}\,\frac{2^{2n+1}}{2n+1} = 0.882\ 081\ 394\ 3$$

由交错级数的性质知

$$\mid I - S_{21} \mid \leqslant \frac{1}{21!}\,\frac{2^{2\times 21+1}}{2\times 21+1} = 0.40 \times 10^{-8}$$

所以 I 具有 8 位有效数字的精确值为 0.882 081 39。由此可知 R_1 具有 4 位有效数字，R_2 具有 7 位有效数字。

龙贝格方法是由对近似值进行修正而得到的精度更高的公式，它已不是前面所讲的插值求积的思想了，这是一种新的方法，称为外推法。用外推法计算时，计算过程中要尽量保留足够多位字长的尾数参加运算，减少舍入误差带来的精度损失。

6.5　高斯求积公式简介

前面讨论构造计算积分

$$I(f)=\int_a^b f(x)\mathrm{d}x \tag{5.1}$$

的求积公式

$$I_n(f)=\sum_{k=0}^{n}A_k f(x_k) \tag{5.2}$$

其求积节点 $x_0,x_1,\cdots,x_n$ 是给定的，由定理 6.1，我们可选取求积系数

$$A_k=\int_a^b l_k(x)\mathrm{d}x=\int_a^b\prod_{\substack{j=0\\ j\neq k}}^{n}\frac{x-x_j}{x_k-x_j}\mathrm{d}x\quad(k=0,1,\cdots,n)$$

使式(5.2) 至少具有 n 次代数精度。若求积节点 $x_k(k=0,1,\cdots,n)$ 也可任意选取，此时求积公式中含有$(2n+2)$ 个待定参数 x_k 和 $A_k(k=0,1,\cdots,n)$，适当选取这些参数可使求积公式具有$(2n+1)$ 次代数精度。我们称这种用$(n+1)$ 个求积节点而具有$(2n+1)$ 次代数精度的求积公式为**高斯求积公式**，称此$(n+1)$ 个求积节点为**高斯点**，相应的求积系数为**高斯求积系数**。

例 6.5　对于积分$\int_{-1}^{1}f(x)\mathrm{d}x$，构造二点插值型求积公式，要求取其求积节点为 $x_0=-\frac{1}{\sqrt{3}}, x_1=\frac{1}{\sqrt{3}}$。

解　设

$$\int_{-1}^{1}f(x)\mathrm{d}x\approx A_0 f\left(-\frac{1}{\sqrt{3}}\right)+A_1 f\left(\frac{1}{\sqrt{3}}\right)$$

则

$$A_0=\int_{-1}^{1}l_0(x)\mathrm{d}x=\int_{-1}^{1}\frac{x-\frac{1}{\sqrt{3}}}{-\frac{1}{\sqrt{3}}-\frac{1}{\sqrt{3}}}\mathrm{d}x=1$$

$$A_1=\int_{-1}^{1}l_1(x)\mathrm{d}x=\int_{-1}^{1}\frac{x+\frac{1}{\sqrt{3}}}{\frac{1}{\sqrt{3}}+\frac{1}{\sqrt{3}}}\mathrm{d}x=1$$

因而所求插值型求积公式为

$$\int_{-1}^{1} f(x)\mathrm{d}x \approx f\left(-\frac{1}{\sqrt{3}}\right)+f\left(\frac{1}{\sqrt{3}}\right) \tag{5.3}$$

式(5.3)具有3次代数数度(见习题6的第1题第(1)问),因而式(5.3)是区间[−1,1]上的一个二点高斯求积公式。构造高斯求积公式的关键在于确定这些高斯点。我们有以下定理。

定理 6.3 对于插值型求积公式

$$\int_{a}^{b} f(x)\mathrm{d}x \approx \sum_{k=0}^{n} A_k f(x_k)$$

其节点 $x_k(k=0,1,\cdots,n)$ 是高斯点的充分必要条件是$(n+1)$次多项式

$$W_{n+1}(x)=(x-x_0)(x-x_1)\cdots(x-x_n)$$

与任意次数不超过 n 的多项式 $P(x)$ 均正交,即

$$\int_{a}^{b} P(x)W_{n+1}(x)\mathrm{d}x=0$$

此定理指出区间$[a,b]$上的高斯点就是在$[a,b]$上的$(n+1)$次正交多项式 $W_{n+1}(x)$ 的零点,关于此定理的证明已超出本书范围[4],故从略。

先限定求积区间为[−1,1],在此区间内的 n 次正交多项式为

$$P_n(x)=\frac{n!}{(2n)!}\frac{\mathrm{d}^n(x^2-1)^n}{\mathrm{d}x^n}$$

它在[−1,1]内有 n 个互异的零点,现将区间[−1,1]内的高斯点和高斯求积系数列于表 6-5-1。

表 6-5-1 高斯求积公式的节点和系数表

点数	高斯点 x_k	高斯系数 A_k
1	0	2.000 000 0
2	±0.577 350 3	1.000 000 0
3	±0.774 596 7	0.555 555 5
	0	0.888 888 9
4	±0.861 136 3	0.347 854 8
	±0.339 981 0	0.652 145 2
5	±0.906 179 8	0.236 926 9
	±0.538 469 3	0.478 628 7
	0	0.568 888 9

由表6-5-1可以看出,区间[−1,1]上的高斯点关于原点是对称的,两个对称的高斯点相应的求积系数相同。

例 6.6 对$\int_{-1}^{1} f(x)\mathrm{d}x$写出 3 点高斯公式。

解 查表 6-5-1 得三点高斯公式

$$\int_{-1}^{1} f(x)\mathrm{d}x \approx 0.5555555 f(-0.7745967) + 0.8888889 f(0) + 0.5555555 f(0.7745967)$$

此公式 $n=2$，它具有 $2n+1=5$ 次代数精度。

对于一般区间$[a,b]$的积分式(5.1)，作变换

$$x=\frac{a+b}{2}+\frac{b-a}{2}t$$

则有

$$\int_{a}^{b} f(x)\mathrm{d}x=\int_{-1}^{1}\frac{b-a}{2} f\left(\frac{a+b}{2}+\frac{b-a}{2}t\right)\mathrm{d}t \tag{5.4}$$

于是区间$[a,b]$上的积分变成了$[-1,1]$上的积分。设

$$\int_{-1}^{1} g(t)\mathrm{d}t \approx \sum_{k=0}^{n}\widetilde{A}_k g(t_k) \tag{5.5}$$

是区间$[-1,1]$上的$(n+1)$个求积节点的高斯公式(t_k 和$\widetilde{A}_k$ 可查表 6-5-1 得到)，对积分式(5.4)应用求积公式(5.5)得到

$$\int_{a}^{b} f(x)\mathrm{d}x \approx \sum_{k=0}^{n}\left(\frac{b-a}{2}\widetilde{A}_k\right) f\left(\frac{a+b}{2}+\frac{b-a}{2}t_k\right) \tag{5.6}$$

可以证明式(5.6)是$(n+1)$点的高斯公式，其求积节点和求积系数为

$$x_k=\frac{a+b}{2}+\frac{b-a}{2}t_k,\quad A_k=\frac{b-a}{2}\widetilde{A}_k \quad (k=0,1,\cdots,n) \tag{5.7}$$

例 6.7 建立计算积分$\int_{2}^{10} f(x)\mathrm{d}x$的高斯求积公式，使其具有 3 次代数精度。

解 由 $2n+1=3$ 得 $n=1$，所以应取 2 点公式。查表 6-5-1 得

$$t_0=-0.5773503,\quad t_1=0.5773503,\quad \widetilde{A}_0=1,\quad \widetilde{A}_1=1$$

由 $a=2,b=10$ 以及式(5.7)得

$$x_0=6+4t_0=3.6905988,\quad x_1=6+4t_1=8.3094012$$

$$A_0=4\widetilde{A}_0=4,\quad A_1=4\widetilde{A}_1=4$$

因而具有三次代数精度的高斯求积公式为

$$\int_{2}^{10} f(x)\mathrm{d}x \approx 4f(3.6905988)+4f(8.3094012)$$

关于高斯求积公式的截断误差，有下述定理。

定理 6.4 若 $f(x)\in C^{2n+2}[a,b]$，则其高斯求积公式

$$\int_{a}^{b} f(x)\mathrm{d}x \approx \sum_{k=0}^{n} A_k f(x_k)$$

的截断误差为

$$R(f)=\int_a^b f(x)\mathrm{d}x-\sum_{k=0}^{n}A_k f(x_k)$$
$$=\frac{f^{(2n+2)}(\eta)}{(2n+2)!}\int_a^b W_{n+1}^2(x)\mathrm{d}x\quad(\eta\in(a,b))$$

我们也可考虑复化高斯求积方法。高斯求积公式的一个重要特点是节点少，精度高。

6.6 重积分的计算

前几节所讨论过的方法都可直接用来计算重积分的近似值，现仅以矩形域上的重积分的计算来说明之。

设矩形域 $D=\{(x,y)\mid a\leqslant x\leqslant b,c\leqslant y\leqslant d\}$ 上的重积分为

$$I(f)=\iint_D f(x,y)\mathrm{d}\sigma$$

由积分中值定理有

$$I(f)=f(\xi,\eta)(b-a)(d-c)\tag{6.1}$$

其中，$(\xi,\eta)\in D$，于是只要给出 $f(\xi,\eta)$ 的一个近似算法，也就得到了式(6.1)的一个求积公式。

将式(6.1)化为累次积分得

$$I(f)=\int_a^b\left[\int_c^d f(x,y)\mathrm{d}y\right]\mathrm{d}x\tag{6.2}$$

记

$$g(x)=\int_c^d f(x,y)\mathrm{d}y\tag{6.3}$$

则

$$I(f)=\int_a^b g(x)\mathrm{d}x\tag{6.4}$$

于是计算式(6.1)等价于依次计算两个定积分式(6.3)和(6.4)。

对式(6.3)应用梯形公式有

$$g(x)=\frac{d-c}{2}[f(x,c)+f(x,d)]-\frac{(d-c)^3}{12}\frac{\partial^2 f(x,\eta(x))}{\partial y^2}$$
$$(\eta(x)\in(c,d))$$

对式(6.4)应用梯形公式并将上式代入，得

$$I(f)=\frac{b-a}{2}[g(a)+g(b)]-\frac{(b-a)^3}{12}\left.\frac{\mathrm{d}^2 g(x)}{\mathrm{d}x^2}\right|_{x=\xi}$$
$$=\frac{b-a}{2}\left\{\frac{d-c}{2}[f(a,c)+f(a,d)]-\frac{(d-c)^3}{12}\frac{\partial^2 f(a,\eta(a))}{\partial y^2}\right.$$

$$+\frac{d-c}{2}[f(b,c)+f(b,d)]-\frac{(d-c)^3}{12}\frac{\partial^2 f(b,\eta(b))}{\partial y^2}\Big\}$$

$$-\frac{(b-a)^3}{12}\int_c^d \frac{\partial^2 f(\xi,y)}{\partial x^2}\mathrm{d}y$$

$$=\frac{(b-a)(d-c)}{4}[f(a,c)+f(a,d)+f(b,c)+f(b,d)]$$

$$-\frac{(b-a)(d-c)}{12}\left[(b-a)^2\frac{\partial^2 f(\xi^{(1)},\eta^{(1)})}{\partial x^2}+(d-c)^2\frac{\partial^2 f(\xi^{(2)},\eta^{(2)})}{\partial y^2}\right]$$

其中，$(\xi^{(1)},\eta^{(1)}),(\xi^{(2)},\eta^{(2)})\in(a,b)\times(c,d)$。

记

$$T(f)=\frac{(b-a)(d-c)}{4}[f(a,c)+f(a,d)+f(b,c)+f(b,d)] \tag{6.5}$$

$$R_T(f)=\frac{(b-a)(d-c)}{12}\left[(b-a)^2\frac{\partial^2 f(\xi^{(1)},\eta^{(1)})}{\partial x^2}+(d-c)^2\frac{\partial^2 f(\xi^{(2)},\eta^{(2)})}{\partial y^2}\right] \tag{6.6}$$

称 $T(f)$ 为计算二重积分的梯形公式。比较式(6.5)和(6.1)知，我们用 $f(x,y)$ 在矩形$[a,b]\times[c,d]$ 的四个角点处的函数值的平均值作为 $f(\xi,\eta)$ 的近似值。

为了提高求积公式的精度，也常采用复化求积的思想。将$[a,b]$ 作 m 等分，将$[c,d]$ 作 n 等分。记

$$h=\frac{b-a}{m},\quad k=\frac{d-c}{n}$$

$$x_i=a+ih\quad(0\leqslant i\leqslant m)$$

$$y_j=c+jk\quad(0\leqslant j\leqslant n)$$

$$D_{ij}=\{(x,y)\mid x_i\leqslant x\leqslant x_{i+1},y_j\leqslant y\leqslant y_{j+1}\}$$
$$(0\leqslant i\leqslant m-1,0\leqslant j\leqslant n-1)$$

于是

$$I(f)=\sum_{i=0}^{m-1}\sum_{j=0}^{n-1}\iint_{D_{ij}}f(x,y)\mathrm{d}x\mathrm{d}y$$

对于每个小矩形 D_{ij} 上的积分$\iint_{D_{ij}}f(x,y)\mathrm{d}x\mathrm{d}y$，应用梯形公式(6.5)，得到计算二重积公 $I(f)$ 的复化梯形公式

$$T_{m,n}(f)=\sum_{i=0}^{m-1}\sum_{j=0}^{n-1}\frac{hk}{4}[f(x_i,y_j)+f(x_i,y_{j+1})+f(x_{i+1},y_j)+f(x_{i+1},y_{j+1})]$$

$$=hk\sum_{i=0}^{m}\sum_{j=0}^{n}\omega_{ij}f(x_i,y_j) \tag{6.7}$$

其中

$$\omega_{ij}=\begin{cases}1, & 1\leqslant i\leqslant m-1,1\leqslant j\leqslant n-1;\\ \dfrac{1}{4}, & (i,j)=(0,0),(m,0),(0,n),(m,n);\\ \dfrac{1}{2}, & \text{其他}\end{cases}$$

易知(6.7)也可写成

$$T_{m,n}(f)=(b-a)(d-c)\sum_{i=0}^{m}\sum_{j=0}^{n}\frac{\omega_{ij}}{mn}f(x_i,y_j) \tag{6.8}$$

其中

$$\sum_{i=0}^{m}\sum_{j=0}^{n}\frac{\omega_{ij}}{mn}=1$$

比较式(6.8)和式(6.1)可知，我们用$(m+1)\times(n+1)$个节点处的函数值的加权平均值作为$f(\xi,\eta)$的近似。

计算可知$T_{m,n}(f)$的截断误差为

$$\begin{aligned}&I(f)-T_{m,n}(f)\\&=\sum_{i=0}^{m-1}\sum_{j=0}^{n-1}\left\{\iint_{D_{ij}}f(x,y)\mathrm{d}x\mathrm{d}y-\frac{hk}{4}[f(x_i,y_i)+f(x_i,y_{j+1})+f(x_{i+1},y_j)\right.\\&\qquad\left.+f(x_{i+1},y_{j+1})]\right\}\\&=\sum_{i=0}^{m-1}\sum_{j=0}^{n-1}\left(-\frac{hk}{12}\right)\left[h^2\frac{\partial^2 f(\xi_{ij}^{(1)},\eta_{ij}^{(1)})}{\partial x^2}+k^2\frac{\partial^2 f(\xi_{ij}^{(2)},\eta_{ij}^{(2)})}{\partial y^2}\right]\\&=-\frac{hk}{12}mn\left[h^2\frac{\partial^2 f(\bar{\xi},\bar{\eta})}{\partial x^2}+k^2\frac{\partial^2 f(\hat{\xi},\hat{\eta})}{\partial y^2}\right]\\&=-\frac{(b-a)(d-c)}{12}\left[h^2\frac{\partial^2 f(\bar{\xi},\bar{\eta})}{\partial x^2}+k^2\frac{\partial^2 f(\hat{\xi},\hat{\eta})}{\partial y^2}\right]\end{aligned}$$

其中$(\xi_{ij}^{(1)},\eta_{ij}^{(1)}),(\xi_{ij}^{(2)},\eta_{ij}^{(2)})\in D_{ij}$；$(\bar{\xi},\bar{\eta}),(\hat{\xi},\hat{\eta})\in D$。

令

$$\hat{T}_{m,n}(f)=\frac{4}{3}T_{2m,2n}(f)-\frac{1}{3}T_{m,n}(f) \tag{6.9}$$

可以证明

$$I(f)-\hat{T}_{m,n}(f)=O(h^4+k^4)$$

称式(6.9)为复化梯形公式的外推公式。

例 6.8　用复化梯形公式计算

$$I(f)=\int_0^1\int_0^1\sin xy\,\mathrm{d}x\mathrm{d}y$$

解　设$f(x,y)=\sin xy$，有

$$T_{2,2}(f)=0.5\times0.5\times\left\{f(0.5,0.5)+\frac{1}{2}\times[f(0.5,0)\right.$$

$$
\begin{aligned}
&+f(0.5,1.0)+f(0,0.5)+f(1,0.5)]\\
&+\frac{1}{4}\times[f(0,0)+f(1,0)+f(0,1)+f(1,1)]\Big\}\\
&=0.234\ 299\ 311
\end{aligned}
$$

$$
\begin{aligned}
T_{4,4}(f)=&0.25\times0.25\times\Big\{[f(0.25,0.25)+f(0.5,0.25)\\
&+f(0.75,0.25)+f(0.25,0.5)+f(0.5,0.5)+f(0.75,0.5)\\
&+f(0.25,0.75)+f(0.5,0.75)+f(0.75,0.75)]\\
&+\frac{1}{2}\times[f(0.25,0)+f(0.5,0)+f(0.75,0)\\
&+f(0.25,1)+f(0.5,1)+f(0.75,1)\\
&+f(0,0.25)+f(0,0.5)+f(0,0.75)\\
&+f(1,0.25)+f(1,0.5)+f(1,0.75)]\\
&+\frac{1}{4}\times[f(0,0)+f(1,0)+f(0,1)+f(1,1)]\Big\}\\
=&0.238\ 543\ 942
\end{aligned}
$$

$$
\hat{T}_{2,2}(f)=\frac{4}{3}T_{4,4}(f)-\frac{1}{3}T_{2,2}(f)=0.239\ 958\ 819
$$

$$
\begin{aligned}
I(f)&=\int_0^1\int_0^1\sum_{n=0}^{\infty}(-1)^n\frac{(xy)^{2n+1}}{(2n+1)!}\mathrm{d}x\mathrm{d}y\\
&=\sum_{n=0}^{\infty}\frac{(-1)^n}{(2n+1)!(2n+2)^2}
\end{aligned}
$$

取

$$
\begin{aligned}
N=\sum_{n=0}^{3}\frac{(-1)^n}{(2n+1)!(2n+2)^2}&=\frac{1}{1!\times2^2}-\frac{1}{3!\times4^2}+\frac{1}{5!\times6^2}-\frac{1}{7!\times8^2}\\
&=0.239\ 811\ 714
\end{aligned}
$$

则有

$$
|I-N|\leqslant\frac{1}{9!\times10^2}=0.276\times10^{-7}
$$

因而 $T_{2,2}, T_{4,4}, \hat{T}_{2,2}$ 的误差分别为

$$
|I-T_{2,2}|=0.55\times10^{-2}
$$

$$
|I-T_{4,4}|=0.13\times10^{-3}
$$

$$
|I-\hat{T}_{2,2}|=0.15\times10^{-5}
$$

6.7　数值微分

6.7.1　数值微分问题的提出

在微积分学里，求函数 $f(x)$ 的导数 $f'(x)$ 一般来讲是容易办到的，但有时 $f'(x)$ 比 $f(x)$ 复杂很多。此外有时 $f(x)$ 仅由表格形式给出，则求 $f'(x)$ 就不那么容易了。根据函数在一些离散点上的函数值推算它在某点处导数的近似值的方法为**数值微分**。

最简单的数值微分公式是用向前差商近似代替导数，即

$$f'(x_0) \approx \frac{f(x_0+h)-f(x_0)}{h} \tag{7.1}$$

类似的，也可用向后差商近似代替导数，而

$$f'(x_0) \approx \frac{f(x_0)-f(x_0-h)}{h} \tag{7.2}$$

或用中心差商近似代替导数，即

$$f'(x_0) \approx \frac{f(x_0+h)-f(x_0-h)}{2h} \tag{7.3}$$

在几何图形上，这三种差商分别表示弦 AB，AC 和 BC 的斜率。将这三条弦同过 A 点的切线 AT 相比较，从图 6-7-1 可以看出，一般地说，弦 BC 的斜率更接近于切线 AT 的斜率 $f'(x_0)$，因此就精度而言，以式(7.3)更为可取，称

$$D(h) = \frac{f(x_0+h)-f(x_0-h)}{2h} \tag{7.4}$$

为求 $f'(x_0)$ 的**中点公式**。

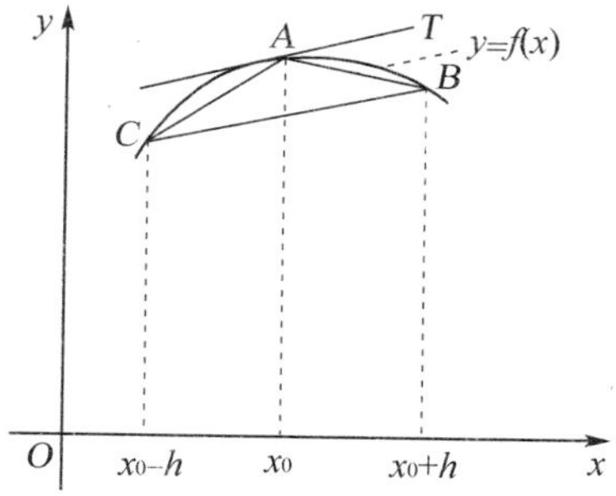

图 6-7-1　差商示意图

现在来考察用式(7.4)代替 $f'(x_0)$ 所产生的截断误差 $f'(x_0)-D(h)$。由泰勒展开式有

$$\begin{aligned} f'(x_0)-D(h) &= f'(x_0)-\frac{1}{2h}[f(x_0+h)-f(x_0-h)] \\ &= f'(x_0)-\frac{1}{2h}\Big\{\Big[f(x_0)+hf'(x_0)+\frac{1}{2}h^2f''(x_0) \\ &\quad +\frac{1}{6}h^3f'''(x_0+\theta_1 h)\Big]-\Big[f(x_0)-hf'(x_0) \\ &\quad +\frac{1}{2}h^2f''(x_0)-\frac{1}{6}h^3f'''(x_0-\theta_2 h)\Big]\Big\} \end{aligned}$$

$$=-\frac{1}{12}h^2[f'''(x_0+\theta_1 h)+f'''(x_0-\theta_2 h)]$$

$$=-\frac{1}{6}h^2 f'''(x_0+\theta h) \tag{7.5}$$

其中，$\theta_1,\theta_2\in(0,1)$；$\theta\in(-1,1)$。

由此可以看出：从截断误差的角度来看，步长 h 越小，计算结果越精确；但从计算角度看，h 越小，$f(x_0+h)$ 与 $f(x_0-h)$ 越接近，直接相减会造成有效数字的严重损失，故从舍入误差的角度来看，步长 h 不宜太小。那怎样选取合适的步长呢？可采用二分步长及误差事后估计法。

由式(7.5)知，当 h 适当小时

$$f'(x_0)-D(h)\approx-\frac{1}{6}h^2 f'''(x_0) \tag{7.6}$$

$$f'(x_0)-D\left(\frac{h}{2}\right)\approx-\frac{1}{6}\left(\frac{h}{2}\right)^2 f'''(x_0) \tag{7.7}$$

因而

$$f'(x_0)-D\left(\frac{h}{2}\right)\approx\frac{1}{4}[f'(x_0)-D(h)]$$

上式两边同时乘以$\frac{4}{3}$，再移项得

$$f'(x_0)-D\left(\frac{h}{2}\right)\approx\frac{1}{3}\left[D\left(\frac{h}{2}\right)-D(h)\right]$$

由此可见，只要当二分前后的两个近似值 $D(h)$ 和 $D\left(\frac{h}{2}\right)$ 很接近，就可以保证 $D\left(\frac{h}{2}\right)$ 的截断误差很小，同时该误差大致等于 $\frac{1}{3}\left[D\left(\frac{h}{2}\right)-D(h)\right]$。于是我们可以猜想

$$D_1(h)=D\left(\frac{h}{2}\right)+\frac{1}{3}\left[D\left(\frac{h}{2}\right)-D(h)\right]=\frac{4}{3}D\left(\frac{h}{2}\right)-\frac{1}{3}D(h) \tag{7.8}$$

是计算 $f'(x_0)$ 的精度更高的公式。事实上，当 $f(x)\in C^{(5)}[x_0-h,x_0+h]$ 时有

$$f'(x_0)-D_1(h)=\frac{1}{480}f^{(5)}(\xi)h^4\quad(\xi\in(x_0-h,x_0+h)) \tag{7.9}$$

6.7.2　插值型求导公式及截断误差

由以上讨论可知，采用中点公式时若以缩小步长 h 来提高精度，只能对用分析表达式表示的函数适用，对于列表函数的求导，若要提高精度还需另想办法。

设函数 $y=f(x)$ 如表 6-7-1 所示：

表 6-7-1　函数数据表

x	x_0	x_1	…	x_n
y	y_0	y_1	…	y_n

应用插值原理，可以建立插值多项式 $y = p_n(x)$ 作为 $f(x)$ 的近似。由于多项式的求导比较容易，因此可以取 $p_n'(x)$ 的值作为 $f'(x)$ 的近似值，这样建立的数值微分公式

$$f'(x) \approx p_n'(x) \tag{7.10}$$

统称为**插值型求导公式**。

$p_n'(x)$ 的截断误差可由 $p_n(x)$ 的截断误差求导数得到。因为

$$f(x) - p_n(x) = \frac{f^{(n+1)}(\xi)}{(n+1)!}W_{n+1}(x)$$

式中，$\xi \in [a,b]$ 且依赖于 x；$W_{n+1}(x) = \prod_{j=0}^{n}(x - x_j)$。于是 $p_n'(x)$ 的截断误差为

$$f'(x) - p_n'(x) = \frac{f^{(n+1)}(\xi)}{(n+1)!}W_{n+1}'(x) + \frac{W_{n+1}(x)}{(n+1)!}\frac{\mathrm{d}}{\mathrm{d}x}f^{(n+1)}(\xi) \tag{7.11}$$

由于 ξ 是 x 的未知函数，因此求 $\frac{\mathrm{d}}{\mathrm{d}x}f^{(n+1)}(\xi)$ 较麻烦，一般都限定求某个节点 x_k 上的导数值，此时式(7.11)右端的第 2 项由于 $W_{n+1}(x_k) = 0$ 而变为零，这时 $p_n'(x)$ 的截断误差为

$$f'(x_k) - p_n'(x_k) = \frac{f^{(n+1)}(\xi)}{(n+1)!}W_{n+1}'(x_k) \tag{7.12}$$

由于以上的原因，以下仅考察节点处的导数值，为简化讨论，假定所给节点是等距的。

(1) 两点公式

已知数据

x	x_0	x_1
y	$f(x_0)$	$f(x_1)$

作线性插值多项式

$$p_1(x) = \frac{x - x_1}{x_0 - x_1}f(x_0) + \frac{x - x_0}{x_1 - x_0}f(x_1)$$

对上式两端求导，记 $x_1 - x_0 = h$，则有

$$p_1'(x) = \frac{1}{h}[-f(x_0) + f(x_1)]$$

于是有下列求导公式

$$p_1'(x_0)=\frac{1}{h}[f(x_1)-f(x_0)] \tag{7.13}$$

$$p_1'(x_1)=\frac{1}{h}[f(x_1)-f(x_0)] \tag{7.14}$$

与已介绍的式(7.1)和(7.2)是一致的，此处 $p_1'(x_0)=p_1'(x_1)$ 是不奇怪的，因为 A,B 两点的导数都以直线 AB 的斜率为近似值。但它们的截断误差应该是不同的：

$$f'(x_0)-p_1'(x_0)=\frac{f''(\xi_1)}{2!}W_2'(x_0)=\frac{f''(\xi_1)}{2}(x_0-x_1)=-\frac{h}{2}f''(\xi_1)$$

$$f'(x_1)-p_1'(x_1)=\frac{f''(\xi_2)}{2!}W_2'(x_1)=\frac{h}{2}f''(\xi_2)$$

因此带余项的两点公式是

$$f'(x_0)=\frac{1}{h}[f(x_1)-f(x_0)]-\frac{h}{2}f''(\xi_1) \tag{7.15}$$

$$f'(x_1)=\frac{1}{h}[f(x_1)-f(x_0)]+\frac{h}{2}f''(\xi_2) \tag{7.16}$$

(2) 三点公式

已知数据

x	x_0	x_1	x_2
y	$f(x_0)$	$f(x_1)$	$f(x_2)$

作二次插值多项式

$$p_2(x)=\frac{(x-x_1)(x-x_2)}{(x_0-x_1)(x_0-x_2)}f(x_0)+\frac{(x-x_0)(x-x_2)}{(x_1-x_0)(x_1-x_2)}f(x_1)+\frac{(x-x_0)(x-x_1)}{(x_2-x_0)(x_2-x_1)}f(x_2)$$

对上式两端求导得

$$p_2'(x)=\frac{2x-x_1-x_2}{(x_0-x_1)(x_0-x_2)}f(x_0)+\frac{2x-x_0-x_2}{(x_1-x_0)(x_1-x_2)}f(x_1)+\frac{2x-x_0-x_1}{(x_2-x_0)(x_2-x_1)}f(x_2)$$

当三节点等距，即 $x_1-x_0=x_2-x_1=h$ 时，有

$$p_2'(x_0)=\frac{1}{2h}[-3f(x_0)+4f(x_1)-f(x_2)]$$

$$p_2'(x_1)=\frac{1}{2h}[-f(x_0)+f(x_2)]$$

$$p_2'(x_2)=\frac{1}{2h}[f(x_0)-4f(x_1)+3f(x_2)]$$

用与两点公式同样的处理办法可求得三点公式的截断误差，于是带余项的三点求

导公式如下：

$$f'(x_0)=\frac{1}{2h}[-3f(x_0)+4f(x_1)-f(x_2)]+\frac{h^2}{3}f'''(\xi_1) \tag{7.17}$$

$$f'(x_1)=\frac{1}{2h}[-f(x_0)+f(x_2)]-\frac{h^2}{6}f'''(\xi_2) \tag{7.18}$$

$$f'(x_2)=\frac{1}{2h}[f(x_0)-4f(x_1)+3f(x_2)]+\frac{h^2}{3}f'''(\xi_3) \tag{7.19}$$

其中，公式(7.18)是我们所熟悉的中点公式，它既达到了三点公式的精度，截断误差是 $O(h^2)$，又只需用到二点处的函数值，这与我们在第 6.7.1 节中提及的直观感觉是一致的，因而经常被人们所采用。

利用插值多项式 $p_n(x)$ 作为 $f(x)$ 的近似函数，还可以建立高阶导数的数值微分公式

$$f^{(k)}(x)\approx p_n^{(k)}(x)\quad (k=1,2,\cdots)$$

我们对它不作深入讨论，但要指出的是，尽管 $p_n(x)$ 与 $f(x)$ 的值相差不多，其各阶导数的近似值 $p_n^{(k)}(x)$ 与导数的真值 $f^{(k)}(x)$ 仍然可能相差很大，因此要注意误差分析。

对于列表函数 $f(x)$ 也可以用样条插值函数来近似表示，因此用上述同样方法可以建立样条求导公式。它与插值型求导公式不同，可用来计算插值范围内任何一点 x(不仅是节点 x_i)上的导数值，并有很好的精确度(见 4.5 节定理 4.3)。

6.8 应用实例：椭圆轨道长度的计算

许多天体均作近似椭圆轨道的旋转运动。设其半长轴和半短轴分别为 a 和 b，记 $e=\dfrac{b}{a}$(离心率)，则该椭圆轨道的长度为

$$\begin{aligned}S(a,e)&=\int_0^{2\pi}\sqrt{a^2\sin^2\theta+b^2\cos^2\theta}\,\mathrm{d}\theta=a\int_0^{2\pi}\sqrt{\sin^2\theta+e^2\cos^2\theta}\,\mathrm{d}\theta\\&=a\int_0^{2\pi}\sqrt{1-(1-e^2)\cos^2\theta}\,\mathrm{d}\theta\end{aligned}$$

于是

$$S(a,e)=aS(1,e)$$

其中

$$S(1,e)=\int_0^{2\pi}\sqrt{1-(1-e^2)\cos^2\theta}\,\mathrm{d}\theta$$

为半长轴为 1、离心率为 e 的椭圆轨道的长度。所以求任一半长轴为 a、离心率为 e 的椭圆轨道的长度 $S(a,e)$，只需求出半长轴为 1、离心率为 e 的椭圆轨道的长度 $S(1,e)$。

现在我们来计算 $S(1,e)$。采用逐次二分步长及自动选择步长的复化辛卜生公式进行运算，所用公式为

$$T_1 = \frac{b-a}{2}[f(a)+f(b)]$$

$$T_{2n} = \frac{1}{2}\left[T_n + h_n \sum_{k=0}^{n-1} f\left(a+\left(k+\frac{1}{2}\right)h_n\right)\right] \quad \left(h_n = \frac{b-a}{n}\right)$$

$$S_n = \frac{1}{3}(4T_{2n} - T_n)$$

终止准则为

$$\left|S_n - S_{\frac{n}{2}}\right| \leqslant \frac{1}{2} \times 10^{-6}$$

所得运算结果见表6-8-1。对于不在表中的 e，相应的 $S(1,e)$ 可用拉格朗日插值多项式求得。

表6-8-1　半长轴为1、离心率为 e 的椭圆轨道的长 $S(1,e)$

e	n	$S_n(1,e)$	e	n	$S_n(1,e)$
0.000	512	4.000 000	0.525	64	4.907 851
0.025	512	4.005 722	0.550	64	4.972 630
0.050	256	4.019 426	0.575	64	5.038 490
0.075	256	4.039 179	0.600	32	5.105 400
0.100	256	4.063 974	0.625	32	5.173 285
0.125	512	4.093 119	0.650	32	5.242 103
0.150	128	4.126 100	0.675	32	5.311 812
0.175	128	4.162 508	0.700	32	5.382 369
0.200	128	4.202 009	0.725	32	5.453 734
0.225	128	4.244 323	0.750	32	5.525 873
0.250	128	4.289 211	0.775	32	5.598 749
0.275	128	4.336 466	0.800	32	5.672 333
0.300	64	4.385 910	0.825	32	5.746 593
0.325	64	4.437 382	0.850	32	5.821 503
0.350	64	4.490 739	0.875	32	5.597 033
0.375	64	4.545 858	0.900	32	5.973 160
0.400	64	4.602 623	0.925	16	6.049 860
0.425	64	4.660 931	0.950	16	6.127 112
0.450	64	4.720 689	0.975	16	6.204 894
0.475	64	4.781 813	1.000	16	6.283 185
0.500	64	4.844 244			

例如，我国第一颗人造地球卫星的轨道是一个椭圆，其近地点距离 $h=439\text{km}$，远地点距离 $H=2\,384\text{km}$，已知地球半径为 $6\,731\text{km}$，则

$$a=R+\frac{1}{2}(H+h)=8\,142.5\text{km}$$

$$b=\sqrt{(R+H)(R+h)}=7\,721.5\text{km}$$

$$e=\frac{b}{a}=0.948\,296$$

查表 6-8-1 知

$$S(1,0.925)=6.049\,860,\quad S(1,0.950)=6.127\,112$$

再根据线性插值得

$$\begin{aligned}S(1,0.948\,296)&\approx S(1,0.925)\times\frac{0.950-0.948\,296}{0.950-0.925}\\&\quad+S(1,0.950)\times\frac{0.948\,296-0.925}{0.950-0.925}\\&\approx 6.121\,847\end{aligned}$$

所以该卫星轨道的长度为

$$S=aS(1,0.948\,296)=8\,142.5\times 6.121\,847=49\,847\text{km}$$

小　　结

本章介绍了函数求积和求导的近似方法。

关于数值积分，着重介绍了梯形公式和辛卜生公式、复化梯形公式和复化辛卜生公式，以及龙贝格方法。

龙贝格方法的主要思想是用事后误差估计对近似值进行修正，以提高其精度，使用时只需要在对区间逐次二分的过程中对梯形值进行加权平均，逐步生成精度更高的积分值。龙贝格方法不但精度高，而且算法简单、计算量小，因此是数值积分中较好的方法，读者必须熟练掌握。

在相同计算量下，精度更高的求积公式是高斯公式。此公式既收敛又稳定，但本书没有作详细的介绍，读者可参看文献[4]～[9]。

关于数值微分，重点介绍了中点公式。本章没有对其他方法做深入的讨论，读者同样可参考文献[4]～[9]。

复　习　思　考　题

1. 插值型求积公式的定义是什么？它的截断误差怎样表示？

2. 什么叫求积公式具有 m 次代数精度？

3. 梯形公式、辛卜生公式、柯特斯公式及其复化公式都具有什么形式？这 3 个复化公式的截断误差各是步长 h 的几阶无穷小量？

4. 龙贝格求积公式是怎样形成的？怎样用龙贝格方法求积分的近似值？给定允许误差范围 ε，怎样检查所求结果是在允许误差范围内？

5. 高斯积分和高斯点是如何定义的？二点高斯公式如何？已知区间 $[-1,1]$ 上的高斯公式，如何构造一般区间 $[a,b]$ 上的高斯公式？

6. 怎样利用单重积分的有关结果计算二重积分？

7. 插值型求导公式怎样形成？误差怎样估计？中点公式的优点是什么？

习　题　6

1. 求下列求积公式各有几次代数精度：

(1) $\int_{-1}^{1} f(x)\mathrm{d}x \approx f\left(-\frac{1}{\sqrt{3}}\right)+f\left(\frac{1}{\sqrt{3}}\right)$；

(2) $\int_{-1}^{1} f(x)\mathrm{d}x \approx \frac{1}{9}\left[5f\left(-\sqrt{\frac{3}{5}}\right)+8f(0)+5f\left(\sqrt{\frac{3}{5}}\right)\right]$。

2. 确定下列求积公式中的待定参数，使其代数精度尽量高，并指出其代数精度的次数。

(1) $\int_{-1}^{1} f(x)\mathrm{d}x \approx A[f(-\alpha)+f(\alpha)]$；

(2) $\int_{-1}^{1} f(x)\mathrm{d}x \approx Af(-1)+Bf(0)+Af(1)$；

(3) $\int_{a}^{b} f(x)\mathrm{d}x \approx \frac{b-a}{2}[f(a)+f(b)]+\alpha(b-a)^2[f'(b)-f'(a)]$。

3. 导出下列两种矩形公式的截断误差：

(1) $\int_{a}^{b} f(x)\mathrm{d}x \approx f(a)(b-a)$；

(2) $\int_{a}^{b} f(x)\mathrm{d}x \approx f\left(\frac{a+b}{2}\right)(b-a)$。

4. 验证当 $f(x)=x^5$ 时，柯特斯求积公式

$$c=\frac{b-a}{90}[7f(x_0)+32f(x_1)+12f(x_2)+32f(x_3)+7f(x_4)]$$

准确成立，其中 $x_k=a+kh, k=0,1,2,3,4; h=\frac{b-a}{4}$。

5. 设函数 $f(x)$ 由下表给出：

x	1.6	1.8	2.0	2.2	2.4	2.6
$f(x)$	4.953	6.050	7.389	9.025	11.023	13.464
x	2.8	3.0	3.2	3.4	3.6	3.8
$f(x)$	16.445	20.086	20.533	29.964	36.598	44.701

求$\int_{1.8}^{3.4} f(x)\mathrm{d}x$。

6. 分别用复化梯形公式($n=8$)和复化辛卜生公式($n=4$)按5位小数计算积分$\int_{1}^{9}\sqrt{x}\,\mathrm{d}x$,并与精确值比较,指出各具有几位有效数字。

7. 利用积分$\int_{2}^{8}\frac{1}{2x}\mathrm{d}x$计算 ln 2 时,若采用复化梯形公式,问应取多少节点才能使其误差绝对值不超过$\frac{1}{2}\times 10^{-5}$?

8. 用龙贝格方法计算$\int_{2}^{8}\frac{1}{2x}\mathrm{d}x$,要求误差不超过$\frac{1}{2}\times 10^{-5}$。就本题所取节点个数与上题结果比较,体会这两种方法的优缺点。

9. 用龙贝格方法求积分$\int_{0}^{1}\mathrm{e}^{-x}\mathrm{d}x$,要求误差不超过$\frac{1}{2}\times 10^{-5}$。

10. 用复化梯形公式求$\int_{1.4}^{2.0}\int_{1.0}^{1.5}\ln(x+2y)\mathrm{d}y\mathrm{d}x$的近似值(取$m=3$,$n=2$)。

11. 设$f(x)=\frac{1}{1+x}$,分别取$h=0.1$和0.01,用中点公式计算$f'(0.005)$,并与精确值相比较。

12. 设$f(x)\in C^3[a,b]$,证明:

$$f''(a)=\frac{2}{h}\left[\frac{f(a+h)-f(a)}{h}-f'(a)\right]-\frac{h}{3}f'''(\xi)$$

其中,$h=b-a$;$\xi\in(a,b)$。

提示:可以应用习题4中第5题的结果。

7 常微分方程数值解法

7.1 问题的提出

在常微分方程课程里讨论的是一些典型方程求解析解的基本方法。然而在生产实际和科学研究中遇到的微分方程往往比较复杂，在很多情况下都不能给出解的解析表达式；有时即使能用解析表达式表示，又因计算量太大而不实用；有时即使是一些已有了求解的基本方法的典型方程，但在实际使用时也是有困难的。例如求解线性常系数微分方程，看来是一个够简单的问题了，但当方程阶数较高时就涉及高次代数方程求根问题，于是又不那么容易解决了。以上种种情况都说明用求解析解的基本方法来求微分方程的解往往是不适宜的，甚至是很难办到的。在实际问题中，对于求解微分方程，一般只要求得到解在若干个点上的近似值或者解的便于计算的近似表达式(只要满足规定的精度)。本章研究微分方程的数值解法，着重讨论常微分方程中最简单的一类问题 —— 一阶方程的初值问题：

$$\begin{cases} y' = f(x,y) \quad (a \leqslant x \leqslant b); \\ y(a) = \eta \end{cases} \tag{1.1}$$

假定问题(1.1) 在区间$[a,b]$上存在唯一且足够光滑的解 $y(x)$。

所谓数值解法，就是寻求解 $y(x)$ 在一系列离散点(也称为节点)

$$a = x_0 < x_1 < x_2 < \cdots < x_n = b$$

上的近似值 $y_0, y_1, y_2, \cdots, y_n$。

相邻两个节点的间距 $h_i = x_{i+1} - x_i$ 称为步长，一般总取为常数，即 $h_i = h$，这时节点为

$$x_i = x_0 + ih \quad (i = 0,1,2,\cdots,n)$$

初值问题(1.1) 的数值解法的基本特点是求解过程顺着节点排列的次序一步步地向前推进，即按递推公式由已知的 $y_0, y_1, \cdots, y_i$ 求出 y_{i+1}。所以，以下介绍的各种方法实质上就是建立这种递推公式。

7.2 欧拉方法

7.2.1 欧拉公式

欧拉(Euler) 方法是解初值问题的最简单的数值方法。

将微分方程(1.1)的两端在区间$[x_i,x_{i+1}]$上积分,得到

$$\int_{x_i}^{x_{i+1}} y'(x)\mathrm{d}x = \int_{x_i}^{x_{i+1}} f(x,y(x))\mathrm{d}x$$

即

$$y(x_{i+1}) = y(x_i) + \int_{x_i}^{x_{i+1}} f(x,y(x))\mathrm{d}x \tag{2.1}$$

应用左矩形公式(见第6.1节式(1.1))计算上式右端的积分,则有

$$y(x_{i+1}) = y(x_i) + hf(x_i,y(x_i)) + R_{i+1}^{(1)} \tag{2.2}$$

由习题6第3题第(1)问知其截断误差估计式

$$R_{i+1}^{(1)} = \frac{1}{2}\left.\frac{\mathrm{d}f(x,y(x))}{\mathrm{d}x}\right|_{x=\xi_i} h^2 = \frac{1}{2}y''(\xi_i)h^2 \quad (x_i < \xi_i < x_{i+1}) \tag{2.3}$$

略去式(2.2)中的$R_{i+1}^{(1)}$,并用y_i,y_{i+1}分别代替$y(x_i)$,$y(x_{i+1})$,得

$$y_{i+1} = y_i + hf(x_i,y_i) \quad (i = 0,1,2,\cdots,n-1) \tag{2.4}$$

注意到

$$y_0 = y(x_0) = y(a) = \eta$$

由式(2.4)可依次求出$y_1,y_2,\cdots,y_n$,称式(2.4)为求解初值问题(1.1)的**欧拉公式**。

欧拉公式具有明显的几何意义(见图7-2-1)。

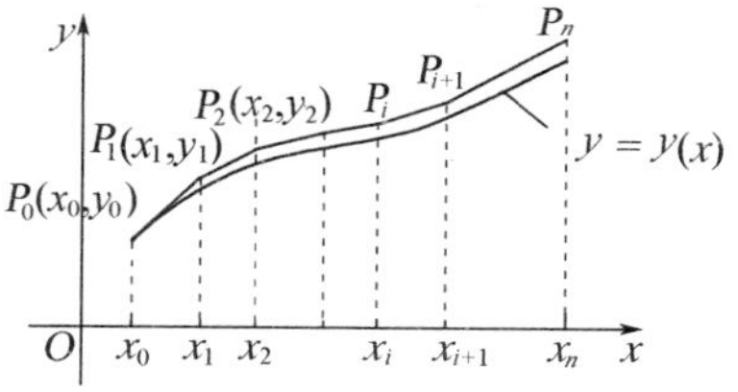

图7-2-1 欧拉公式示意图

在区间$[x_0,x_1]$上,用过点$P_0(x_0,y_0)$,以$f(x_0,y_0)$为斜率的直线

$$y = y_0 + f(x_0,y_0)(x - x_0)$$

近似代替$y(x)$,用该直线与直线$x = x_1$的交点$P_1(x_1,y_1)$的纵坐标

$$y_1 = y_0 + hf(x_0,y_0)$$

作为$y(x_1)$的近似值。然后在区间$[x_1,x_2]$上用过点$P_1(x_1,y_1)$,以$f(x_1,y_1)$为斜率的直线

$$y = y_1 + f(x_1,y_1)(x - x_1)$$

近似代替$y(x)$,用该直线与直线$x = x_2$的交点$P_2(x_2,y_2)$的纵坐标

$$y_2 = y_1 + hf(x_1,y_1)$$

作为$y(x_2)$的近似值。一般地设折线已推进到点$P_i(x_i,y_i)$。在区间$[x_i,x_{i+1}]$上,用过点$P_i(x_i,y_i)$,以$f(x_i,y_i)$为斜率的直线

$$y = y_i + f(x_i,y_i)(x - x_i)$$

近似代替$y(x)$,用该直线与直线$x = x_{i+1}$的交点$P_{i+1}(x_{i+1},y_{i+1})$的纵坐标y_{i+1}作为$y(x_{i+1})$的近似值。综上过程,我们得到一条折线,所以欧拉公式有时又称为**折线法**。

例 7.1 求解初值问题

$$\begin{cases} y' = -2xy & (0 \leqslant x \leqslant 1.8); \\ y(0) = 1 \end{cases}$$

取步长 $h = 0.1$。

解 这个方程的准确解是 $y = \mathrm{e}^{-x^2}$，可用来检验近似解的准确程度。

这里采用欧拉公式的具体形式为

$$y_{i+1} = y_i + h(-2x_i y_i) = (1 - 0.2x_i) y_i$$

计算结果列于表 7-2-1 中。

表 7-2-1 欧拉公式算例($h = 0.1$)

x_i	y_i	$y(x_i)$	$\lvert y(x_i) - y_i \rvert$
0.0	1.000 0	1.000 0	0.000 0
0.1	1.000 0	0.990 0	0.010 0
0.2	0.980 0	0.960 8	0.019 2
0.3	0.940 8	0.913 9	0.026 9
0.4	0.884 4	0.852 1	0.032 2
0.5	0.813 6	0.778 8	0.034 8
0.6	0.732 2	0.697 7	0.034 6
0.7	0.644 4	0.612 6	0.031 7
0.8	0.554 2	0.527 3	0.026 9
0.9	0.465 5	0.444 9	0.020 6
1.0	0.381 7	0.367 9	0.013 8
1.1	0.305 4	0.298 2	0.007 2
1.2	0.238 2	0.236 9	0.001 3
1.3	0.181 0	0.184 5	0.003 5
1.4	0.134 0	0.140 9	0.006 9
1.5	0.096 4	0.105 4	0.009 0
1.6	0.067 5	0.077 3	0.009 8
1.7	0.045 9	0.055 6	0.009 7
1.8	0.030 3	0.039 2	0.008 9

欧拉公式在计算 y_{i+1} 时只用到了前一步的值 y_i。另外，若 y_i 已知，将它代入到欧拉公式(2.4)的右端可直接得到 y_{i+1}，我们称欧拉公式为**单步显式公式**。

单步显式公式的一般形式为

$$\begin{cases} y_{i+1} = y_i + h\varphi(x_i, y_i, h) & (i = 0, 1, \cdots, n-1); \\ y_0 = \eta \end{cases} \tag{2.5}$$

称 $\varphi(x, y, h)$ 为**增量函数**。欧拉公式(2.4)的增量函数为 $\varphi(x, y, h) = f(x, y)$。一

般来说,微分方程的精确解 $y(x_i)$ 不满足式(2.5),即一般地有

$$y(x_{i+1}) \neq y(x_i) + h\varphi(x_i, y(x_i), h)$$

或

$$y(x_{i+1}) - y(x_i) - h\varphi(x_i, y(x_i), h) \neq 0$$

定义 7.1 称

$$R_{i+1} = y(x_{i+1}) - y(x_i) - h\varphi(x_i, y(x_i), h)$$

为单步显式公式(2.5)在 x_{i+1} 处的**局部截断误差**。

一个求解公式的局部截断误差刻画了其逼近微分方程的精确程度。根据此定义可直接求得欧拉公式(2.4)的局部截断误差为

$$\begin{aligned} R_{i+1} &= y(x_{i+1}) - y(x_i) - hf(x_i, y(x_i)) \\ &= y(x_i) + hy'(x_i) + \frac{h^2}{2}y''(\xi_i) - y(x_i) - hy'(x_i) \\ &= \frac{1}{2}h^2 y''(\xi_i) = O(h^2) \quad (x_i < \xi_i < x_{i+1}) \end{aligned}$$

此式即为式(2.3)。

7.2.2 梯形公式

为了构造高精度的数值方法,对式(2.1)中的积分应用梯形公式,则有

$$y(x_{i+1}) = y(x_i) + \frac{h}{2}[f(x_i, y(x_i)) + f(x_{i+1}, y(x_{i+1}))] + R_{i+1}^{(2)} \tag{2.6}$$

式中

$$R_{i+1}^{(2)} = -\frac{h^3}{12}\left.\frac{\mathrm{d}^2 f(x, y(x))}{\mathrm{d}x^2}\right|_{x=\xi_i} = -\frac{1}{12}y'''(\xi_i)h^3 \quad (x_i < \xi_i < x_{i+1}) \tag{2.7}$$

略去式(2.6)中的 $R_{i+1}^{(2)}$,并用 y_i, y_{i+1} 分别代替 $y(x_i)$ 和 $y(x_{i+1})$,得

$$y_{i+1} = y_i + \frac{h}{2}[f(x_i, y_i) + f(x_{i+1}, y_{i+1})] \quad (i = 0, 1, \cdots, n-1) \tag{2.8}$$

注意到 $y_0 = \eta$,由式(2.8)可依次求出 $y_1, y_2, \cdots, y_n$。

式(2.8)是由数值积分中的梯形公式得出来的,我们也将它称为**梯形公式**,称 $R_{i+1}^{(2)}$ 为梯形公式在 x_{i+1} 处的局部截断误差。

和欧拉公式相比,梯形公式在计算 y_{i+1} 时也只用到前一步的值 y_i。但是若 y_i 已知,将 y_i 代入到式(2.8)的右端,一般还不能直接得出 y_{i+1},而需要通过其他方法(譬如迭代法)求解,我们称梯形公式为**单步隐式公式**。

单步隐式公式的一般形式为

$$\begin{cases} y_{i+1} = y_i + h\psi(x_i, y_i, y_{i+1}, h) \quad (i = 0, 1, \cdots, n-1); \\ y_0 = \eta \end{cases} \tag{2.9}$$

称 $\psi(x,y,\tilde{y},h)$ 为增量函数。梯形公式的增量函数为

$$\psi(x,y,\tilde{y},h)=\frac{1}{2}[f(x,y)+f(x+h,\tilde{y})]$$

一般来说，微分方程的精确解 $y(x_i)$ 也不满足式(2.9)，即一般地有

$$y(x_{i+1})\neq y(x_i)+h\psi(x_i,y(x_i),y(x_{i+1}),h)$$

或

$$y(x_{i+1})-y(x_i)-h\psi(x_i,y(x_i),y(x_{i+1}),h)\neq 0$$

定义 7.2　称

$$R_{i+1}=y(x_{i+1})-y(x_i)-h\psi(x_i,y(x_i),y(x_{i+1}),h)$$

为单步隐式公式(2.9)的**局部截断误差**。

根据此定义并注意到式(2.6)，梯形公式(2.8)的局部截断误差为

$$\begin{aligned}R_{i+1}&=y(x_{i+1})-y(x_i)-\frac{h}{2}[f(x_i,y(x_i))+f(x_{i+1},y(x_{i+1}))]\\&=R_{i+1}^{(2)}=O(h^3)\end{aligned}$$

7.2.3　改进欧拉公式

梯形公式与欧拉公式明显的不同在于它是一个关于 y_{i+1} 的隐式方程。为求出 y_{i+1}，可用迭代法求解方程(2.8)，但所费计算量较大。在实际计算时，可将欧拉公式与梯形公式联合使用，即先用欧拉公式由 (x_i,y_i) 得出 $y(x_{i+1})$ 的一个粗糙的近似值 $\tilde{y}_{i+1}$，称之为**预测值**，即

$$\tilde{y}_{i+1}=y_i+hf(x_i,y_i)$$

然后对这个 $\tilde{y}_{i+1}$ 用梯形公式将它校正为较准确的值 y_{i+1}，称之为**校正值**，即

$$y_{i+1}=y_i+\frac{h}{2}[f(x_i,y_i)+f(x_{i+1},\tilde{y}_{i+1})]$$

这样建立起来的预测-校正系统通常称为**改进欧拉公式**，即

$$\begin{cases}\tilde{y}_{i+1}=y_i+hf(x_i,y_i),\\ y_{i+1}=y_i+\dfrac{h}{2}[f(x_i,y_i)+f(x_{i+1},\tilde{y}_{i+1})]\end{cases}\tag{2.10}$$

为便于编制程序上机计算，可将式(2.10)改写成下列形式：

$$\begin{cases}y_p=y_i+hf(x_i,y_i),\\ y_c=y_i+hf(x_{i+1},y_p),\\ y_{i+1}=\dfrac{1}{2}(y_p+y_c)\end{cases}\tag{2.11}$$

例 7.2　用改进欧拉方法求解例 7.1 中的初值问题，取 $h=0.1$。

解　对此初值问题采用改进欧拉公式，其具体形式为

$$\begin{cases} y_p = y_i + h(-2x_i y_i) = y_i(1-0.2x_i), \\ y_c = y_i + h(-2x_{i+1} y_p) = y_i - 0.2(x_i + 0.1) y_p, \\ y_{i+1} = \frac{1}{2}(y_p + y_c) \end{cases}$$

计算结果列于表 7－2－2 中。

表 7－2－2　改进欧拉公式算例($h = 0.1$)

x_i	y_p	y_c	y_i	$y(x_i)$	$\|y(x_i) - y_i\|$
0.0			1.000 0	1.000 0	0.000 0
0.1	1.000 0	0.980 0	0.990 0	0.990 0	0.000 0
0.2	0.970 2	0.951 2	0.960 7	0.960 8	0.000 1
0.3	0.922 3	0.905 4	0.913 8	0.913 9	0.000 1
0.4	0.859 0	0.845 1	0.852 0	0.852 1	0.000 1
0.5	0.783 9	0.773 7	0.778 8	0.778 8	0.000 0
0.6	0.700 9	0.694 7	0.697 8	0.697 7	0.000 1
0.7	0.614 0	0.611 8	0.612 9	0.612 6	0.000 3
0.8	0.527 1	0.528 6	0.527 9	0.527 3	0.000 6
0.9	0.443 4	0.448 0	0.445 7	0.444 9	0.000 9
1.0	0.365 5	0.372 6	0.369 1	0.367 9	0.001 2
1.1	0.295 2	0.304 1	0.299 7	0.298 2	0.001 5
1.2	0.233 7	0.243 6	0.238 7	0.236 9	0.001 7
1.3	0.181 4	0.191 5	0.186 4	0.184 5	0.001 9
1.4	0.138 0	0.147 8	0.142 9	0.140 9	0.002 0
1.5	0.102 9	0.112 0	0.107 5	0.105 4	0.002 1
1.6	0.075 2	0.083 4	0.079 3	0.077 3	0.002 0
1.7	0.053 9	0.061 0	0.057 4	0.055 6	0.001 9
1.8	0.037 9	0.043 8	0.040 9	0.039 2	0.001 7

与例 7.1 用欧拉公式计算的结果相比较，改进欧拉公式明显地提高了精度。改进欧拉公式也可表示为

$$y_{i+1} = y_i + \frac{h}{2}[f(x_i, y_i) + f(x_{i+1}, y_i + hf(x_i, y_i))] \tag{2.12}$$

或

$$\begin{cases} y_{i+1} = y_i + \dfrac{h}{2}(k_1 + k_2), \\ k_1 = f(x_i, y_i), \\ k_2 = f(x_{i+1}, y_i + hk_1) \end{cases} \tag{2.13}$$

因而改进欧拉公式本质上是一个单步显式公式。它的局部截断误差为

$$\begin{aligned} R_{i+1} &= y(x_{i+1}) - y(x_i) - \frac{h}{2}[f(x_i, y(x_i)) + f(x_{i+1}, y(x_i) + hf(x_i, y(x_i)))] \\ &= y(x_{i+1}) - y(x_i) - \frac{h}{2}[f(x_i, y(x_i)) + f(x_{i+1}, y(x_{i+1}))] \\ &\quad + \frac{h}{2}[f(x_{i+1}, y(x_{i+1})) - f(x_{i+1}, y(x_i) + hf(x_i, y(x_i)))] \end{aligned} \tag{2.14}$$

由式(2.6)和(2.7)知

$$y(x_{i+1}) - y(x_i) - \frac{h}{2}[f(x_i, y(x_i)) + f(x_{i+1}, y(x_{i+1}))] = -\frac{1}{12}y'''(\xi_i)h^3 \tag{2.15}$$

由式(2.2)和(2.3)知

$$\begin{aligned} &f(x_{i+1}, y(x_{i+1})) - f(x_{i+1}, y(x_i) + hf(x_i, y(x_i))) \\ &\quad = \frac{\partial f(x_{i+1}, \eta_i)}{\partial y}[y(x_{i+1}) - y(x_i) - hf(x_i, y(x_i))] \\ &\quad = \frac{1}{2}\frac{\partial f(x_{i+1}, \eta_i)}{\partial y}y''(\tilde{\xi}_i)h^2 \end{aligned} \tag{2.16}$$

其中，$\tilde{\xi}_i$ 介于 $y(x_{i+1})$ 与 $y(x_i) + hf(x_i, y(x_i))$ 之间。

将式(2.15)和(2.16)代入式(2.14)，得到改进欧拉公式的局部截断误差为

$$R_{i+1} = \left[-\frac{1}{12}y'''(\xi_i) + \frac{1}{4}\frac{\partial f(x_{i+1}, \eta_i)}{\partial y}y''(\tilde{\xi}_i)\right]h^3$$

这说明改进欧拉公式的局部截断误差是 $O(h^3)$。改进欧拉公式和欧拉公式相比，它们同为单步显式公式，但前者的局部截断误差比后者的局部截断误差高一阶。

7.2.4 整体截断误差

用某种数值方法(譬如欧拉方法或者改进欧拉方法)求得的数值解 $y_1, y_2, \cdots, y_n$，一般来说与步长 h 有关。为了反映出这种关系，我们将其记为

$$y_1(h), y_2(h), \cdots, y_n(h)$$

求数值解的目的是用 $y_i(h)$ 作为 $y(x_i)$ 的近似值。人们自然要问：在每一节点 x_i 处近似值 $y_i(h)$ 与精确值 $y(x_i)$ 的差

$$|y(x_i) - y_i(h)| \quad (i = 1, 2, \cdots, n)$$

是否很小？

定义 7.3 设 $y(x_1), y(x_2), \cdots, y(x_n)$ 为微分方程问题(1.1)的解在节点处的

值，$y_1(h),y_2(h),\cdots,y_n(h)$ 为用某数值方法求得的近似解。称所有节点上误差的最大值，即

$$E(h)=\max_{1\leqslant i\leqslant n}|y(x_i)-y_i(h)|$$

为该方法的**整体截断误差**。如果

$$\lim_{h\to 0}E(h)=0$$

则称该数值方法是收敛的。

整体截断误差和局部截断误差是有紧密联系的。在一定条件下，如果局部截断误差是 $O(h^{p+1})$，则整体截断误差是 $O(h^p)$。分析局部截断误差是比较容易的，因此我们可以直接根据局部截断误差来刻画求解公式的精度，为此给出下面的定义。

定义 7.4　如果一个求解公式的局部截断误差为 $O(h^{p+1})$，则称该求解公式是 p 阶的，或具有 p 阶精度。

根据此定义，欧拉公式具有一阶精度，梯形公式和改进欧拉公式具有二阶精度。

上述欧拉公式和改进欧拉公式主要是由数值积分方法推得的。事实上，这些公式以及具有高阶精度的求解公式还可用其他方法推得。下节将介绍的是一种对平均斜率提供更为精确近似值的构造方法。

7.3　龙格-库塔方法

7.3.1　龙格-库塔方法的基本思想

我们从研究差商 $\dfrac{y(x_{i+1})-y(x_i)}{h}$ 开始。由微分中值定理

$$\frac{y(x_{i+1})-y(x_i)}{h}=y'(x_i+\theta h)\quad(0<\theta<1)$$

并利用微分方程 $y'=f(x,y)$，可得

$$y(x_{i+1})=y(x_i)+hf(x_i+\theta h,y(x_i+\theta h))\tag{3.1}$$

这里的 $f(x_i+\theta h,y(x_i+\theta h))$ 称作区间 (x_i,x_{i+1}) 上的平均斜率，记作 k^*，即

$$k^*=f(x_i+\theta h,y(x_i+\theta h))$$

因此只要对平均斜率 k^* 提供一种算法，由式(3.1)便可以得到一种微分方程的数值计算公式。用这个观点来研究欧拉公式与改进欧拉公式，可以发现欧拉公式由于仅取 x_i 一个点的斜率值 $f(x_i,y_i)$ 作为平均斜率 k^* 的近似值，因此精度较低。而改进欧拉公式(2.13)却是利用了 x_i 与 x_{i+1} 两个点的斜率值 $k_1=f(x_i,y_i)$ 与 $k_2=f(x_{i+1},y_i+hk_1)$ 的平均值作为平均斜率 k^* 的近似值，即

$$k^*\approx\frac{1}{2}(k_1+k_2)$$

其中，k_2 是通过已知信息 y_i 利用欧拉公式求得的。

改进欧拉公式比欧拉公式精度高的原因，也就在于确定平均斜率时多取了一个点的斜率值。因此它启发我们，如果设法在$[x_i, x_{i+1}]$上多预报几个点的斜率值，然后将它们加权平均作为 k^* 的近似值，则有可能构造出更高精度的计算公式，这是龙格-库塔方法的基本思路。

7.3.2　二阶龙格-库塔公式

首先推广改进欧拉公式，考察区间$[x_i, x_{i+1}]$内任一点

$$x_{i+l} = x_i + lh \quad (0 < l \leqslant 1)$$

我们希望用 x_i 和 x_{i+l} 两点的斜率值 k_1 和 k_2 加权平均作为平均斜率 k^* 的近似值：

$$k^* \approx \lambda_1 k_1 + \lambda_2 k_2$$

即取

$$y_{i+1} = y_i + h(\lambda_1 k_1 + \lambda_2 k_2)$$

其中 λ_1, λ_2 为待定常数。同改进欧拉公式一样，这里仍取

$$k_1 = f(x_i, y_i)$$

问题在于怎样预测 x_{i+l} 处的斜率值 k_2。

仿照改进欧拉公式，先用欧拉公式提供 $y(x_{i+l})$ 的预测值

$$y_{i+l} = y_i + lhk_1$$

然后再用预测值 y_{i+l} 通过计算 f 产生斜率值 $k_2 = f(x_{i+l}, y_{i+l})$。这样设计出的计算公式具有如下形式：

$$\begin{cases} y_{i+1} = y_i + h(\lambda_1 k_1 + \lambda_2 k_2), \\ k_1 = f(x_i, y_i), \\ k_2 = f(x_{i+l}, y_i + lhk_1) \end{cases} \tag{3.2}$$

公式(3.2)中含有3个待定参数 λ_1, λ_2 和 l，我们希望适当选取这些参数值，使得公式(3.2)具有二阶精度。

公式(3.2)也是一个单步显式公式，它的局部截断误差为

$$\begin{aligned} R_{i+1} &= y(x_{i+1}) - y(x_i) - h[\lambda_1 f(x_i, y(x_i)) + \lambda_2 f(x_{i+l}, y(x_i) + lhf(x_i, y(x_i)))] \\ &= y(x_{i+1}) - y(x_i) - h[\lambda_1 y'(x_i) + \lambda_2 f(x_{i+l}, y(x_i) + lhy'(x_i))] \\ &= hy'(x_i) + \frac{h^2}{2} y''(x_i) + O(h^3) - h\Big[\lambda_1 y'(x_i) + \lambda_2 \Big(f(x_i, y(x_i)) \\ &\qquad + lh \frac{\partial f(x_i, y(x_i))}{\partial x} + lhy'(x_i) \frac{\partial f(x_i, y(x_i))}{\partial y} + O(h^2) \Big) \Big] \\ &= h(1 - \lambda_1 - \lambda_2) y'(x_i) + h^2 \left(\frac{1}{2} - l\lambda_2 \right) y''(x_i) + O(h^3) \end{aligned}$$

上式第2个等式用了 $y'(x_i) = f(x_i, y(x_i))$，第3个等式用了二元泰勒展开，第4个

等式用了

$$y''(x_i)=\frac{\partial f(x_i,y(x_i))}{\partial x}+y'(x_i)\frac{\partial f(x_i,y(x_i))}{\partial y}$$

要使公式(3.2)具有二阶精度，即 $R_{i+1}=O(h^3)$，只需

$$\begin{cases}\lambda_1+\lambda_2=1,\\ l\lambda_2=\dfrac{1}{2}\end{cases}\tag{3.3}$$

这里一共有 3 个待定参数，但只需满足两个条件，因此有一个自由度，于是满足式(3.3)的参数不止一组，而是一簇。这些公式统称为二阶龙格-库塔(Runge-Kutta)公式。

式(3.3)的解为

$$\lambda_1=1-\frac{1}{2l},\quad \lambda_2=\frac{1}{2l}$$

特别，当 $l=1$ 时，即 $x_{i+l}=x_{i+1}$，$\lambda_1=\lambda_2=\dfrac{1}{2}$ 时，二阶龙格-库塔公式成为改进欧拉公式。如果取 $l=\dfrac{1}{2}$，则 $\lambda_1=0$，$\lambda_2=1$，这时二阶龙格-库塔公式称为**变形欧拉公式**，其形式是

$$\begin{cases}y_{i+1}=y_i+hk_2,\\ k_1=f(x_i,y_i),\\ k_2=f\left(x_{i+\frac{1}{2}},y_i+\dfrac{h}{2}k_1\right)\end{cases}\tag{3.4}$$

从表面上看，变形欧拉公式仅含一个斜率值 k_2，但 k_2 是通过 k_1 计算出来的，因此每完成一步，仍然需要两次计算函数 f 的值，工作量和改进欧拉公式几乎相同。

综上所述，构造二阶龙格-库塔公式主要由以下几步产生：

① 在区间$[x_i,x_{i+1}]$上取两点，预报相应点的斜率值。

② 对此两斜率值加权平均作为平均斜率值的近似值。

③ 写出局部截断误差的表达式，对有关函数作泰勒展开得到关于 h 的幂级数。为使公式达到二阶精度，h^0，h^1，h^2 的系数必须为零，从而建立有关参数所应满足的方程组。

④ 解此方程组得到一族二阶龙格-库塔公式。

7.3.3 高阶龙格-库塔公式

为了进一步提高精度，在$[x_i,x_{i+1}]$上除 x_i 和 x_{i+l} 外再增加一点 $x_{i+m}=x_i+mh(l<m\leqslant 1)$，并用 x_i，x_{i+l}，x_{i+m} 三点处的斜率值 k_1，k_2，k_3 加权平均作为 k^* 的近似值，这时计算公式为

$$y_{i+1} = y_i + h(\lambda_1 k_1 + \lambda_2 k_2 + \lambda_3 k_3)$$

其中 k_1，k_2 仍取式(3.2)的形式。

为了预测 x_{i+m} 处的斜率值 k_3，要定出 x_{i+m} 处所对应的 y_{i+m}。为求 y_{i+m}，可以应用区间$[x_i, x_{i+m}]$上二阶龙格-库塔公式，得到 $y(x_{i+m})$ 的预测值

$$y_{i+m} = y_i + mh(\mu_1 k_1 + \mu_2 k_2)$$

然后，再用预测值 y_{i+m} 通过计算 f 的函数值产生斜率值

$$k_3 = f(x_{i+m}, y_{i+m}) = f(x_i + mh, y_i + mh(\mu_1 k_1 + \mu_2 k_2))$$

这样设计出的计算公式具有如下形式：

$$\begin{cases} y_{i+1} = y_i + h(\lambda_1 k_1 + \lambda_2 k_2 + \lambda_3 k_3), \\ k_1 = f(x_i, y_i), \\ k_2 = f(x_i + lh, y_i + lhk_1), \\ k_3 = f(x_i + mh, y_i + mh(\mu_1 k_1 + \mu_2 k_2)) \end{cases} \tag{3.5}$$

写出公式(3.5)的局部截断误差，运用泰勒展开方法，适当选择参数 λ_1，λ_2，λ_3，l，m，μ_1，μ_2 使上述公式具有三阶精度，采用与第7.3.2节中类似的处理方法，得到这些参数需要满足条件

$$\begin{cases} \mu_1 + \mu_2 = 1, \\ \lambda_1 + \lambda_2 + \lambda_3 = 1, \\ \lambda_2 l + \lambda_3 m = \dfrac{1}{2}, \\ \lambda_2 l^2 + \lambda_3 m^2 = \dfrac{1}{3}, \\ \lambda_3 l m \mu_2 = \dfrac{1}{6} \end{cases} \tag{3.6}$$

满足这5个条件的一族公式(3.5)统称为三阶龙格-库塔公式，其中常用的是**库塔(Kutta)公式**

$$\begin{cases} y_{i+1} = y_i + \dfrac{h}{6}(k_1 + 4k_2 + k_3), \\ k_1 = f(x_i, y_i), \\ k_2 = f\left(x_i + \dfrac{h}{2}, y_i + \dfrac{h}{2}k_1\right), \\ k_3 = f(x_i + h, y_i - hk_1 + 2hk_2) \end{cases} \tag{3.7}$$

若需再将精度提高至四阶，用类似上述的处理方法，只是必须在$[x_i, x_{i+1}]$上用4个点处的斜率加权平均作为 k^* 的近似值，构造一族四阶龙格-库塔公式。由于推导复杂，这里从略，只将常用的两个公式介绍如下。

经典龙格-库塔公式(四阶龙格-库塔公式)

$$\begin{cases} y_{i+1} = y_i + \dfrac{h}{6}(k_1 + 2k_2 + 2k_3 + k_4), \\ k_1 = f(x_i, y_i), \\ k_2 = f\left(x_i + \dfrac{h}{2}, y_i + \dfrac{h}{2}k_1\right), \\ k_3 = f\left(x_i + \dfrac{h}{2}, y_i + \dfrac{h}{2}k_2\right), \\ k_4 = f(x_i + h, y_i + hk_3) \end{cases} \tag{3.8}$$

Gill 公式

$$\begin{cases} y_{i+1} = y_i + \dfrac{h}{6}[k_1 + (2-\sqrt{2})k_2 + (2+\sqrt{2})k_3 + k_4], \\ k_1 = f(x_i, y_i), \\ k_2 = f\left(x_i + \dfrac{h}{2}, y_i + \dfrac{h}{2}k_1\right), \\ k_3 = f\left(x_i + \dfrac{h}{2}, y_i + \dfrac{\sqrt{2}-1}{2}hk_1 + \left(1 - \dfrac{\sqrt{2}}{2}\right)hk_2\right), \\ k_4 = f\left(x_i + h, y_i - \dfrac{\sqrt{2}}{2}hk_2 + \left(1 + \dfrac{\sqrt{2}}{2}\right)hk_3\right) \end{cases}$$

它们的局部截断误差均为 $O(h^5)$。

例 7.3 用四阶龙格-库塔方法求解例 7.1 中的初值问题,取步长 $h = 0.2$。

解 对此初值问题采用四阶龙格-库塔公式的具体形式为

$$\begin{cases} y_{i+1} = y_i + \dfrac{0.2}{6}(k_1 + 2k_2 + 2k_3 + k_4), \\ k_1 = -2x_i y_i, \\ k_2 = -2(x_i + 0.1)(y_i + 0.1k_1), \\ k_3 = -2(x_i + 0.1)(y_i + 0.1k_2), \\ k_4 = -2(x_i + 0.2)(y_i + 0.2k_3) \end{cases}$$

计算结果列于表 7-3-1 中。

比较例 7.3 与例 7.1、例 7.2 的结果,显然以四阶龙格-库塔方法的精度为最高(见表7-3-2)。虽然四阶龙格-库塔法每一步需 4 次计算函数 f 的值,但由于步长放大了 1 倍,算出表 7-2-2 和表 7-3-1 所花计算量几乎相同,这进一步显示了四阶龙格-库塔方法的优越性,同时也说明选择算法的重要性。

表 7-3-1　四阶龙格-库塔公式算例($h=0.2$)

x_i	y_i	$y(x_i)$	$\lvert y(x_i)-y_i \rvert$
0	1.000 000 0	1.000 000 0	0.000 000 0
0.2	0.960 789 3	0.960 789 4	0.000 000 1
0.4	0.852 142 9	0.852 143 8	0.000 000 8
0.6	0.697 675 5	0.697 676 3	0.000 000 8
0.8	0.527 297 7	0.527 292 4	0.000 005 3
1.0	0.367 903 6	0.367 879 5	0.000 024 2
1.2	0.236 985 7	0.236 927 7	0.000 057 9
1.4	0.140 957 6	0.140 858 4	0.000 099 2
1.6	0.077 438 7	0.077 304 7	0.000 134 0
1.8	0.039 313 5	0.039 163 9	0.000 149 6

表 7-3-2　各种方法近似解比较

x_i	欧拉公式的误差 $\lvert y(x_i)-y_i \rvert, h=0.1$	改进欧拉公式的误差 $\lvert y(x_i)-y_i \rvert, h=0.1$	四阶龙格-库塔公式的误差 $\lvert y(x_i)-y_i \rvert, h=0.2$
0.1	0.010 0	0.000 0	
0.2	0.019 2	0.000 1	0.000 000 1
0.3	0.026 9	0.000 1	
0.4	0.032 2	0.000 1	0.000 000 8
0.5	0.034 8	0.000 0	
0.6	0.034 6	0.000 1	0.000 000 8
0.7	0.031 7	0.000 3	
0.8	0.026 9	0.000 6	0.000 005 3
0.9	0.020 6	0.000 9	
1.0	0.013 8	0.001 2	0.000 024 2
1.1	0.007 2	0.001 5	
1.2	0.001 3	0.001 7	0.000 057 9
1.3	0.003 5	0.001 9	
1.4	0.006 9	0.002 0	0.000 099 2
1.5	0.009 0	0.002 1	
1.6	0.009 8	0.002 0	0.000 134 0
1.7	0.009 7	0.001 9	
1.8	0.008 9	0.001 7	0.000 149 6

从理论上讲,可以构造任意高阶的龙格-库塔公式,但只要注意到精度的阶数与计算函数值 $f(x,y)$ 的次数之间的关系不是等量增加的(见表 7-3-3),且精度越高表达式越复杂,因此再提高公式阶数已没有多大意义了。这进一步说明四阶龙格-库塔公式是兼顾了精度及计算量的较理想的计算公式。

表 7-3-3 龙格-库塔公式计算 f 的次数与精度阶数的关系

每步计算 f 的次数	2	3	4	5	6	7	8	9
精度的阶数	2	3	4	4	5	6	6	7

需要指出的是龙格-库塔方法的推导是在泰勒展开方法的基础上进行的,因而它要求所求微分方程问题的解具有较好的光滑性质。假若解的光滑性差,那么使用四阶龙格-库塔公式求得的数值解,其精度可能反而不如改进欧拉公式求得的高。在实际计算时,应当针对问题的具体特点选择合适的算法。

7.4 线性多步法

在逐步推进的求解进程中,计算 y_{i+1} 之前事实上已经求出了一系列的近似值 $y_0, y_1, \cdots, y_i$,如果能充分利用第$(i+1)$步前面已求得的多步信息来预测 y_{i+1},那么可以期望会获得较高的精度,这就是构造线性多步法的基本思想。

线性 r 步公式可表示为

$$y_{i+1} = \sum_{j=0}^{r-1} \alpha_j y_{i-j} + h\sum_{j=-1}^{r-1} \beta_j f(x_{i-j}, y_{i-j}) \tag{4.1}$$

式中,α_j 和 β_j 为常数,$|\alpha_{r-1}| + |\beta_{r-1}| \neq 0$。当 $\beta_{-1} = 0$ 时,式(4.1)为显式格式;当 $\beta_{-1} \neq 0$ 时,式(4.1)为隐式格式。式(4.1)的局部截断误差为

$$R_{i+1} = y(x_{i+1}) - \sum_{j=0}^{r-1} \alpha_j y(x_{i-j}) - h\sum_{j=-1}^{r-1} \beta_j f(x_{i-j}, y(x_{i-j})) \tag{4.2}$$

由微分方程知上式又可写为

$$R_{i+1} = y(x_{i+1}) - \sum_{j=0}^{r-1} \alpha_j y(x_{i-j}) - h\sum_{j=-1}^{r-1} \beta_j y'(x_{i-j}) \tag{4.3}$$

当 $R_{i+1} = O(h^{p+1})$ 时,称式(4.1)是一个 p 阶公式。

对于方程 $y' = f(x,y)$,由第 7.2 节已知其解满足

$$y(x_{i+1}) = y(x_i) + \int_{x_i}^{x_{i+1}} f(x, y(x))\mathrm{d}x \tag{4.4}$$

对$\int_{x_i}^{x_{i+1}} f(x, y(x))\mathrm{d}x$ 用左矩形公式和梯形公式作数值积分,分别获得了求微分方程数值解的欧拉公式和梯形公式。若需要再提高精度,可对积分用更精确的求积方法来获得,也就是对被积函数用更高次的插值多项式来代替。选取不同的插值节点

就会得到不同的数值解法，我们在这里只讨论其中的一种，称为阿当姆斯(Admas)方法。

7.4.1　阿当姆斯内插公式

要利用插值多项式，首先是选插值节点。对于线性插值，用 x_i 和 x_{i+1} 作插值节点最合适；对于高次插值，除了仍用 x_i 和 x_{i+1} 作插值节点外，其他的插值节点最好在 x_i 和 x_{i+1} 之间，但是在这样的点上 f 的值未知，即使选用近似值，也不是现成的，自然想到把插值节点选在区间 $[x_i, x_{i+1}]$ 的外面，如取 x_{i-1}, x_{i-2} 等等。

现在我们以取 $x_{i-2}, x_{i-1}, x_i, x_{i+1}$ 为插值节点来说明公式的建立(取其他节点可类似分析)。这时的插值多项式为

$$\begin{aligned}
L_3(x) &= \frac{(x-x_i)(x-x_{i-1})(x-x_{i-2})}{(x_{i+1}-x_i)(x_{i+1}-x_{i-1})(x_{i+1}-x_{i-2})}f(x_{i+1}, y(x_{i+1})) \\
&\quad + \frac{(x-x_{i+1})(x-x_{i-1})(x-x_{i-2})}{(x_i-x_{i+1})(x_i-x_{i-1})(x_i-x_{i-2})}f(x_i, y(x_i)) \\
&\quad + \frac{(x-x_{i+1})(x-x_i)(x-x_{i-2})}{(x_{i-1}-x_{i+1})(x_{i-1}-x_i)(x_{i-1}-x_{i-2})}f(x_{i-1}, y(x_{i-1})) \\
&\quad + \frac{(x-x_{i+1})(x-x_i)(x-x_{i-1})}{(x_{i-2}-x_{i+1})(x_{i-2}-x_i)(x_{i-2}-x_{i-1})}f(x_{i-2}, y(x_{i-2})) \\
&= \sum_{j=-1}^{2}\Big(\prod_{\substack{l=-1 \\ l\neq j}}^{2}\frac{x-x_{i-l}}{x_{i-j}-x_{i-l}}\Big)f(x_{i-j}, y(x_{i-j}))
\end{aligned}$$

由插值余项公式有

$$\begin{aligned}
f(x, y(x)) &= L_3(x) + \frac{1}{4!}\frac{\mathrm{d}^4 f(x, y(x))}{\mathrm{d}x^4}\Big|_{x=\xi_i}\prod_{j=-1}^{2}(x-x_{i-j}) \\
&= L_3(x) + \frac{1}{4!}y^{(5)}(\xi_i)\prod_{j=-1}^{2}(x-x_{i-j})
\end{aligned}$$

将上式代入到式(4.4)，并作代换 $x-x_i=th$，得到

$$\begin{aligned}
y(x_{i+1}) &= y(x_i) + \int_{x_i}^{x_{i+1}}L_3(x)\mathrm{d}x + \frac{1}{4!}\int_{x_i}^{x_{i+1}}y^{(5)}(\xi_i)\prod_{j=-1}^{2}(x-x_{i-j})\mathrm{d}x \\
&= y(x_i) + \sum_{j=-1}^{2}f(x_{i-j}, y(x_{i-j}))\int_{x_i}^{x_{i+1}}\prod_{\substack{l=-1 \\ l\neq j}}^{2}\frac{x-x_{i-l}}{x_{i-j}-x_{i-l}}\mathrm{d}x \\
&\quad + \frac{1}{4!}y^{(5)}(\eta_i)\int_{x_i}^{x_{i+1}}\prod_{j=-1}^{2}(x-x_{i-j})\mathrm{d}x \\
&= y(x_i) + h\sum_{j=-1}^{2}f(x_{i-j}, y(x_{i-j}))\int_0^1\prod_{\substack{l=-1 \\ l\neq j}}^{2}\frac{l+t}{l-j}\mathrm{d}t \\
&\quad + \frac{1}{4!}h^5 y^{(5)}(\eta_i)\int_0^1\prod_{j=-1}^{2}(t+j)\mathrm{d}t
\end{aligned}$$

$$= y(x_i) + \frac{h}{24}[9f(x_{i+1}, y(x_{i+1})) + 19f(x_i, y(x_i))$$
$$- 5f(x_{i-1}, y(x_{i-1})) + f(x_{i-2}, y(x_{i-2}))] - \frac{19}{720}h^5 y^{(5)}(\eta_i) \tag{4.5}$$

式中，$x_{i-2} < \eta_i < x_{i+1}$。在式(4.5)中略去

$$R_{i+1} = -\frac{19}{720}h^5 y^{(5)}(\eta_i) \tag{4.6}$$

并用 y_i 代替 $y(x_i)$，便有

$$y_{i+1} = y_i + \frac{h}{24}[9f(x_{i+1}, y_{i+1}) + 19f(x_i, y_i) - 5f(x_{i-1}, y_{i-1}) + f(x_{i-2}, y_{i-2})] \tag{4.7}$$

这个公式称为**阿当姆斯内插公式**。它是一个关于 y_{i+1} 的隐式方程，因而阿当姆斯内插公式是一个隐式公式。由局部截断误差的定义及式(4.5)可知式(4.7)的局部截断误差为式(4.6)，因而阿当姆斯内插公式是一个四阶公式。式(4.7)是一个三步方法，应用该公式需要提供3个初值 y_0，y_1 和 y_2，通常 y_1 和 y_2 由经典龙格-库塔公式提供。

7.4.2 阿当姆斯外推公式

式(4.1)成为隐式方程是由于选取 x_{i+1} 作为插值节点，若不取 x_{i+1}，而换作取 x_{i-3}，即取 $x_{i-3}, x_{i-2}, x_{i-1}$ 和 x_i 作为插值节点，这时插值多项式便成为

$$\begin{aligned}\tilde{L}_3(x) &= \frac{(x-x_{i-1})(x-x_{i-2})(x-x_{i-3})}{(x_i-x_{i-1})(x_i-x_{i-2})(x_i-x_{i-3})}f(x_i, y(x_i)) \\ &\quad + \frac{(x-x_i)(x-x_{i-2})(x-x_{i-3})}{(x_{i-1}-x_i)(x_{i-1}-x_{i-2})(x_{i-1}-x_{i-3})}f(x_{i-1}, y(x_{i-1})) \\ &\quad + \frac{(x-x_i)(x-x_{i-1})(x-x_{i-3})}{(x_{i-2}-x_i)(x_{i-2}-x_{i-1})(x_{i-2}-x_{i-3})}f(x_{i-2}, y(x_{i-2})) \\ &\quad + \frac{(x-x_i)(x-x_{i-1})(x-x_{i-2})}{(x_{i-3}-x_i)(x_{i-3}-x_{i-1})(x_{i-3}-x_{i-2})}f(x_{i-3}, y(x_{i-3})) \\ &= \sum_{j=0}^{3}\left(\prod_{\substack{l=0\\ l\neq j}}^{3}\frac{x-x_{i-l}}{x_{i-j}-x_{i-l}}\right)f(x_{i-j}, y(x_{i-j}))\end{aligned}$$

由插值余项公式有

$$\begin{aligned}f(x, y(x)) &= \tilde{L}_3(x) + \frac{1}{4!}\left.\frac{\mathrm{d}^4 f(x.y(x))}{\mathrm{d}x^4}\right|_{x=\bar{\xi}_i}\prod_{j=0}^{3}(x-x_{i-j}) \\ &= \tilde{L}_3(x) + \frac{1}{4!}y^{(5)}(\bar{\xi}_i)\prod_{j=0}^{3}(x-x_{i-j})\end{aligned}$$

将上式代入到式(4.4)，并作代换 $x - x_i = th$，得到

$$\begin{aligned} y(x_{i+1}) &= y(x_i) + \int_{x_i}^{x_{i+1}} \widetilde{L}_3(x)\mathrm{d}x + \frac{1}{4!}\int_{x_i}^{x_{i+1}} y^{(5)}(\bar{\xi}_i)\prod_{j=0}^{3}(x-x_{i-j})\mathrm{d}x \\ &= y(x_i) + \sum_{j=0}^{3} f(x_{i-j}, y(x_{i-j}))\int_{x_i}^{x_{i+1}} \prod_{\substack{l=0\\ l\neq j}}^{3} \frac{x-x_{i-l}}{x_{i-j}-x_{i-l}}\mathrm{d}x \\ &\quad + \frac{1}{4!}y^{(5)}(\bar{\eta}_i)\int_{x_i}^{x_{i+1}} \prod_{j=0}^{3}(x-x_{i-j})\mathrm{d}x \\ &= y(x_i) + h\sum_{j=0}^{3} f(x_{i-j}, y(x_{i-j}))\int_0^1 \prod_{\substack{l=0\\ l\neq j}}^{3} \frac{l+t}{l-j}\mathrm{d}t \\ &\quad + \frac{1}{4!}h^5 y^{(5)}(\bar{\eta}_i)\int_0^1 \prod_{j=0}^{3}(t+j)\mathrm{d}t \\ &= y(x_i) + \frac{h}{24}[55f(x_i, y(x_i)) - 59f(x_{i-1}, y(x_{i-1})) \\ &\quad + 37f(x_{i-2}, y(x_{i-2})) - 9f(x_{i-3}, y(x_{i-3}))] + \frac{251}{720}h^5 y^{(5)}(\bar{\eta}_i) \end{aligned} \tag{4.8}$$

式中，$x_{i-3} < \bar{\eta}_i < x_{i+1}$。在式(4.8)中略去

$$\bar{R}_{i+1} = \frac{251}{720}h^5 y^{(5)}(\bar{\eta}_i) \tag{4.9}$$

并用 y_i 代替 $y(x_i)$，便有

$$y_{i+1} = y_i + \frac{h}{24}[55f(x_i, y_i) - 59f(x_{i-1}, y_{i-1}) + 37f(x_{i-2}, y_{i-2}) - 9f(x_{i-3}, y_{i-3})] \tag{4.10}$$

这个公式称为**阿当姆斯外推公式**。已知 $y_{i-3}, y_{i-2}, y_{i-1}$ 和 y_i，将它们代入式(4.10)的右端，可直接得到 y_{i+1}，因而阿当姆斯外推公式是一个显式公式。由局部截断误差的定义及式(4.8)知式(4.10)的局部截断误差为式(4.9)，因而阿当姆斯外推公式也是一个四阶公式。式(4.10)是一个四步方法，应用该公式需要提供4个初值 y_0, y_1, y_2 和 y_3，通常 y_1, y_2 和 y_3 也由经典龙格-库塔公式提供。

7.4.3 阿当姆斯预测校正公式

阿当姆斯外推公式和阿当姆斯内插公式都是四阶公式。

阿当姆斯外推公式是一个显式公式，每计算一步只需计算一个函数值，计算很方便；阿当姆斯内插公式是一个隐式公式，每一步计算均需迭代求解，从计算角度讲，内插公式比外推公式要麻烦。但是内插公式与外推公式相比有两个优点。第一，内插公式的局部截断误差 R_{i+1} 比外推公式的局部截断误差 $\bar{R}_{i+1}$ 小得多：

$$R_{i+1} \approx -\frac{19}{251}\bar{R}_{i+1}$$

第二，观察内插公式(4.7)中f_i的4个系数的绝对值之和及外推公式(4.10)中f_i的对应的4个系数的绝对值之和，我们发现内插公式的系数绝对值之和也小得多。一般地说，由于计算f_i所产生的误差对计算结果的影响，内插公式比外推公式要小，所以我们不单独使用外推公式(4.10)，而是把它和内插公式(4.7)结合起来使用，形成如下预测校正系统：

$$\begin{cases}\tilde{y}_{i+1}=y_i+\dfrac{h}{24}[55f(x_i,y_i)-59f(x_{i-1},y_{i-1})+37f(x_{i-2},y_{i-2})\\ \qquad -9f(x_{i-3},y_{i-3})],\\ y_{i+1}=y_i+\dfrac{h}{24}[9f(x_{i+1},\tilde{y}_{i+1})+19f(x_i,y_i)-5f(x_{i-1},y_{i-1})\\ \qquad +f(x_{i-2},y_{i-2})]\end{cases} \tag{4.11}$$

例 7.4 用阿当姆斯方法求解例1中的初值问题，取$h=0.1$。

解 利用龙格-库塔方法求出开头三步的值y_1,y_2,y_3，再使用阿当姆斯外推公式(4.10)及阿当姆斯预测校正公式(4.11)进行计算，其结果列于表7-4-1和表7-4-2中。

表 7-4-1 阿当姆斯外推法算例($h=0.1$)

x_i	龙格-库塔法 y_i	外推法 y_i	精确解 $y(x_i)$	误差 $\|y(x_i)-y_i\|$
0.1	0.990 049 8		0.990 049 8	0.000 000 0
0.2	0.960 789 4		0.960 789 4	0.000 000 0
0.3	0.913 931 2		0.913 931 2	0.000 000 0
0.4		0.852 216 7	0.852 143 8	0.000 073 0
0.5		0.778 958 6	0.778 800 8	0.000 157 8
0.6		0.697 923 1	0.697 676 3	0.000 246 8
0.7		0.612 944 9	0.612 626 4	0.000 318 5
0.8		0.527 656 1	0.527 292 4	0.000 363 7
0.9		0.445 232 6	0.444 858 0	0.000 374 5
1.0		0.368 231 5	0.367 879 5	0.000 352 0
1.1		0.298 498 6	0.298 197 3	0.000 301 3
1.2		0.237 160 0	0.236 927 7	0.000 232 3
1.3		0.184 675 1	0.184 519 5	0.000 155 7
1.4		0.140 940 5	0.140 858 4	0.000 082 1
1.5		0.105 418 8	0.105 399 2	0.000 019 6
1.6		0.077 277 9	0.077 304 7	0.000 026 8
1.7		0.055 520 3	0.055 576 2	0.000 055 9
1.8		0.039 059 2	0.039 163 9	0.000 068 7

表 7-4-2　预测校正法($h=0.1$)

x_i	龙格-库塔法 y_i	预测法 $y_{i+1}^{(0)}$	校正值 y_{i+1}	精确值 $y(x_i)$	误差 $\lvert y(x_i)-y_i\rvert$
0.1	0.990 049 8			0.990 049 8	0.000 000 0
0.2	0.960 789 4			0.960 789 4	0.000 000 0
0.3	0.913 931 2			0.913 931 2	0.000 000 0
0.4		0.852 216 7	0.852 134 5	0.852 143 8	0.000 009 3
0.5		0.778 891 4	0.778 780 3	0.778 800 8	0.000 020 4
0.6		0.697 769 5	0.697 644 7	0.697 676 3	0.000 031 6
0.7		0.612 709 5	0.612 585 4	0.612 626 4	0.000 041 1
0.8		0.527 354 8	0.527 245 4	0.527 292 4	0.000 047 0
0.9		0.444 893 5	0.444 809 5	0.444 858 0	0.000 048 5
1.0		0.367 886 5	0.367 834 1	0.367 879 5	0.000 045 3
1.1		0.298 178 6	0.298 159 4	0.298 197 3	0.000 037 9
1.2		0.236 889 2	0.236 900 3	0.236 927 7	0.000 027 5
1.3		0.184 468 7	0.184 503 9	0.184 519 5	0.000 015 6
1.4		0.140 803 3	0.140 854 3	0.140 858 4	0.000 004 1
1.5		0.105 346 6	0.105 405 1	0.105 399 2	0.000 005 9
1.6		0.077 259 6	0.077 318 0	0.077 304 7	0.000 013 2
1.7		0.055 541 4	0.055 593 7	0.055 576 2	0.000 017 5
1.8		0.039 140 3	0.039 182 8	0.039 163 9	0.000 018 9

与准确值相比较,明显看出预测校正值比外推法求得的值准确得多。

7.5　一阶方程组与高阶方程

7.5.1　一阶方程组

前面研究的是单个方程 $y'=f(x,y)$ 的数值解法,只要把 y 和 f 理解作向量,那么前述各种计算公式都可应用于一阶方程组的情形。

下面仅对两个方程的情况加以讨论。

考察初值问题

$$\begin{cases} u'=\varphi(x,u,v),\ u(a)=\alpha; \\ v'=\psi(x,u,v),\ v(a)=\beta \end{cases} \quad (a\leqslant x\leqslant b) \tag{5.1}$$

若采用向量的记号,记

$$\boldsymbol{y}=(u,v)^{\mathrm{T}},\quad \boldsymbol{\eta}=(\alpha,\beta)^{\mathrm{T}},\quad \boldsymbol{f}=(\varphi,\psi)^{\mathrm{T}}$$

则上述方程组的初值问题可以表示为

$$\begin{cases} \boldsymbol{y}' = \boldsymbol{f}(x, \boldsymbol{y}), \\ \boldsymbol{y}(a) = \boldsymbol{\eta} \end{cases} \tag{5.2}$$

求解这一初值问题的四阶龙格-库塔公式为

$$\boldsymbol{y}_{i+1} = \boldsymbol{y}_i + \frac{h}{6}(\boldsymbol{K}_1 + 2\boldsymbol{K}_2 + 2\boldsymbol{K}_3 + \boldsymbol{K}_4) \tag{5.3}$$

式中

$$\begin{cases} \boldsymbol{K}_1 = \boldsymbol{f}(x_i, \boldsymbol{y}_i), \\ \boldsymbol{K}_2 = \boldsymbol{f}\left(x_i + \frac{h}{2}, \boldsymbol{y}_i + \frac{h}{2}\boldsymbol{K}_1\right), \\ \boldsymbol{K}_3 = \boldsymbol{f}\left(x_i + \frac{h}{2}, \boldsymbol{y}_i + \frac{h}{2}\boldsymbol{K}_2\right), \\ \boldsymbol{K}_4 = \boldsymbol{f}(x_i + h, \boldsymbol{y}_i + h\boldsymbol{K}_3) \end{cases} \tag{5.4}$$

于是式(5.3)的分量表示式即为解式(5.1)的四阶龙格—库塔公式

$$\begin{cases} u_{i+1} = u_1 + \frac{h}{6}(k_1 + 2k_2 + 2k_3 + k_4), \\ v_{i+1} = v_i + \frac{h}{6}(l_1 + 2l_2 + 2l_3 + l_4) \end{cases} \tag{5.5}$$

式中

$$\begin{cases} k_1 = \varphi(x_i, u_i, v_i), \\ l_1 = \psi(x_i, u_i, v_i), \\ k_2 = \varphi\left(x_i + \frac{h}{2}, u_i + \frac{h}{2}k_1, v_i + \frac{h}{2}l_1\right), \\ l_2 = \psi\left(x_i + \frac{h}{2}, u_i + \frac{h}{2}k_1, v_i + \frac{h}{2}l_1\right), \\ k_3 = \varphi\left(x_i + \frac{h}{2}, u_i + \frac{h}{2}k_2, v_i + \frac{h}{2}l_2\right), \\ l_3 = \psi\left(x_i + \frac{h}{2}, u_i + \frac{h}{2}k_2, v_i + \frac{h}{2}l_2\right), \\ k_4 = \varphi(x_i + h, u_i + hk_3, v_i + hl_3), \\ l_4 = \psi(x_i + h, u_i + hk_3, v_i + hl_3) \end{cases} \tag{5.6}$$

这仍是单步法，利用节点 x_i 上的值 u_i, v_i，由式(5.6)依次地计算 $k_1, l_1, k_2, l_2, k_3, l_3$ 和 k_4, l_4，然后代入式(5.5)即可求得节点 x_{i+1} 上的近似值 u_{i+1}, v_{i+1}。

7.5.2　化高阶方程为一阶方程组

关于高阶微分方程的初值问题，原则上总可以归结为一阶方程组来求解。为简便起见，我们仅以二阶方程为例加以说明，对于高于二阶的方程可按类似方法处理。

设给定下列二阶方程初值问题为

$$\begin{cases} y'' = f(x, y, y') \quad (a \leqslant x \leqslant b); \\ y(a) = \alpha, \quad y'(a) = \beta \end{cases} \tag{5.7}$$

引进新的变量 $z = y'$，则式(5.7)可化为下列一阶方程组的初值问题：

$$\begin{cases} y' = z, \quad y(a) = \alpha; \\ z' = f(x, y, z), \quad z(a) = \beta \end{cases} \tag{5.8}$$

应用四阶龙格-库塔公式(5.5)得

$$\begin{cases} y_{i+1} = y_i + \dfrac{h}{6}(k_1 + 2k_2 + 2k_3 + k_4), \\ z_{i+1} = z_i + \dfrac{h}{6}(l_1 + 2l_2 + 2l_3 + l_4) \end{cases} \tag{5.9}$$

式中

$$\begin{cases} k_1 = z_i, \quad l_1 = f(x_i, y_i, z_i); \\ k_2 = z_i + \dfrac{h}{2}l_1, \quad l_2 = f\left(x_i + \dfrac{h}{2}, y_i + \dfrac{h}{2}k_1, z_i + \dfrac{h}{2}l_1\right); \\ k_3 = z_i + \dfrac{h}{2}l_2, \quad l_3 = f\left(x_i + \dfrac{h}{2}, y_i + \dfrac{h}{2}k_2, z_i + \dfrac{h}{2}l_2\right); \\ k_4 = z_i + hl_3, \quad l_4 = f(x_i + h, y_i + hk_3, z_i + hl_3) \end{cases} \tag{5.10}$$

将 k_1, k_2, k_3, k_4 的表达式代入式(5.9)及 l_1, l_2, l_3, l_4 的表达式中，那么可以得到进一步简化了的只含有 $l_j(j = 1,2,3,4)$ 的四阶龙格-库塔公式

$$\begin{cases} y_{i+1} = y_i + hz_i + \dfrac{h^2}{6}(l_1 + l_2 + l_3), \\ z_{i+1} = z_i + \dfrac{h}{6}(l_1 + 2l_2 + 2l_3 + l_4) \end{cases} \tag{5.11}$$

式中

$$\begin{cases} l_1 = f(x_i, y_i, z_i), \\ l_2 = f\left(x_i + \dfrac{h}{2}, y_i + \dfrac{h}{2}z_i, z_i + \dfrac{h}{2}l_1\right), \\ l_3 = f\left(x_i + \dfrac{h}{2}, y_i + \dfrac{h}{2}z_i + \dfrac{h^2}{4}l_1, z_i + \dfrac{h}{2}l_2\right), \\ l_4 = f\left(x_i + h, y_i + hz_i + \dfrac{h^2}{2}l_2, z_i + hl_3\right) \end{cases} \tag{5.12}$$

例 7.5 用四阶龙格-库塔方法在[0,1]上取步长 $h = 0.2$，求解二阶方程初值问题 $y'' - 3y' + 2y = 0, y(0) = 1, y'(0) = 1$。

解 先将二阶方程化为一阶方程组。令 $z = y'$，则得方程组

$$\begin{cases} y' = z, \quad y(0) = 1; \\ z' = 3z - 2y, \quad z(0) = 1 \end{cases}$$

使用四阶龙格-库塔公式，其相应的形式为

$$\begin{cases} y_{i+1} = y_i + \frac{1}{6}(k_1 + 2k_2 + 2k_3 + k_4), \\ z_{i+1} = z_i + \frac{1}{6}(l_1 + 2l_2 + 2l_3 + l_4) \end{cases}$$

其中

$$\begin{cases} k_1 = z_i, & l_1 = 3z_i - 2y_i; \\ k_2 = z_i + 0.1l_1, & l_2 = 3(z_i + 0.1l_1) - 2(y_i + 0.1k_1); \\ k_3 = z_i + 0.1l_2, & l_3 = 3(z_i + 0.1l_2) - 2(y_i + 0.1k_2); \\ k_4 = z_i + 0.2l_3, & l_4 = 3(z_i + 0.2l_3) - 2(y_i + 0.2k_3) \end{cases}$$

计算结果列于表 7－5－1 中。

表 7－5－1　二阶方程初值问题算例

x_i	y_i	z_i	k_1	l_1	k_2	l_2	k_3	l_3	k_4	l_4
0.0	1.000 0	1.000 0	1.000 0	1.000 0	1.100 0	1.100 0	1.110 0	1.110 0	1.222 0	1.222 0
0.2	1.221 4	1.221 4	1.221 4	1.221 4	1.343 5	1.343 5	1.355 8	1.355 8	1.492 6	1.492 6
0.4	1.491 8	1.491 8	1.491 8	1.491 8	1.641 0	1.641 0	1.655 9	1.655 9	1.823 0	1.823 0
0.6	1.822 1	1.822 1	1.822 1	1.822 1	2.004 3	2.004 3	2.022 5	2.022 5	2.226 6	2.226 6
0.8	2.225 5	2.225 5	2.225 5	2.225 5	2.448 1	2.448 1	2.470 3	2.470 3	2.719 6	2.719 6
1.0	2.718 2									

与精确解 $y = e^x$ 比较，可知所得近似解在 0.2，0.4，0.6，0.8 处均有 5 位有效数字，在1.0 处具有 4 位有效数字。

7.6　应用实例：摆球振动

设质量为 m 的摆球用长度为 l 的细线悬挂在 O 点（见图 7－6－1），其与竖直线的夹角 $\theta = \theta_0$，将其轻轻放下，则小球将左右来回摆动。忽略细线的质量、弹性及空气阻力。根据牛顿第二定律，摆球的运动满足如下常微分方程初值问题：

$$\begin{cases} l\frac{d^2\theta}{dt^2} = -mg\sin\theta, \\ \theta(0) = \theta_0, \\ \theta'(0) = 0 \end{cases} \tag{6.1}$$

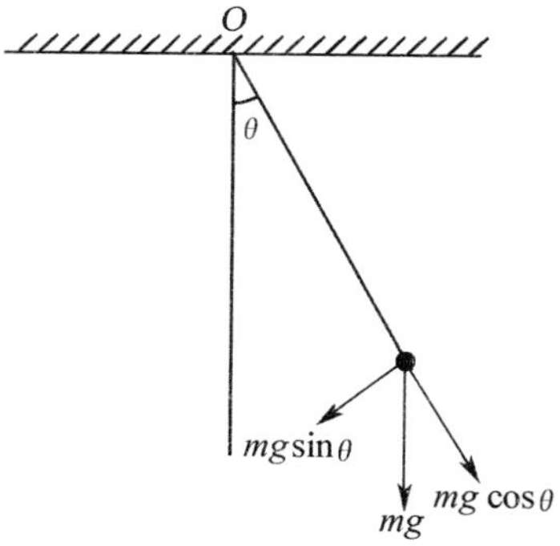

图 7－6－1　摆球振动

当 $|\theta|$ 很小时，式(6.1) 可近似为

$$\begin{cases} l\dfrac{d^2\theta}{dt^2}=-mg\theta, \\ \theta(0)=\theta_0, \\ \theta'(0)=0 \end{cases} \tag{6.2}$$

记 $a=\dfrac{mg}{l}$，容易求得式(6.2) 的解为

$$\theta=\theta_0\cos at \tag{6.3}$$

我们将用数值方法求解式(6.1)，并与式(6.2) 的解式(6.3) 相比较。

引进新变量 $\eta=\dfrac{d\theta}{dt}$，将式(6.1) 改写成如下等价的一阶常微分方程组：

$$\begin{cases} \dfrac{d\theta}{dt}=\eta, \\ \dfrac{d\eta}{dt}=-a^2\sin\theta, \\ \theta(0)=\theta_0, \\ \eta(0)=0 \end{cases} \tag{6.4}$$

设 $a=\pi$。取 $h=\dfrac{1}{360}$，用阿当姆斯预测校正公式(4.11) 求式(6.4) 的近似解，初始值由经典龙格-库塔公式(3.8) 提供。表 7-6-1 给出了 $\theta_0=0.1°$ 时的部分数值结果，从计算所得数据可以看到式(6.2) 的解很好地逼近式(6.1) 的解；表 7-6-2 给出了 $\theta_0=10°$ 时的部分数值结果，从计算所得数据可以看到式(6.1) 的解仍然具有周期性，但与式(6.2) 的解之间有一定的误差。计算表明 θ_0 越大，式(6.2) 的解与式(6.1) 的解之间的差越大。读者可以考虑一下它们的相对误差。

表 7-6-1 $\theta_0=0.1°$ 的摆球运动

t/s	式(6.2) 的精确解 $\theta(t)$/(°)	式(6.1) 的数值解 $u_h(t)$/(°)	$\lvert u_h(t)-\theta(t)\rvert$/(°)
0	0.100 00	0.100 00	0.000 00
1/6	0.086 60	0.086 67	0.000 06
2/6	0.050 00	0.050 04	0.000 04
3/6	0.000 00	0.000 01	0.000 01
4/6	−0.050 00	−0.050 03	0.000 03
5/6	−0.086 60	−0.086 66	0.000 05
6/6	−1.000 0	−1.000 07	0.000 07
7/6	−0.086 60	−0.086 67	0.000 06
8/6	−0.500 00	−0.050 04	0.000 04
9/6	0.000 00	−0.000 01	0.000 01
10/6	0.050 00	0.050 03	0.000 03

续表 7-6-1

t/s	式(6.2) 的精确解 $\theta(t)$/(°)	式(6.1) 的数值解 $u_h(t)$/(°)	$\lvert u_h(t)-\theta(t)\rvert$/(°)
11/6	0.086 60	0.086 66	0.000 05
12/6	0.100 00	0.100 07	0.000 07
13/6	0.086 60	0.086 67	0.000 06
14/6	0.050 00	0.050 04	0.000 04
15/6	0.000 00	0.000 01	0.000 01
16/6	−0.050 00	−0.050 03	0.000 03
17/6	−0.086 60	−0.086 66	0.000 05
18/6	−0.100 00	0.100 07	0.000 07

表 7-6-2 $\theta_0 = 10°$ 的摆球运动

t/s	式(6.2) 的精确解 $\theta(t)$/(°)	式(6.1) 的数值解 $u_h(t)$/(°)	$\lvert u_h(t)-\theta(t)\rvert$/(°)
0	10.000 00	10.000 00	0.000 00
1/6	8.660 25	8.667 24	0.006 98
2/6	5.000 00	5.020 43	0.020 43
3/6	0.000 00	0.030 66	0.030 66
4/6	−5.000 00	−4.967 32	0.032 68
5/6	−8.660 25	−8.636 51	0.023 74
6/6	−10.000 00	−10.000 12	0.000 12
7/6	−8.660 25	−8.696 91	0.036 65
8/6	−5.000 00	−5.072 09	0.072 08
9/6	0.000 00	−0.090 51	0.090 51
10/6	5.000 00	4.915 31	0.084 69
11/6	8.660 25	8.606 22	0.054 03
12/6	10.000 00	9.999 59	0.000 41
13/6	8.660 25	8.726 27	0.066 01
14/6	5.000 00	5.123 55	0.123 55
15/6	0.000 00	0.150 35	0.150 34
16/6	−5.000 00	−4.863 12	0.136 88
17/6	−8.660 25	−8.575 62	0.084 63
18/6	−10.000 00	−9.998 69	0.001 31

计算经验表明，对于算长时间问题，阿当姆斯预测校正公式(4.11) 比经典龙格-库塔公式(3.8) 的数值稳定性要好得多。

小　　结

本章就常微分方程初值问题着重介绍了欧拉方法、龙格-库塔方法、阿当姆斯线性多步法以及一阶方程组和高阶方程的解法。

现在将都是显式的四阶龙格-库塔公式和阿当姆斯外推公式作比较如下：

公式名称	单、多步	精度	步长	每步计算 f 次数	启动情况
四阶龙格-库塔公式	单步公式	四阶	可变	4	自开始
阿当姆斯外推公式	多步公式	四阶	不可变	1	不能自开始

因此只有在 $f(x,y)$ 比较简单的情况下采用四阶龙格-库塔公式。而一般情况下，应采用由龙格-库塔公式提供初值 y_1,y_2,y_3，然后用阿当姆斯外推公式求得预测值 $y_{i+1}^{(0)}$，再由阿当姆斯内插公式求得校正值 y_{i+1}。如此求得的值既近似程度好又节省计算量，是一种比较好的方法。

局部截断误差是本章一个基本而重要的概念，由它来确定各类公式的精度，并由此可构造出更高阶的公式。研究局部截断误差所使用的方法是将函数展成泰勒级数，然后将 h 的同幂次项进行合并。

复　习　思　考　题

1. 为什么要研究微分方程数值解法？本章主要研究的是怎样一类初值问题？

2. 一阶微分方程初值问题有哪些数值解法？比较各种方法的优缺点，并就本章所举的4个例子具体说明之。

3. p 阶精度的定义是什么？泰勒展开式在研究局部截断误差中起什么作用？

4. 什么叫单步法？什么叫多步法？四阶龙格-库塔公式属于哪一类？

5. 就3个未知函数的一阶微分方程组初值问题

$$\begin{cases} u' = \varphi(x,u,v,w), & u(x_0) = u_0; \\ v' = \psi(x,u,v,w), & v(x_0) = v_0; \\ w' = \theta(x,u,v,w), & w(x_0) = w_0 \end{cases}$$

写出四阶龙格-库塔公式。

习　题　7

1. 初值问题 $y' = ax, y(0) = 0$ 的解为 $y(x) = \frac{1}{2}ax^2$，设 $\{y_i\}_{i=0}^{n}$ 为用欧拉公

式所得数值解，证明：

$$y(x_i)-y_i=\frac{1}{2}ahx_i \quad (0\leqslant i\leqslant n)$$

2. 用欧拉方法解初值问题：

$$\begin{cases} y'=10x(1-y) \quad (0\leqslant x\leqslant 1); \\ y(0)=0 \end{cases}$$

取步长 $h=0.1$，保留 5 位有效数字，并与准确解 $y=1-\mathrm{e}^{-5x^2}$ 相比较。

3. 用改进欧拉方法解初值问题：

$$\begin{cases} y'=-y \quad (0\leqslant x\leqslant 1.0); \\ y(0)=1 \end{cases}$$

取步长 $h=0.2$，保留 5 位有效数字，并与准确解相比较。

4. 验证改进欧拉公式的局部截断误差可写为

$$R_{i+1}=y(x_{i+1})-y(x_i)-\frac{h}{2}(K_1+K_2)$$

其中 $K_1=f(x_i,y(x_i))$，$K_2=f(x_{i+1},y(x_i)+hK_1)$。仿此，写出经典龙格-库塔公式局部截断误差的表达式。

5. 证明：对任意参数 t，下列龙格-库塔公式至少是二阶的：

$$\begin{cases} y_{i+1}=y_i+\dfrac{h}{2}(k_2+k_3), \\ k_1=f(x_i,y_i), \\ k_2=f(x_i+th,y_i+thk_1), \\ k_3=f(x_i+(1-t)h,y_i+(1-t)hk_1) \end{cases}$$

6. 用四阶龙格-库塔方法求解第 3 题中的初值问题，取步长 $h=0.2$，保留 5 位有效数字，并与第 3 题结果及其准确解相比较。

7. 用阿当姆斯预测校正公式求解第 3 题中的初值问题，取步长 $h=0.2$，保留 5 位有效数字，并与准确解相比较。

8. 试导出二阶的阿当姆斯显式公式和隐式公式。

9. 试确定两步公式

$$y_{i+1}=A(y_i+y_{i-1})+h[Bf(x_i,y_i)+Cf(x_{i-1},y_{i-1})]$$

中的参数 A,B,C，使其具有尽可能高的精度，并指出能达到的阶数。

10. 将微分方程 $y'(x)=f(x,y(x))$ 的两边在区间 $[x_{i-1},x_{i+1}]$ 上积分，得到

$$y(x_{i+1})=y(x_{i-1})+\int_{x_{i-1}}^{x_{i+1}}f(x,y(x))\mathrm{d}x$$

试用辛卜生积分公式导出如下求解公式：

$$y_{i+1}=y_{i-1}+\frac{h}{3}[f(x_{i+1},y_{i+1})+4f(x_i,y_i)+f(x_{i-1},y_{i-1})]$$

并证明其局部截断误差为

$$R_{i+1}=-\frac{1}{90}h^5y^{(5)}(\xi_i)\quad(x_{i-1}<\xi_i<x_{i+1})$$

11. 取步长 $h=0.1$，用欧拉法、改进欧拉法、阿当姆斯外推法及阿当姆斯预测校正法求解初值问题：

$$\begin{cases}y'=1-y\quad(0\leqslant x\leqslant 1);\\y(0)=0\end{cases}$$

并从计算量和精度两方面加以比较。

12. 将二阶方程

$$y''-5y'+6y=0\quad(y(0)=1,y'(0)=-1)$$

化为一阶方程组，取 $h=0.1$，用四阶龙格-库塔法求 $y(0.2)$ 的近似值，保留5位有效数字。

13. 设方程组

$$\begin{cases}y'=f(x,y,z),\quad y(x_0)=y_0;\\z'=g(x,y,z),\quad z(x_0)=z_0\end{cases}$$

写出求此方程组的四阶阿当姆斯外推公式。

8　矩阵的特征值及特征向量的计算

8.1　问题的提出

在数学和物理中，很多问题都需要计算矩阵的特征值及其特征向量。在线性代数中知道，求矩阵

$$A = \begin{bmatrix} a_{11} & a_{12} & \cdots & a_{1n} \\ a_{21} & a_{22} & \cdots & a_{2n} \\ \vdots & \vdots & & \vdots \\ a_{n1} & a_{n2} & \cdots & a_{nn} \end{bmatrix}$$

的特征值就是求代数方程

$$\varphi(\lambda) = |\lambda \boldsymbol{I} - \boldsymbol{A}| = \begin{vmatrix} \lambda - a_{11} & -a_{12} & \cdots & -a_{1n} \\ -a_{21} & \lambda - a_{22} & \cdots & -a_{2n} \\ \vdots & \vdots & & \vdots \\ -a_{n1} & -a_{n2} & \cdots & \lambda - a_{nn} \end{vmatrix} = 0 \tag{1.1}$$

的根。$\varphi(\lambda)$ 是关于 λ 的 n 次多项式，可以写成

$$\varphi(\lambda) = \lambda^n + c_1\lambda^{n-1} + \cdots + c_{n-1}\lambda + c_n = 0 \tag{1.2}$$

式中，$c_i(i = 1,2,\cdots,n)$ 取决于矩阵 $\boldsymbol{A}$ 中的元素。称 $\varphi(\lambda)$ 是矩阵 $\boldsymbol{A}$ 的特征多项式；称 $\varphi(\lambda) = 0$ 为矩阵 $\boldsymbol{A}$ 的特征方程，它有 n 个根(包括重根)，称为 $\boldsymbol{A}$ 的特征根或特征值。

当 λ 是 $\boldsymbol{A}$ 的特征值时，相应的方程组

$$(\lambda \boldsymbol{I} - \boldsymbol{A})\boldsymbol{x} = 0 \tag{1.3}$$

的非零解 $\boldsymbol{x}$ 称为矩阵 $\boldsymbol{A}$ 对应于特征值 λ 的特征向量。

求矩阵特征值及特征向量的问题是线性代数中的一个重要课题。从式(1.2)及(1.3)看，它只是代数方程求根及线性方程组求解的问题。但当 $\boldsymbol{A}$ 的阶数较高时，要把式(1.1)化成式(1.2)，本身就比较复杂，而直接求解式(1.2)往往也有困难。另外在实际问题中，具体要求也有不同。有些只要求矩阵 $\boldsymbol{A}$ 的按模最大特征值及其相应的特征向量(代数中称模最大的特征值为主特征值(其模称为谱半径))；有的则要求全部特征值及其特征向量。根据这两种不同要求，矩阵的特征值及特征向量的计算方法也大体上分成两种类型。本章就此两种类型介绍其中最常用的三种方法——幂法、雅可比法和QR法。

8.2 按模最大与最小特征值的求法

幂法及反幂法是一种迭代法。幂法用来计算实矩阵 $\boldsymbol{A}$ 的按模最大的特征值及相应的特征向量；当零不是特征值时，反幂法用来求按模最小的特征值及相应的特征向量。下面分别叙述幂法及反幂法。

8.2.1 幂法

设 n 阶矩阵 $\boldsymbol{A}$ 有 n 个线性无关的特征向量 $\boldsymbol{x}_1,\boldsymbol{x}_2,\cdots,\boldsymbol{x}_n$，它们所对应的特征值分别为 $\lambda_1,\lambda_2,\cdots,\lambda_n$，并按模的大小排列，即有

$$|\lambda_1|\geqslant|\lambda_2|\geqslant\cdots\geqslant|\lambda_n|$$

分两种情况来讨论。

(1) $|\lambda_1|>|\lambda_2|\geqslant\cdots\geqslant|\lambda_n|$

任取初始向量 $\boldsymbol{v}_0$，由假设知矩阵 $\boldsymbol{A}$ 有 n 个线性无关的特征向量，所以任何一个 n 维向量都可以由它们线性表示，即得

$$\boldsymbol{v}_0=\alpha_1\boldsymbol{x}_1+\alpha_2\boldsymbol{x}_2+\cdots+\alpha_n\boldsymbol{x}_n \tag{2.1}$$

并设 $\alpha_1\neq 0$。现在从 $\boldsymbol{v}_0$ 出发作一系列迭代：$\boldsymbol{v}_{k+1}=\boldsymbol{A}\boldsymbol{v}_k(k=0,1,2\cdots)$，即得一向量序列，并把式(2.1)代入，又因 $\boldsymbol{A}\boldsymbol{x}_k=\lambda_k\boldsymbol{x}_k$，可得下述算式：

$$\begin{aligned}
\boldsymbol{v}_1&=\boldsymbol{A}\boldsymbol{v}_0=\boldsymbol{A}(\alpha_1\boldsymbol{x}_1+\alpha_2\boldsymbol{x}_2+\cdots+\alpha_n\boldsymbol{x}_n)\\
&=\alpha_1\lambda_1\boldsymbol{x}_1+\alpha_2\lambda_2\boldsymbol{x}_2+\cdots+\alpha_n\lambda_n\boldsymbol{x}_n\\
\boldsymbol{v}_2&=\boldsymbol{A}\boldsymbol{v}_1=\boldsymbol{A}^2\boldsymbol{v}_0=\alpha_1\lambda_1^2\boldsymbol{x}_1+\alpha_2\lambda_2^2\boldsymbol{x}_2+\cdots+\alpha_n\lambda_n^2\boldsymbol{x}_n\\
&\ \vdots\\
\boldsymbol{v}_k&=\boldsymbol{A}^k\boldsymbol{v}_0=\alpha_1\lambda_1^k\boldsymbol{x}_1+\alpha_2\lambda_2^k\boldsymbol{x}_2+\cdots+\alpha_n\lambda_n^k\boldsymbol{x}_n
\end{aligned}$$

也可写成

$$\boldsymbol{v}_k=\lambda_1^k\left[\alpha_1\boldsymbol{x}_1+\alpha_2\left(\frac{\lambda_2}{\lambda_1}\right)^k\boldsymbol{x}_2+\cdots+\alpha_n\left(\frac{\lambda_n}{\lambda_1}\right)^k\boldsymbol{x}_n\right]\quad(k=0,1,2,\cdots)$$

同理有

$$\boldsymbol{v}_{k+1}=\lambda_1^{k+1}\left[\alpha_1\boldsymbol{x}_1+\alpha_2\left(\frac{\lambda_2}{\lambda_1}\right)^{k+1}\boldsymbol{x}_2+\cdots+\alpha_n\left(\frac{\lambda_n}{\lambda_1}\right)^{k+1}\boldsymbol{x}_n\right]$$

因为

$$|\lambda_i|<|\lambda_1|\quad(i=2,3,\cdots,n)$$

所以

$$\lim_{k\to\infty}\left(\frac{\lambda_i}{\lambda_1}\right)^k=0\quad(i=2,3,\cdots,n)$$

从而得

$$\boldsymbol{v}_{k+1}\approx\lambda_1\boldsymbol{v}_k \tag{2.2}$$

式(2.2)说明向量 $\boldsymbol{v}_{k+1}$ 和 $\boldsymbol{v}_k$ 应该近似地线性相关，常数 λ_1 就是模最大的特征

值。具体求 λ_1 时，可以取

$$\frac{(\boldsymbol{v}_{k+1})_j}{(\boldsymbol{v}_k)_j} \approx \lambda_1$$

其中$(\boldsymbol{v}_k)_j$ 表示向量 $\boldsymbol{v}_k$ 的第 j 个分量，而这时 $\boldsymbol{v}_k$ 和 $\boldsymbol{v}_{k+1}$ 只相差一个常数，因此都可以作为 λ_1 所对应的特征向量。用上述方法计算模最大的特征值及相应的特征向量，主要是求矩阵 $\boldsymbol{A}$ 的幂 $\boldsymbol{A}^k$ 与已知向量 $\boldsymbol{v}_0$ 的乘积 $\boldsymbol{A}^k\boldsymbol{v}_0$，因此称为**乘幂法**，简称**幂法**。实际上它是一种迭代法。从式(2.2) 可知迭代的收敛速度主要取决于比值 $\left|\frac{\lambda_2}{\lambda_1}\right|$，当 $\left|\frac{\lambda_2}{\lambda_1}\right|$ 越小时，迭代收敛越快。

用乘幂法计算时，由于反复把矩阵 $\boldsymbol{A}$ 与向量 $\boldsymbol{A}^{k-1}\boldsymbol{v}_0$ 相乘，往往有可能出现各个分量的绝对值过大(趋于 ∞) 或过小(趋于 0) 的数，这时在计算机上计算时会产生“溢出”或“机器 0”的情况。为了克服这个缺点，通常采用迭代向量“规一化”的措施，即把迭代向量 $\boldsymbol{v}_k$ 的最大分量化为 1，于是得乘幂法的计算步骤如下：

① 任取一个初始向量 $\boldsymbol{v}_0 \neq \boldsymbol{0}$ 。

② 构造迭代序列

$$\begin{cases}\boldsymbol{u}_0 = \boldsymbol{v}_0, \\ \boldsymbol{v}_k = \boldsymbol{A}\boldsymbol{u}_{k-1}, \\ m_k = \max(\boldsymbol{v}_k), \\ \boldsymbol{u}_k = \boldsymbol{v}_k/m_k\end{cases} \quad (k = 1,2,\cdots) \tag{2.3}$$

式中，$m_k = \max(\boldsymbol{v}_k)$ 表示 $\boldsymbol{v}_k$ 中首次出现的模最大的分量，如 $\boldsymbol{v}_k = (3,-5,5)^{\mathrm{T}}$，则 $\max(\boldsymbol{v}_k) = -5$，于是规一化后所得向量为 $\boldsymbol{u}_k = \left(-\frac{3}{5},1,-1\right)^{\mathrm{T}}$。

③ $$\lim_{k\to\infty} m_k = \lambda_1, \quad \lim_{k\to\infty}\boldsymbol{u}_k = \frac{\boldsymbol{x}_1}{\max(\boldsymbol{x}_1)} \tag{2.4}$$

下面证明式(2.4) 中两个公式。由

$$\begin{aligned}\boldsymbol{u}_k &= \frac{\boldsymbol{A}^k\boldsymbol{u}_0}{m_k m_{k-1}\cdots m_1} = \frac{\boldsymbol{A}^k\boldsymbol{v}_0}{\max(\boldsymbol{A}^k\boldsymbol{v}_0)} \\ &= \frac{\lambda_1^k\left[\alpha_1\boldsymbol{x}_1 + \sum_{i=2}^{n}\alpha_i\left(\frac{\lambda_i}{\lambda_1}\right)^k\boldsymbol{x}_i\right]}{\max\left[\lambda_1^k\left(\alpha_1\boldsymbol{x}_1 + \sum_{i=2}^{n}\alpha_i\left(\frac{\lambda_i}{\lambda_1}\right)^k\boldsymbol{x}_i\right)\right]} \\ &= \frac{\lambda_1^k\left[\alpha_1\boldsymbol{x}_1 + \sum_{i=2}^{n}\alpha_i\left(\frac{\lambda_i}{\lambda_1}\right)^k\boldsymbol{x}_i\right]}{\lambda_1^k\max\left[\alpha_1\boldsymbol{x}_1 + \sum_{i=2}^{n}\alpha_i\left(\frac{\lambda_i}{\lambda_1}\right)\boldsymbol{x}_i\right]} \\ &= \frac{\alpha_1\boldsymbol{x}_1 + \sum_{i=2}^{n}\alpha_i\left(\frac{\lambda_i}{\lambda_1}\right)^k\boldsymbol{x}_i}{\max\left[\alpha_1\boldsymbol{x}_1 + \sum_{i=2}^{n}\alpha_i\left(\frac{\lambda_i}{\lambda_1}\right)^k\boldsymbol{x}_i\right]}\end{aligned} \tag{2.5}$$

当 $k \to \infty$ 时，式(2.5)分子和分母中的 $\sum_{i=2}^{n} \alpha_i \left(\frac{\lambda_i}{\lambda_1}\right)^k$ 的每一项均趋向于 0，因此

$$\lim_{k\to\infty} \boldsymbol{u}_k = \frac{\boldsymbol{x}_1}{\max(\boldsymbol{x}_1)}$$

说明式(2.4)中第 2 个式子成立。同理

$$\boldsymbol{v}_k = \boldsymbol{A}\boldsymbol{u}_{k-1} = \boldsymbol{A} \frac{\boldsymbol{A}^{k-1}\boldsymbol{v}_0}{\max(\boldsymbol{A}^{k-1}\boldsymbol{v}_0)}$$

$$= \frac{\lambda_1^k \left[\alpha_1 \boldsymbol{x}_1 + \sum_{i=2}^{n} \alpha_i \left(\frac{\lambda_i}{\lambda_1}\right)^k \boldsymbol{x}_i\right]}{\max\left[\lambda_1^{k-1}\left(\alpha_1 \boldsymbol{x}_1 + \sum_{i=2}^{n} \alpha_i \left(\frac{\lambda_i}{\lambda_1}\right)^{k-1} \boldsymbol{x}_i\right)\right]}$$

$$= \frac{\lambda_1^k \left[\alpha_1 \boldsymbol{x}_1 + \sum_{i=2}^{n} \alpha_i \left(\frac{\lambda_i}{\lambda_1}\right)^k \boldsymbol{x}_i\right]}{\lambda_1^{k-1}\left[\max\left(\alpha_1 \boldsymbol{x}_1 + \sum_{i=2}^{n} \alpha_i \left(\frac{\lambda_i}{\lambda_1}\right)^{k-1} \boldsymbol{x}_i\right)\right]}$$

取 $\boldsymbol{v}_k$ 分量模的最大值，得到

$$\max(\boldsymbol{v}_k) = \frac{\lambda_1 \max\left[\alpha_1 \boldsymbol{x}_1 + \sum_{i=2}^{n} \alpha_i \left(\frac{\lambda_i}{\lambda_1}\right)^k \boldsymbol{x}_i\right]}{\max\left[\alpha_1 \boldsymbol{x}_1 + \sum_{i=2}^{n} \alpha_i \left(\frac{\lambda_i}{\lambda_1}\right)^{k-1} \boldsymbol{x}_i\right]}$$

当 $k \to \infty$ 时，$\max(\boldsymbol{v}_k) \to \lambda_1$。所以式(2.4)中第 1 式也成立。

例 8.1　用幂法计算矩阵

$$\boldsymbol{A} = \begin{bmatrix} 2 & -1 & 0 \\ -1 & 2 & -1 \\ 0 & -1 & 2 \end{bmatrix}$$

模最大的特征值及其对应的特征向量。

解　由公式(2.3)，并取初始向量 $\boldsymbol{u}_0 = \boldsymbol{v}_0 = (1,1,1)^{\mathrm{T}}$，则得

$$\boldsymbol{v}_1 = \boldsymbol{A}\boldsymbol{u}_0 = \begin{bmatrix} 2 & -1 & 0 \\ -1 & 2 & -1 \\ 0 & -1 & 2 \end{bmatrix} \begin{bmatrix} 1 \\ 1 \\ 1 \end{bmatrix} = \begin{bmatrix} 1 \\ 0 \\ 1 \end{bmatrix}$$

$$m_1 = \max(\boldsymbol{v}_1) = 1, \quad \boldsymbol{u}_1 = (1,0,1)^{\mathrm{T}}$$

$$\boldsymbol{v}_2 = \boldsymbol{A}\boldsymbol{u}_1 = \begin{bmatrix} 2 & -1 & 0 \\ -1 & 2 & -1 \\ 0 & -1 & 2 \end{bmatrix} \begin{bmatrix} 1 \\ 0 \\ 1 \end{bmatrix} = \begin{bmatrix} 2 \\ -2 \\ 2 \end{bmatrix}$$

$$m_2 = \max(\boldsymbol{v}_2) = 2, \quad \boldsymbol{u}_2 = (1,-1,1)$$

依次继续迭代，计算结果列于表 8-2-1。

表 8-2-1 用幂法计算主特征值算例($u_0=(1,1,1)^T$)

k	u_k(规一化向量)	$\max(v_k)$
0	(1.000 000 00,1.000 000 00,1.000 000 00)	1.000 000 00
1	(1.000 000 00,0.000 000 00,1.000 000 00)	1.000 000 00
2	(1.000 000 00,−1.000 000 00,1.000 000 00)	2.000 000 00
3	(−0.750 000 00,1.000 000 00,−0.750 000 00)	−4.000 000 00
4	(−0.714 285 67,1.000 000 00,−0.717 285 67)	3.500 000 00
5	(−0.708 333 43,1.000 000 00,−0.708 333 43)	3.428 569 76
6	(−0.707 316 99,1.000 000 00,−0.707 316 99)	3.416 666 03
7	(−0.707 143 01,1.000 000 00,−0.707 143 01)	3.414 632 80
8	(−0.707 112 91,1.000 000 00,−0.707 112 91)	3.414 285 66
9	(−0.707 107 96,1.000 000 00,−0.707 107 96)	3.414 224 62
10	(−0.707 106 89,1.000 000 00,−0.707 106 89)	3.414 215 09

从表 8-2-1 中可知,迭代到 10 次时可得

$$\lambda_1 \approx 3.414\,2$$

对应的特征向量

$$\boldsymbol{v}_1 \approx (-0.707\,106\,89,\ 1.000\,000\,00,\ -0.707\,106\,89)^{\mathrm{T}}$$

而 $\boldsymbol{A}$ 的精确特征值及特征向量分别为

$$\lambda_1 = 2+\sqrt{2} = 3.414\,213\,562\cdots$$

$$\boldsymbol{v}_1 = (-1,\sqrt{2},-1) = \sqrt{2}(-0.707\,106\,7\cdots,1,-0.707\,106\,7\cdots)$$

由此可知,迭代 10 次时求得的特征值有 5 位有效数字,而特征向量有 6 位有效数字。

上述例子说明,当 $|\lambda_1|>|\lambda_2|$ 时,用幂法计算 λ_1 和 $\boldsymbol{v}_1$ 的近似值比较方便。

(2) $|\lambda_1|=|\lambda_2|>|\lambda_3|\geqslant\cdots\geqslant|\lambda_n|$

这时上述迭代序列

$$\boldsymbol{v}_k = \lambda_1^k\left[\alpha_1\boldsymbol{x}_1+\alpha_2\left(\frac{\lambda_2}{\lambda_1}\right)^k\boldsymbol{x}_2+\alpha_3\left(\frac{\lambda_3}{\lambda_1}\right)^k\boldsymbol{x}_3+\cdots+\alpha_n\left(\frac{\lambda_n}{\lambda_1}\right)^k\boldsymbol{x}_n\right]$$

因为

$$|\lambda_i|<|\lambda_1| \quad (i=3,4,\cdots,n)$$

所以

$$\lim_{k\to\infty}\left(\frac{\lambda_i}{\lambda_1}\right)^k = 0 \quad (i=3,4,\cdots,n)$$

则有

$$\boldsymbol{v}_k \approx \lambda_1^k\left(\alpha_1\boldsymbol{x}_1+\alpha_2\left(\frac{\lambda_2}{\lambda_1}\right)^k\boldsymbol{x}_2\right) = \alpha_1\lambda_1^k\boldsymbol{x}_1+\alpha_2\lambda_2^k\boldsymbol{x}_2 \tag{2.6}$$

同理

$$\boldsymbol{v}_{k+1} \approx \alpha_1\lambda_1^{k+1}\boldsymbol{x}_1+\alpha_2\lambda_2^{k+1}\boldsymbol{x}_2 \tag{2.7}$$

$$v_{k+2} \approx \alpha_1 \lambda_1^{k+2} x_1 + \alpha_2 \lambda_2^{k+2} x_2 \tag{2.8}$$

于是

$$\begin{aligned} v_{k+2} - (\lambda_1+\lambda_2) v_{k+1} + \lambda_1\lambda_2 v_k &\approx [\lambda_1^{k+2} - (\lambda_1+\lambda_2)\lambda_1^{k+1} + \lambda_1\lambda_2\lambda_1^k]\alpha_1 x_1 \\ &\quad + [\lambda_2^{k+2} - (\lambda_1+\lambda_2)\lambda_2^{k+1} + \lambda_1\lambda_2\lambda_2^k]\alpha_2 x_2 \\ &= 0 \end{aligned} \tag{2.9}$$

由式(2.9)说明 v_{k+2}, v_{k+1}, v_k 三个向量大体上线性相关，令

$$p = -(\lambda_1+\lambda_2), \quad q = \lambda_1\lambda_2$$

则有

$$v_{k+2} + p v_{k+1} + q v_k \approx 0$$

这是关于以 p,q 为未知数的 n 个式子。如果把近似式改写为等式，则得 n 个方程的方程组，任取其中两个便可求得 p,q 的值。或者把这 n 个式子都改成等式，用最小二乘法确定 p,q。求得 p,q 以后，就可得

$$\lambda_1 = -\frac{p}{2} + \sqrt{\frac{p^2}{4} - q}, \quad \lambda_2 = -\frac{p}{2} - \sqrt{\frac{p^2}{4} - q}$$

当 $\lambda_1 \neq \lambda_2$ 时，由式(2.6)和(2.7)可知

$$v_{k+1} - \lambda_2 v_k \approx \lambda_1^k(\lambda_1 - \lambda_2)\alpha_1 x_1$$

及

$$v_{k+1} - \lambda_1 v_k \approx \lambda_2^k(\lambda_2 - \lambda_1)\alpha_2 x_2$$

即 $v_{k+1} - \lambda_2 v_k$ 与 x_1 成比例，$v_{k+1} - \lambda_1 v_k$ 与 x_2 成比例，可以作为对应于 λ_1 及 λ_2 的特征向量。当 $\lambda_1 = \lambda_2$ 时，只能求得一个特征向量。如果要求另一个特征向量，可以用不同的初始值 v_0 再作迭代。

最后，关于用幂法计算矩阵的主特征值问题说明两点：

① 上面虽然对特征值的两种情况作了分析，但对具体给定矩阵来说，事先无法知道其特征值是属于何种情况，事实上也不止两种情况。例如，特征值有多重实根的情况，或者有多重复根的情况。因此在应用幂法计算时，往往采用先算下去再说的态度，在计算过程中随时判断属于何种情况，然后分别对待。

② 初始向量 v_0 的选取对迭代次数是有影响的，若选取的 v_0 中 α_1 较小，则迭代次数就可能增加。

例如，对例8.1中矩阵 $\boldsymbol{A}$，取初向量 $u_0 = v_0 = (1,0,0)^{\mathrm{T}}$，同样作 u_k 的规一化计算，结果如表8-2-2所示。

表 8-2-2　用幂法计算主特征值 $u_0=(1,0,0)^T$

k	u_k（规一化向量）	$\max(v_k)$
0	(1.000 000 00, 0.000 000 00, 0.000 000 00)	1.000 000 00
1	(1.000 000 00, −0.500 000 00, 0.000 000 00)	2.000 000 00
2	(1.000 000 00, −0.799 999 95, 0.199 999 99)	2.500 000 00
3	(1.000 000 00, −1.000 000 00, 0.428 571 46)	2.799 999 24
4	(−0.875 000 12, 1.000 000 00, −0.54 166 663)	3.428 570 75
5	(−0.804 878 18, 1.000 000 00, −0.609 756 11)	3.416 666 03
6	(−0.764 285 80, 1.000 000 00, −0.650 000 15)	3.414 632 80
7	(−0.740 858 60, 1.000 000 00, −0.673 640 37)	3.414 284 71
8	(−0.726 715 74, 1.000 000 00, −0.637 500 12)	3.414 225 58
9	(−0.718 593 00, 1.000 000 00, −0.695 621 07)	3.414 215 09
10	(−0.713 835 12, 1.000 000 00, −0.700 378 60)	3.414 213 18

同样迭代 10 次，虽然特征值仍有 5 位有效数字，但特征向量却只有 1 位数字精确。如果要达到例 8.1 相同精度的特征向量，需要迭代 21 次，显然收敛要慢得多。

由上述讨论可知，用幂法求主特征值的收敛速度是由 $|\lambda_2/\lambda_1|$ 来决定的。当这个比值很接近于 1 时，收敛就很慢。下面介绍一种加速技巧。

由线性代数知道，当 $\boldsymbol{A}$ 是对称正定矩阵时，$\boldsymbol{A}$ 的特征值 $\lambda_1 \geqslant \lambda_2 \geqslant \cdots \geqslant \lambda_n$ 所对应的特征向量 $\boldsymbol{x}_1, \boldsymbol{x}_2, \cdots, \boldsymbol{x}_n$ 可以组成规范化正交组，即 $(\boldsymbol{x}_i, \boldsymbol{x}_j)=\begin{cases}0, & i \neq j, \\ 1, & i=j,\end{cases}$ 且当 $\boldsymbol{x}$ 为任一非零向量时，有

$$\lambda_n \leqslant \frac{(\boldsymbol{A}\boldsymbol{x}, \boldsymbol{x})}{(\boldsymbol{x}, \boldsymbol{x})} \leqslant \lambda_1$$

式中，$\dfrac{(\boldsymbol{A}\boldsymbol{x}, \boldsymbol{x})}{(\boldsymbol{x}, \boldsymbol{x})}$ 称为 Rayleigh 商，并有 $\lambda_1=\max \dfrac{(\boldsymbol{A}\boldsymbol{x}, \boldsymbol{x})}{(\boldsymbol{x}, \boldsymbol{x})}$。

设用幂法计算特征根 λ_1，已经迭代到第 k 次，则有

$$\boldsymbol{u}_k=\frac{\boldsymbol{A}^k \boldsymbol{u}_0}{\max(\boldsymbol{A}^k \boldsymbol{u}_0)}, \quad \boldsymbol{A}\boldsymbol{u}_k=\frac{\boldsymbol{A}^{k+1} \boldsymbol{u}_0}{\max(\boldsymbol{A}^k \boldsymbol{u}_0)}$$

对 $\boldsymbol{u}_k$ 作一次 Rayleigh 商，得

$$\frac{(\boldsymbol{A}\boldsymbol{u}_k, \boldsymbol{u}_k)}{(\boldsymbol{u}_k, \boldsymbol{u}_k)}=\frac{(\boldsymbol{A}^{k+1} \boldsymbol{u}_0, \boldsymbol{A}^k \boldsymbol{u}_0)}{(\boldsymbol{A}^k \boldsymbol{u}_0, \boldsymbol{A}^k \boldsymbol{u}_0)}=\frac{\sum_{j=1}^{n} \alpha_j^2 \lambda_j^{2k+1}}{\sum_{j=1}^{n} \alpha_j^2 \lambda_j^{2k}}=\lambda_1+O\left(\left(\frac{\lambda_2}{\lambda_1}\right)^{2k}\right)$$

上式说明，如果每迭代一次，就用 Rayleigh 商加速一次，可以使收敛速度提高很多。具体例子参阅第 2 篇计算实习 8。

8.2.2　反幂法

设矩阵 **A** 为非奇异阵，则零不是 **A** 的特征值，并设 **A** 的特征值有

$$|\lambda_1| \geqslant |\lambda_2| \geqslant \cdots \geqslant |\lambda_n| > 0$$

这时 $\boldsymbol{A}^{-1}$ 存在，由 $\boldsymbol{A}\boldsymbol{x}_j = \lambda_j \boldsymbol{x}_j$，可得 $\boldsymbol{A}^{-1}\boldsymbol{x}_j = \dfrac{1}{\lambda_j}\boldsymbol{x}_j$，此式说明矩阵 $\boldsymbol{A}^{-1}$ 的特征值为 $\dfrac{1}{\lambda_j}(j = 1,2,\cdots,n)$，并有

$$\left|\frac{1}{\lambda_n}\right| \geqslant \left|\frac{1}{\lambda_{n-1}}\right| \geqslant \cdots \geqslant \left|\frac{1}{\lambda_1}\right|$$

而且 **A** 对应于 λ_j 的特征向量 $\boldsymbol{x}_j$ 就是 $\boldsymbol{A}^{-1}$ 对应于 $\dfrac{1}{\lambda_j}$ 的特征向量。如果对矩阵 $\boldsymbol{A}^{-1}$ 应用幂法求主特征值 $\dfrac{1}{\lambda_n}$ 及特征向量 $\boldsymbol{x}_n$，就是对 **A** 求按模最小的特征值及特征向量，用 $\boldsymbol{A}^{-1}$ 代替 **A** 作幂法计算就称为**反幂法**。

根据幂法计算，即任给初始向量 $\boldsymbol{v}_0$ 可作如下迭代：

$$\boldsymbol{v}_k = \boldsymbol{A}^{-1}\boldsymbol{u}_{k-1} \quad (k = 0,1,\cdots) \tag{2.10}$$

但从式(2.10)中可知，要作此迭代必须要计算 $\boldsymbol{A}^{-1}$，这是一件不容易的事，故往往把式(2.10)改写成

$$\boldsymbol{A}\boldsymbol{v}_k = \boldsymbol{u}_{k-1} \quad (k = 0,1,\cdots)$$

如果采用“规一化”方法，可得计算步骤如下：

$$\begin{cases} \boldsymbol{A}\boldsymbol{v}_k = \boldsymbol{u}_{k-1}, \\ m_k = \max(\boldsymbol{v}_k), \\ \boldsymbol{u}_k = \boldsymbol{v}_k / m_k \end{cases} \tag{2.11}$$

每迭代 1 次，需要解 1 个线性方程组 $\boldsymbol{A}\boldsymbol{v}_k = \boldsymbol{u}_{k-1}$，所以它的计算工作量很大。具体计算时，可以事先把 **A** 作 LU 分解，这样每次迭代只要解 2 个三角方程组就可以了。从幂法中知道，反幂法收敛速度取决于比值 $\left|\dfrac{\lambda_n}{\lambda_{n-1}}\right|$。当 $\left|\dfrac{\lambda_n}{\lambda_{n-1}}\right|$ 越小时，迭代收敛越快。

例 8.2　用反幂法求矩阵

$$\boldsymbol{A} = \begin{bmatrix} 2 & 8 & 9 \\ 8 & 3 & 4 \\ 9 & 4 & 7 \end{bmatrix}$$

按模最小的特征值及其对应的特征向量。

解　对矩阵 **A** 作 LU 分解，可得

$$\boldsymbol{L}=\begin{bmatrix}1 & & \\ 4 & 1 & \\ 4.5 & 1.1034 & 1\end{bmatrix},\quad \boldsymbol{U}=\begin{bmatrix}2 & 8 & 9\\ & -29 & -32\\ & & 1.8103\end{bmatrix}$$

取初始向量 $\boldsymbol{u}_0=\boldsymbol{v}_0=(1,1,1)^{\mathrm{T}}$，作规一化计算，有如下计算公式：

$$\begin{cases}\boldsymbol{L}\boldsymbol{y}_k=\boldsymbol{u}_{k-1},\\ \boldsymbol{U}\boldsymbol{v}_k=\boldsymbol{y}_k,\\ m_k=\max(\boldsymbol{v}_k),\\ \boldsymbol{u}_k=\boldsymbol{v}_k/m_k\end{cases}\quad(k=1,2,\cdots)$$

计算结果列于表 8－2－3 中。

表 8－2－3　反幂法求模最小特征根

k	$\boldsymbol{u}_k$（规一化向量）	$\max(\boldsymbol{v}_k)$
0	(1.000 0,1.000 0,1.000 0)	1.000 0
1	(0.434 8,1.000 0,－0.478 3)	0.565 2
2	(0.190 2,1.000 0,－0.883 4)	0.987 7
3	(0.184 3,1.000 0,－0.912 4)	0.824 5
4	(0.183 1,1.000 0,－0.912 9)	0.813 4
5	(0.183 2,1.000 0,－0.913 0)	0.813 4

迭代 5 次可得 $\dfrac{1}{\lambda_3}\approx 0.8134$，所以 $\lambda_3\approx 1.2294$，其对应的特征向量为

$$\boldsymbol{x}_3\approx(0.1832,\ 1.0000,\ -0.9130)^{\mathrm{T}}$$

8.3　计算实对称矩阵特征值的雅可比法

雅可比法是用来求实对称矩阵的全部特征值及特征向量的一种迭代法，这个方法的主要理论依据是对于 n 阶实对称矩阵 $\boldsymbol{A}$，一定存在正交矩阵 $\boldsymbol{R}$，使

$$\boldsymbol{R}^{\mathrm{T}}\boldsymbol{A}\boldsymbol{R}=\boldsymbol{D}=\begin{bmatrix}\lambda_1 & & & \\ & \lambda_2 & & \\ & & \ddots & \\ & & & \lambda_n\end{bmatrix}\tag{3.1}$$

式中，$\lambda_j(j=1,2,\cdots,n)$ 即为矩阵 $\boldsymbol{A}$ 的全部特征值，而 $\boldsymbol{R}$ 的第 j 列向量为对应于 λ_j 的特征向量。根据这个定理，要求实对称矩阵的特征值，关键在于找到合适的正交矩阵 $\boldsymbol{R}$。为了说明这个问题，我们从最简单的情况说起。

设在平面上有一条二次曲线

$$a_{11}x_1^2+2a_{12}x_1x_2+a_{22}x_2^2=1\tag{3.2}$$

可以通过坐标轴的旋转

$$\begin{cases} x_1 = y_1\cos\theta - y_2\sin\theta, \\ x_2 = y_1\sin\theta + y_2\cos\theta \end{cases} \tag{3.3}$$

化为标准形状

$$\lambda_1 y_1^2 + \lambda_2 y_2^2 = 1 \tag{3.4}$$

如果把式(3.2)写成矩阵形式，即为

$$[x_1 \quad x_2]\begin{bmatrix} a_{11} & a_{12} \\ a_{21} & a_{22} \end{bmatrix}\begin{bmatrix} x_1 \\ x_2 \end{bmatrix} = 1 \tag{3.5}$$

式中，$a_{12} = a_{21}$。而式(3.3)即为

$$\begin{bmatrix} x_1 \\ x_2 \end{bmatrix} = \begin{bmatrix} \cos\theta & -\sin\theta \\ \sin\theta & \cos\theta \end{bmatrix}\begin{bmatrix} y_1 \\ y_2 \end{bmatrix} \tag{3.6}$$

把式(3.6)代入式(3.5)，便有

$$[y_1, y_2]\begin{bmatrix} \cos\theta & \sin\theta \\ -\sin\theta & \cos\theta \end{bmatrix}\begin{bmatrix} a_{11} & a_{12} \\ a_{21} & a_{22} \end{bmatrix}\begin{bmatrix} \cos\theta & -\sin\theta \\ \sin\theta & \cos\theta \end{bmatrix}\begin{bmatrix} y_1 \\ y_2 \end{bmatrix}$$

$$= [y_1, y_2]\begin{bmatrix} b_{11} & b_{12} \\ b_{21} & b_{22} \end{bmatrix}\begin{bmatrix} y_1 \\ y_2 \end{bmatrix} = 1$$

其中

$$b_{11} = a_{11}\cos^2\theta + a_{22}\sin^2\theta + a_{21}\sin 2\theta$$

$$b_{22} = a_{11}\sin^2\theta + a_{22}\cos^2\theta - a_{21}\sin 2\theta$$

$$b_{12} = b_{21} = \frac{1}{2}(a_{22} - a_{11})\sin 2\theta + a_{21}\cos 2\theta$$

如果取 θ 使得 $\frac{1}{2}(a_{22} - a_{11})\sin 2\theta + a_{21}\cos 2\theta = 0$，则上式简写为

$$[y_1 \quad y_2]\begin{bmatrix} \lambda_1 & 0 \\ 0 & \lambda_2 \end{bmatrix}\begin{bmatrix} y_1 \\ y_2 \end{bmatrix} = 1$$

或者说

$$\boldsymbol{R}^{\mathrm{T}}\begin{bmatrix} a_{11} & a_{12} \\ a_{21} & a_{22} \end{bmatrix}\boldsymbol{R} = \begin{bmatrix} \lambda_1 & 0 \\ 0 & \lambda_2 \end{bmatrix}$$

其中

$$\boldsymbol{R} = \begin{bmatrix} \cos\theta & -\sin\theta \\ \sin\theta & \cos\theta \end{bmatrix}$$

容易验证 $\boldsymbol{R}$ 是一个正交矩阵，称式(3.3)是一个正交变换。正交变换 $\boldsymbol{R}$ 把对称矩阵 $\boldsymbol{A}$ 变成为对角阵，而 λ_1 与 λ_2 即是矩阵 $\boldsymbol{A}$ 的特征值。正交矩阵 $\boldsymbol{R}$ 的两个列向量分别为对应于 λ_1, λ_2 的两个单位特征向量，即 λ_1 所对应的特征向量为 $\boldsymbol{x}_1 = (\cos\theta, \sin\theta)^{\mathrm{T}}$，$\lambda_2$ 所对应的特征向量为 $\boldsymbol{x}_2 = (-\sin\theta, \cos\theta)^{\mathrm{T}}$。

为了把上述结果推广到一般情况，我们再用一个具体例子来说明。

例 8.3　椭球

$$3x_1^2+4x_1x_2+3x_2^2+2x_1x_3+x_3^2+x_2x_3=1 \tag{3.7}$$

与坐标平面 Ox_1x_2 的交线是

$$3x_1^2+4x_1x_2+3x_2^2=1$$

如果把 Ox_1，Ox_2 轴旋转$\frac{\pi}{4}$，则可知此二次曲线是一个椭圆。为此令

$$\begin{cases} x_1=\dfrac{1}{\sqrt{2}}(y_1-y_2), \\ x_2=\dfrac{1}{\sqrt{2}}(y_1+y_2), \\ x_3=y_3 \end{cases} \tag{3.8}$$

式(3.7) 经过此变换以后，得新方程为

$$5y_1^2+y_2^2+y_3^2+\frac{3}{\sqrt{2}}y_1y_3-\frac{1}{\sqrt{2}}y_2y_3=1 \tag{3.9}$$

把式(3.7) 和(3.9) 均写成矩阵形式，可知经过式(3.8) 的变换，矩阵

$$\boldsymbol{A}_1=\begin{bmatrix} 3 & 2 & 1 \\ 2 & 3 & \frac{1}{2} \\ 1 & \frac{1}{2} & 1 \end{bmatrix}$$

变换为

$$\boldsymbol{A}_2=\begin{bmatrix} 5 & 0 & \frac{3}{2\sqrt{2}} \\ 0 & 1 & \frac{-1}{2\sqrt{2}} \\ \frac{3}{2\sqrt{2}} & \frac{-1}{2\sqrt{2}} & 1 \end{bmatrix}$$

即

$$\boldsymbol{R}_1^{\mathrm{T}}\begin{bmatrix} 3 & 2 & 1 \\ 2 & 3 & \frac{1}{2} \\ 1 & \frac{1}{2} & 1 \end{bmatrix}\boldsymbol{R}_1=\begin{bmatrix} 5 & 0 & \frac{3}{2\sqrt{2}} \\ 0 & 1 & \frac{-1}{2\sqrt{2}} \\ \frac{3}{2\sqrt{2}} & \frac{-1}{2\sqrt{2}} & 1 \end{bmatrix}$$

其中

$$\boldsymbol{R}_1 = \begin{bmatrix} \frac{1}{\sqrt{2}} & -\frac{1}{\sqrt{2}} & 0 \\ \frac{1}{\sqrt{2}} & \frac{1}{\sqrt{2}} & 0 \\ 0 & 0 & 1 \end{bmatrix}$$

下面我们来考察经过这个变换以后式(3.7)中矩阵 $\boldsymbol{A}_1$ 元素的变化情况：

(1) 对角线上元素的平方和由 19 增加到 27；

(2) 非对角线上元素的平方和由 $10\frac{1}{2}$ 减少到 $2\frac{1}{2}$，而矩阵所有元素的平方和没有变化。

但在式(3.9)中仍然保留着 y_1y_3 与 y_2y_3 的乘积项，如果用类似的方法再作一次交换，例如把 Oy_2y_3 平面与式(3.9)截口化成标准形，可以作如下旋转变换：

$$\begin{cases} y_1 = z_1, \\ y_2 = \frac{1}{\sqrt{2}}(z_2 - z_3), \\ y_3 = \frac{1}{\sqrt{2}}(z_2 + z_3) \end{cases} \tag{3.10}$$

这时椭球方程化为

$$5z_1^2 + \left(1 - \frac{1}{2\sqrt{2}}\right)z_2^2 + \left(1 + \frac{1}{2\sqrt{2}}\right)z_3^2 + \frac{3}{2}z_1z_2 + \frac{3}{2}z_1z_3 = 1 \tag{3.11}$$

该二次型的矩阵为

$$\mathbf{A}_2 = \begin{bmatrix} 5 & \frac{3}{4} & \frac{3}{4} \\ \frac{3}{4} & 1 - \frac{1}{2\sqrt{2}} & 0 \\ \frac{3}{4} & 0 & 1 + \frac{1}{2\sqrt{2}} \end{bmatrix}$$

这时对角线上元素的平方和达到 $27\frac{1}{4}$，而非对角线元素的平方和减少成 $2\frac{1}{4}$。

综合上述两次变换的结果，我们可以得出如下结论：实对称矩阵 **A** 经过正交变换以后，对角线上的元素的平方和在不断增加，非对角线上的元素的平方和在不断减少，而矩阵所有元素的平方和是不改变的；同时也看到经过第 2 次变换后，上一次变换时已经化为零的元素又会变成不是零。但不管怎样，经过这样反复变换总可达到目的：对角线上元素的平方和不断增大而非对角线上元素平方和不断减小。

这个例子的具体作法就是雅可比法的基本思想。

设 $\boldsymbol{A}=(a_{ij})$ 为 n 阶实对称矩阵，又设 $\boldsymbol{A}$ 的非对角线元素中 $a_{ij}(i\neq j)$ 的绝对值为最大且 $a_{ij}\neq 0$（否则非对角线上所有元素全为零），作正交变换

$$\boldsymbol{R}(i,j)=\begin{bmatrix} 1 & & & & & & & & \\ & \ddots & & & & & & & \\ & & 1 & & & & & & \\ & & & \cos\theta & & & -\sin\theta & & \\ & & & & \ddots & & & & \\ & & & & & 1 & & & \\ & & & & & & \ddots & & \\ & & & \sin\theta & & & \cos\theta & & \\ & & & & & & & 1 & \\ & & & & & & & & \ddots \\ & & & & & & & & & 1 \end{bmatrix}\begin{matrix} \\ \\ \\ i \\ \\ \\ \\ j \\ \\ \\ \\ \end{matrix}$$

（第 i 列、第 j 列）

矩阵 $\boldsymbol{R}(i,j)$ 中，对角线上元素除 $r_{ii}=r_{jj}=\cos\theta$ 外，其他皆为 1，非对角线上元素除 $r_{ij}=-\sin\theta$，$r_{ji}=\sin\theta$ 外，其他皆为 0，称 $\boldsymbol{R}(i,j)$ 为平面旋转阵，简记为 $\boldsymbol{R}_1$。记 $\boldsymbol{A}_1=\boldsymbol{R}_1^{\mathrm{T}}\boldsymbol{A}\boldsymbol{R}_1=(a_{ij}^{(1)})$，容易直接验证 $\boldsymbol{R}_1$ 有如下性质：

（1）$\boldsymbol{R}_1^{\mathrm{T}}\boldsymbol{R}_1=\boldsymbol{I}$（$\boldsymbol{I}$ 为单位阵），即 $\boldsymbol{R}_1$ 是正交阵。

（2）如果 $\boldsymbol{A}$ 是对称阵，则 $(\boldsymbol{R}_1^{\mathrm{T}}\boldsymbol{A}\boldsymbol{R}_1)^{\mathrm{T}}=\boldsymbol{R}_1^{\mathrm{T}}\boldsymbol{A}^{\mathrm{T}}\boldsymbol{R}_1=\boldsymbol{R}_1^{\mathrm{T}}\boldsymbol{A}\boldsymbol{R}_1$，所以 $\boldsymbol{A}_1=\boldsymbol{R}_1^{\mathrm{T}}\boldsymbol{A}\boldsymbol{R}_1$ 也是对称阵。就是说，对称阵经过正交变换以后仍是对称阵。

（3）矩阵 $\boldsymbol{A}$ 经过变换后，$\boldsymbol{A}_1$ 中第 i 行、第 j 行及第 i 列、第 j 列元素的变化如下：

$$\begin{cases} a_{ii}^{(1)}=a_{ii}\cos^2\theta+a_{jj}\sin^2\theta+a_{ij}\sin 2\theta, \\ a_{jj}^{(1)}=a_{ii}\sin^2\theta+a_{jj}\cos^2\theta-a_{ij}\sin 2\theta, \\ a_{ij}^{(1)}=a_{ji}^{(1)}=\dfrac{1}{2}(a_{jj}-a_{ii})\sin 2\theta+a_{ij}\cos 2\theta, \\ a_{il}^{(1)}=a_{li}^{(1)}=a_{il}\cos\theta+a_{jl}\sin\theta, \\ a_{jl}^{(1)}=a_{lj}^{(1)}=-a_{il}\sin\theta+a_{jl}\cos\theta \end{cases}\quad (l=1,2,\cdots,n;l\neq i,j) \tag{3.12}$$

其他元素不变，即

$$a_{lk}^{(1)}=a_{kl}^{(1)}=a_{lk}\quad (l,k\neq i,j)$$

如果取 θ 使得 $\dfrac{1}{2}(a_{jj}-a_{ii})\sin 2\theta+a_{ij}\cos 2\theta=0$，即令

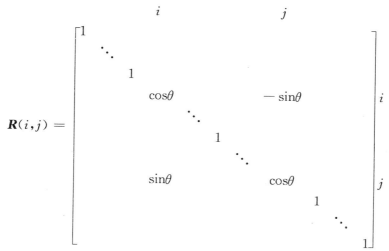

$$\theta=\begin{cases}\dfrac{1}{2}\arctan\dfrac{2a_{ij}}{a_{ii}-a_{jj}} & (a_{ii}\neq a_{jj});\\ \dfrac{\pi}{4} & (a_{ii}=a_{jj},\ a_{ij}>0);\\ -\dfrac{\pi}{4} & (a_{ii}=a_{jj},\ a_{ij}<0)\end{cases}\tag{3.13}$$

则可得

$$a_{ij}^{(1)}=a_{ji}^{(1)}=0$$

同样可以直接验证：

$$①\ \sum_{i,j=1}^{n}a_{ij}^2=\sum_{i,j=1}^{n}[a_{ij}^{(1)}]^2\tag{3.14}$$

即经过正交变换后，矩阵所有元素的平方和不变。

$$②\ [a_{ii}^{(1)}]^2+[a_{jj}^{(1)}]^2=a_{ii}^2+a_{jj}^2+2a_{ij}(a_{ii}-a_{jj})\sin2\theta\cos2\theta+2[4a_{ij}^2-(a_{ii}-a_{jj})^2]\sin^2\theta\cos^2\theta$$

利用条件(3.13)得

$$[a_{ii}^{(1)}]^2+[a_{jj}^{(1)}]^2=a_{ii}^2+a_{jj}^2+2a_{ij}^2\tag{3.15}$$

由此可知，经过正交变换后矩阵 $\boldsymbol{A}$ 中对角线元素的平方和比原来增加了 $2a_{ij}^2$，而非对角线元素的平方和减少了 $2a_{ij}^2$。

如果取 $|a_{ij}|$ 大于或等于 $\boldsymbol{A}$ 的其他非对角线元素的绝对值，则有

$$a_{ij}^2\geqslant\frac{1}{n(n-1)}S$$

其中 S 是 $\boldsymbol{A}$ 中所有非对角线元素的平方和。于是每通过一次变换以后，非对角线元素的平方和有

$$\sum_{i\neq j}[a_{ij}^{(1)}]^2=S-2a_{ij}^2\leqslant S-\frac{2S}{n(n-1)}=\left(1-\frac{2}{n(n-1)}\right)S$$

这说明非对角线元素的平方和不会超过原来的 $\left(1-\dfrac{2}{n(n-1)}\right)$ 倍。

以上是根据第1次变换得到的结论，但是这种做法及结论都具有典型性。如果这样继续计算下去，经过 k 次正交变换以后，得到的矩阵 $\boldsymbol{A}_k$ 的非对角线元素之平方和就不会超过原来的 $\left(1-\dfrac{2}{n(n-1)}\right)^k$ 倍，又因 $\left|1-\dfrac{2}{n(n-1)}\right|<1$，所以当 $k\to\infty$ 时，非对角线元素的平方和趋向于0，即每一非对角线元素趋向于0，所以 $\boldsymbol{A}_k\to\boldsymbol{D}$（$\boldsymbol{D}$ 为对角阵）。

从以上分析，可得雅可比法的计算步骤如下：

① 找出 $\boldsymbol{A}$ 中非对角线元素绝对值最大的元素 a_{ij}，确定 i,j。

② 用公式(3.13)求得 $\tan2\theta$，并利用三角函数 $\tan2\theta$ 与 $\sin\theta,\cos\theta$ 之间的关系求

出 $\sin\theta$ 及 $\cos\theta$。

③ 用公式(3.12)求出

$$a_{ii}^{(1)}, a_{jj}^{(1)}, a_{il}^{(1)}, a_{jl}^{(1)} \quad (l = 1,2,\cdots,n; l \neq i,j)$$

④ 以 $\boldsymbol{A}_1$ 代入 $\boldsymbol{A}$，继续重复步骤①②③，直至 $|a_{ij}^{(k)}| < \varepsilon$ 时为止($i \neq j$)。

此时 $\boldsymbol{A}_k$ 中对角线元素即为所求的特征值，变换矩阵 $\boldsymbol{R}_1, \boldsymbol{R}_2, \cdots, \boldsymbol{R}_k$ 的乘积

$$\boldsymbol{U}_k = \boldsymbol{R}_1 \boldsymbol{R}_2 \cdots \boldsymbol{R}_k$$

的列向量即为所求的特征向量，具体计算时可令

$$\begin{cases} \boldsymbol{U}_0 = \boldsymbol{I}, \\ \boldsymbol{U}_m = \boldsymbol{U}_{m-1} \boldsymbol{R}_m \quad (m = 1,2,\cdots,k) \end{cases}$$

每一步的计算公式为

$$\begin{cases} u_{li}^{m} = u_{li}^{(m-1)} \cos\theta + u_{lj}^{(m-1)} \sin\theta, \\ u_{lj}^{m} = -u_{li}^{(m-1)} \sin\theta + u_{lj}^{(m-1)} \cos\theta \end{cases} \quad (l = 1,2,\cdots,n)$$

在实际计算中常常采用一些措施来提高精度和节省工作量。

(1) 减少舍入误差的影响。从公式中可知，具体计算时只需用到 $\sin\theta, \cos\theta$ 的值，为了提高精度，舍入误差越小越好。常常利用三角函数之间的关系，写成便于计算的公式。令

$$y = |a_{ii} - a_{jj}|, \quad x = 2a_{ij}\,\mathrm{sign}(a_{ii} - a_{jj})$$

其中

$$\mathrm{sign}(z) = \begin{cases} 1, & z > 0; \\ 0, & z = 0; \\ -1, & z < 0 \end{cases}$$

于是 $\tan 2\theta = \dfrac{x}{y}$。当 $|\theta| \leqslant \dfrac{\pi}{4}$ 时，$\cos 2\theta$ 和 $\cos\theta$ 取非负值，利用三角恒等式

$$2\cos^2\theta - 1 = \cos 2\theta = \frac{1}{\sqrt{1 + \tan^2 2\theta}}, \quad \sin 2\theta = \tan 2\theta \cos 2\theta$$

即得

$$\begin{cases} \cos 2\theta = \dfrac{y}{\sqrt{x^2 + y^2}}, \\ \cos\theta = \sqrt{\dfrac{1}{2}(1 + \cos 2\theta)}, \\ \sin 2\theta = \dfrac{x}{\sqrt{x^2 + y^2}}, \\ \sin\theta = \dfrac{\sin 2\theta}{2\cos\theta} \end{cases}$$

(2) 节省工作时间。在雅可比法中，每次变换是把非对角元素绝对值最大者化

为零，但在 n 阶矩阵中要去寻找这个最大元素要花较多的机器时间，所以一般不选最大元素。改进的一种方法是设某些"关口"，如 $a_1, a_2, \cdots, a_k$，先按次序用 $a_{ij}(i \neq j; i,j = 1,2,\cdots,n)$ 与 a_1 比较，若 $|a_{ij}| < a_1$，则通过；若 $|a_{ij}| \geqslant a_1$，就进行一次旋转变换，使之化为 0。一遍轮流过后，再用 a_2 来比较，作同样处理，直至达到所需精度为止。这种方法称为雅可比过关法。

例 8.4　用雅可比法求对称矩阵

$$\boldsymbol{A} = \begin{bmatrix} 2 & -1 & 0 \\ -1 & 2 & -1 \\ 0 & -1 & 2 \end{bmatrix}$$

的特征值及特征向量。

解　用选绝对值最大的非对角元消零，如第一步中为 $a_{12} = -1$（即 $i = 1, j = 2$），$a_{11} = a_{22} = 2$，可取 $\theta = -\dfrac{\pi}{4}, \sin\theta = -\dfrac{\sqrt{2}}{2}, \cos\theta = \dfrac{\sqrt{2}}{2}$，计算得

$$\boldsymbol{A}_1 = \begin{bmatrix} 3 & 0 & 0.707\,1 \\ 0 & 1 & -0.707\,1 \\ 0.707\,1 & -0.707\,1 & 2 \end{bmatrix}$$

同理计算以后各步，具体计算结果见表 8-3-1。于是从表中可得

$$\lambda_1 \approx a_{11}^{(5)} = 3.414\,2, \quad \lambda_2 \approx a_{22}^{(5)} = 1.999\,8, \quad \lambda_3 \approx a_{33}^{(5)} = 0.585\,9$$

$$\boldsymbol{U} \approx \boldsymbol{R}_1\boldsymbol{R}_2\boldsymbol{R}_3\boldsymbol{R}_4\boldsymbol{R}_5 = \begin{bmatrix} 0.500\,0 & 0.707\,1 & 0.500\,0 \\ -0.707\,1 & 0 & 0.707\,1 \\ 0.500\,0 & -0.707\,1 & 0.500\,0 \end{bmatrix}$$

即

$$\boldsymbol{u}_1 = \begin{bmatrix} 0.500\,0 \\ -0.707\,1 \\ -0.500\,0 \end{bmatrix}, \quad \boldsymbol{u}_2 = \begin{bmatrix} 0.707\,1 \\ 0 \\ -0.707\,1 \end{bmatrix}, \quad \boldsymbol{u}_3 = \begin{bmatrix} 0.500\,0 \\ 0.707\,1 \\ 0.500\,0 \end{bmatrix}$$

分别为特征值 $\lambda_1, \lambda_2, \lambda_3$ 所对应的特征向量。

矩阵 **A** 的精确特征值为

$$\lambda_1 = 2 + \sqrt{2} \approx 3.414\,2, \quad \lambda_2 = 2, \quad \lambda_3 = 2 - \sqrt{2} \approx 0.585\,8$$

雅可比方法是一个适用于求中低阶对称阵的特征值及特征向量的方法，算法稳定，求得的特征向量具有较好的正交性。

表 8-3-1 雅可比法计算特征值及特征向量

n	矩阵 $\boldsymbol{A}_n$	$a_{ij}^{(n)}$	$\sin\theta_n$ 和 $\cos\theta_n$	$\boldsymbol{R}_n$
0	$\boldsymbol{A}_0=\begin{bmatrix}2 & -1 & 0\\ -1 & 2 & -1\\ 0 & -1 & 2\end{bmatrix}$	$a_{12}^{(0)}=-1$	$\sin\theta_0=-0.707\,1$ $\cos\theta_0=0.707\,1$	$\boldsymbol{R}_1=\begin{bmatrix}0.707\,1 & 0.707\,1 & 0\\ -0.707\,1 & 0.707\,1 & 0\\ 0 & 0 & 1\end{bmatrix}$
1	$\boldsymbol{A}_1=\begin{bmatrix}3 & 0 & 0.707\,1\\ 0 & 1 & -0.707\,1\\ 0.707\,1 & -0.707\,1 & 2\end{bmatrix}$	$a_{13}^{(1)}=0.707\,1$	$\sin\theta_1=0.459\,7$ $\cos\theta_1=0.888\,0$	$\boldsymbol{R}_0=\begin{bmatrix}0.888\,0 & 0 & -0.459\,7\\ 0 & 0 & 0\\ 0.459\,7 & 0 & 0.888\,0\end{bmatrix}$
2	$\boldsymbol{A}_2=\begin{bmatrix}3.366\,0 & -0.325\,0 & 0\\ -0.325\,0 & 1 & -0.627\,9\\ 0 & -0.627\,9 & 1.633\,9\end{bmatrix}$	$a_{23}^{(2)}=-0.627\,9$	$\sin\theta_2=0.524\,2$ $\cos\theta_2=0.851\,6$	$\boldsymbol{R}_3=\begin{bmatrix}1 & 0 & 0\\ 0 & 0.851\,6 & -0.524\,2\\ 0 & 0.524\,2 & 0.851\,6\end{bmatrix}$
3	$\boldsymbol{A}_3=\begin{bmatrix}3.366\,0 & -0.170\,3 & -0.276\,8\\ -0.170\,3 & 2.020\,4 & 0\\ -0.276\,8 & 0 & 0.613\,5\end{bmatrix}$	$a_{31}^{(3)}=-0.276\,8$	$\sin\theta_3=-0.099\,0$ $\cos\theta_3=0.099\,5$	$\boldsymbol{R}_4=\begin{bmatrix}0.995\,0 & 0 & 0.099\,0\\ 0 & 1 & 0\\ -0.099\,0 & 0 & 0.995\,0\end{bmatrix}$
4	$\boldsymbol{A}_4=\begin{bmatrix}3.393\,5 & -0.169\,5 & 0\\ -0.169\,5 & 2.020\,4 & -0.016\,8\\ 0 & -0.016\,8 & 0.585\,9\end{bmatrix}$	$a_{21}^{(4)}=-0.169\,5$	$\sin\theta_4=-0.120\,7$ $\cos\theta_4=0.992\,6$	$\boldsymbol{R}_5=\begin{bmatrix}0.992\,6 & 0.120\,7 & 0\\ -0.120\,7 & 0.992\,6 & 0\\ 0 & 0 & 1\end{bmatrix}$
5	$\boldsymbol{A}_5=\begin{bmatrix}3.414\,2 & 0 & 0.002\,0\\ 0 & 1.999\,8 & -0.016\,7\\ 0.002\,0 & -0.016\,7 & 0.585\,9\end{bmatrix}$			

8.4 QR 方法

QR 方法是目前求中等大小矩阵全部特征值的最有效方法之一，适用于求实矩阵或复矩阵的特征值。它和雅可比法类似，也是一种变换迭代法。

对任一个非奇异矩阵 $\boldsymbol{A}$，可以把它分解成一个正交阵 $\boldsymbol{Q}$ 和一个上三角阵 $\boldsymbol{R}$ 的乘积，称为对矩阵 A 作 QR 分解，即 $\boldsymbol{A}=\boldsymbol{QR}$。如果规定 $\boldsymbol{R}$ 的对角元取正实数，这种分解是唯一的。若 $\boldsymbol{A}$ 是奇异的，则 $\boldsymbol{A}$ 有零特征值。任取一个不等于 $\boldsymbol{A}$ 的特征值的实数 μ，则 $\boldsymbol{A}-\mu\boldsymbol{I}$ 是非奇异的，只要求出 $\boldsymbol{A}-\mu\boldsymbol{I}$ 的特征值和特征向量就容易求出矩阵 $\boldsymbol{A}$ 的特征值和特征向量，所以不失一般性可假设 $\boldsymbol{A}$ 是非奇异的。

设 $\boldsymbol{A}=\boldsymbol{A}_1$，对 $\boldsymbol{A}_1$ 作 QR 分解，得 $\boldsymbol{A}_1=\boldsymbol{Q}_1\boldsymbol{R}_1$，交换该乘积的次序，得 $\boldsymbol{A}_2=\boldsymbol{R}_1\boldsymbol{Q}_1=\boldsymbol{Q}_1^{-1}\boldsymbol{A}_1\boldsymbol{Q}_1$。由于 $\boldsymbol{Q}_1$ 是正交阵，$\boldsymbol{A}_1$ 到 $\boldsymbol{A}_2$ 的变换为正交相似变换，于是 $\boldsymbol{A}_1$ 和 $\boldsymbol{A}_2$ 就有相同的特征值。一般的，令 $\boldsymbol{A}_1=\boldsymbol{A}$，对 $k=1,2,3,\cdots$，有

$$\boldsymbol{A}_k=\boldsymbol{Q}_k\boldsymbol{R}_k,\quad \boldsymbol{A}_{k+1}=\boldsymbol{R}_k\boldsymbol{Q}_k \tag{4.1}$$

这样可得到一个迭代序列 $\{\boldsymbol{A}_k\}$，这就是 QR 方法的基本过程。

8.4.1 矩阵 A 的 QR 分解

设 $\boldsymbol{A}$ 为 $n\times n$ 阶非奇异矩阵，借助于施密特(Schmidt) 正交化过程，可实行对 $\boldsymbol{A}$ 作 QR 分解。

记 $\boldsymbol{A}$ 的 n 个列依次为 $\boldsymbol{\alpha}_1,\boldsymbol{\alpha}_2,\cdots,\boldsymbol{\alpha}_n$，令

$$\begin{cases}\boldsymbol{\beta}_1=\boldsymbol{\alpha}_1, \quad \boldsymbol{\gamma}_1=\boldsymbol{\beta}_1/\|\boldsymbol{\beta}_1\|;\\ \boldsymbol{\beta}_2=\boldsymbol{\alpha}_2-(\boldsymbol{\alpha}_2,\boldsymbol{\gamma}_1)\boldsymbol{\gamma}_1, \quad \boldsymbol{\gamma}_2=\boldsymbol{\beta}_2/\|\boldsymbol{\beta}_2\|;\\ \boldsymbol{\beta}_3=\boldsymbol{\alpha}_3-(\boldsymbol{\alpha}_3,\boldsymbol{\gamma}_1)\boldsymbol{\gamma}_1-(\boldsymbol{\alpha}_3,\boldsymbol{\gamma}_2)\boldsymbol{\gamma}_2, \quad \boldsymbol{\gamma}_3=\boldsymbol{\beta}_3/\|\boldsymbol{\beta}_3\|;\\ \quad\vdots\\ \boldsymbol{\beta}_n=\boldsymbol{\alpha}_n-(\boldsymbol{\alpha}_n,\boldsymbol{\gamma}_1)\boldsymbol{\gamma}_1-(\boldsymbol{\alpha}_n,\boldsymbol{\gamma}_2)\boldsymbol{\gamma}_2-\cdots-(\boldsymbol{\alpha}_n,\boldsymbol{\gamma}_{n-1})\boldsymbol{\gamma}_{n-1}, \quad \boldsymbol{\gamma}_n=\boldsymbol{\beta}_n/\|\boldsymbol{\beta}_n\|\end{cases} \tag{4.2}$$

这里 $(\cdot,\cdot)$ 为向量的内积，$\|\cdot\|=\sqrt{(\cdot,\cdot)}$。

很容易验证 $\boldsymbol{\gamma}_1,\boldsymbol{\gamma}_2,\cdots,\boldsymbol{\gamma}_n$ 的正交性，即

$$\begin{aligned}&(\boldsymbol{\gamma}_1,\boldsymbol{\gamma}_2)=0\\ &(\boldsymbol{\gamma}_3,\boldsymbol{\gamma}_1)=(\boldsymbol{\gamma}_3,\boldsymbol{\gamma}_2)=0\\ &\quad\vdots\\ &(\boldsymbol{\gamma}_n,\boldsymbol{\gamma}_1)=(\boldsymbol{\gamma}_n,\boldsymbol{\gamma}_2)=\cdots=(\boldsymbol{\gamma}_n,\boldsymbol{\gamma}_{n-1})=0\end{aligned}$$

且 $\|\boldsymbol{\gamma}_1\|=1,\|\boldsymbol{\gamma}_2\|=1,\cdots,\|\boldsymbol{\gamma}_n\|=1$，因而 $\boldsymbol{\gamma}_1,\boldsymbol{\gamma}_2,\cdots,\boldsymbol{\gamma}_n$ 是一个正交规范向量组。从式(4.2) 依次解出 $\boldsymbol{\alpha}_1,\boldsymbol{\alpha}_2,\cdots,\boldsymbol{\alpha}_n$ 得到

$$\begin{cases}\boldsymbol{\alpha}_1 = \|\boldsymbol{\beta}_1\|\boldsymbol{\gamma}_1, \\ \boldsymbol{\alpha}_2 = (\boldsymbol{\alpha}_2,\boldsymbol{\gamma}_1)\boldsymbol{\gamma}_1 + \|\boldsymbol{\beta}_2\|\boldsymbol{\gamma}_2, \\ \boldsymbol{\alpha}_3 = (\boldsymbol{\alpha}_3,\boldsymbol{\gamma}_1)\boldsymbol{\gamma}_1 + (\boldsymbol{\alpha}_3,\boldsymbol{\gamma}_2)\boldsymbol{\gamma}_2 + \|\boldsymbol{\beta}_3\|\boldsymbol{\gamma}_3, \\ \quad\vdots \\ \boldsymbol{\alpha}_n = (\boldsymbol{\alpha}_n,\boldsymbol{\gamma}_1)\boldsymbol{\gamma}_1 + (\boldsymbol{\alpha}_n,\boldsymbol{\gamma}_2)\boldsymbol{\gamma}_2 + \cdots + (\boldsymbol{\alpha}_n,\boldsymbol{\gamma}_{n-1})\boldsymbol{\gamma}_{n-1} + \|\boldsymbol{\beta}_n\|\boldsymbol{\gamma}_n\end{cases} \tag{4.3}$$

记

$$\boldsymbol{Q} = (\boldsymbol{\gamma}_1,\boldsymbol{\gamma}_2,\cdots,\boldsymbol{\gamma}_n)$$

$$\boldsymbol{R} = \begin{bmatrix} \|\boldsymbol{\beta}_1\| & (\boldsymbol{\alpha}_2,\boldsymbol{\gamma}_1) & (\boldsymbol{\alpha}_3,\boldsymbol{\gamma}_1) & \cdots & (\boldsymbol{\alpha}_{n-1},\boldsymbol{\gamma}_1) & (\boldsymbol{\alpha}_n,\boldsymbol{\gamma}_1) \\ & \|\boldsymbol{\beta}_2\| & (\boldsymbol{\alpha}_3,\boldsymbol{\gamma}_2) & \cdots & (\boldsymbol{\alpha}_{n-1},\boldsymbol{\gamma}_2) & (\boldsymbol{\alpha}_n,\boldsymbol{\gamma}_2) \\ & & \|\boldsymbol{\beta}_3\| & \cdots & (\boldsymbol{\alpha}_{n-1},\boldsymbol{\gamma}_3) & (\boldsymbol{\alpha}_n,\boldsymbol{\gamma}_3) \\ & & & \ddots & \vdots & \vdots \\ & & & & \|\boldsymbol{\beta}_{n-1}\| & (\boldsymbol{\alpha}_n,\boldsymbol{\gamma}_{n-1}) \\ & & & & & \|\boldsymbol{\beta}_n\| \end{bmatrix}$$

则容易看出

$$\boldsymbol{A} = \boldsymbol{QR} \tag{4.4}$$

显然,$\boldsymbol{Q}$是一个正交阵,$\boldsymbol{R}$是一个上三角阵,$\boldsymbol{A}$可以分解成一个正交阵$\boldsymbol{Q}$与上三角阵$\boldsymbol{R}$的乘积,而且这种分解是唯一的。

事实上,若$\boldsymbol{A}$还有另一种分解

$$\boldsymbol{A} = \widetilde{\boldsymbol{Q}}\widetilde{\boldsymbol{R}}$$

则有

$$\widetilde{\boldsymbol{Q}}\widetilde{\boldsymbol{R}} = \boldsymbol{QR} \tag{4.5}$$

因为$\boldsymbol{A}$非奇异,所以$\boldsymbol{R}$与$\widetilde{\boldsymbol{R}}$也非奇异,其逆矩阵$\boldsymbol{R}^{-1}$,$\widetilde{\boldsymbol{R}}^{-1}$均存在,又因$\boldsymbol{Q}$是正交矩阵,所以$\boldsymbol{Q}^{-1}$存在且正交。对式(4.5)左乘$\boldsymbol{Q}^{-1}$,并右乘$\widetilde{\boldsymbol{R}}^{-1}$,即有

$$\boldsymbol{Q}^{-1}\widetilde{\boldsymbol{Q}}\widetilde{\boldsymbol{R}}\widetilde{\boldsymbol{R}}^{-1} = \boldsymbol{Q}^{-1}\boldsymbol{QR}\widetilde{\boldsymbol{R}}^{-1}$$

所以

$$\boldsymbol{Q}^{-1}\widetilde{\boldsymbol{Q}} = \boldsymbol{R}\widetilde{\boldsymbol{R}}^{-1} \tag{4.6}$$

在式(4.6)中,左端$\boldsymbol{Q}^{-1}\widetilde{\boldsymbol{Q}}$是正交阵,右端$\boldsymbol{R}\widetilde{\boldsymbol{R}}^{-1}$是上三角阵,要使它们相等,$\boldsymbol{Q}^{-1}\widetilde{\boldsymbol{Q}}$必为对角阵,且由$\boldsymbol{Q}^{-1}\widetilde{\boldsymbol{Q}}$的正交性知道$\boldsymbol{Q}^{-1}\widetilde{\boldsymbol{Q}}$必是单位阵,即

$$\boldsymbol{Q}^{-1}\widetilde{\boldsymbol{Q}} = \boldsymbol{I}$$

所以

$$\boldsymbol{Q} = \widetilde{\boldsymbol{Q}}$$

同时有

$$\boldsymbol{R}\widetilde{\boldsymbol{R}}^{-1} = \boldsymbol{I}, \quad \boldsymbol{R} = \widetilde{\boldsymbol{R}}$$

这就说明,对于一个$n\times n$阶非奇异矩阵的QR分解是唯一的。对于$\boldsymbol{A}$作QR分解,也可以用其他方法得到。

例 8.5 设 $\boldsymbol{A}=\begin{bmatrix}2&0&-10\\-1&3&4\\0&1&-2\end{bmatrix}$，试对 $\boldsymbol{A}$ 作 QR 分解。

解 记

$$\boldsymbol{\alpha}_1=\begin{bmatrix}2\\-1\\0\end{bmatrix},\quad \boldsymbol{\alpha}_2=\begin{bmatrix}0\\3\\1\end{bmatrix},\quad \boldsymbol{\alpha}_3=\begin{bmatrix}-10\\4\\-2\end{bmatrix}$$

$$\boldsymbol{\beta}_1=\boldsymbol{\alpha}_1=\begin{bmatrix}2\\-1\\0\end{bmatrix},\quad (\boldsymbol{\beta}_1,\boldsymbol{\beta}_1)=2^2+(-1)^2+0^2=5,\quad \|\boldsymbol{\beta}_1\|=\sqrt{5}$$

$$\boldsymbol{\gamma}_1=\boldsymbol{\beta}_1/\|\boldsymbol{\beta}_1\|=\frac{1}{\sqrt{5}}\begin{bmatrix}2\\-1\\0\end{bmatrix}$$

$$(\boldsymbol{\alpha}_2,\boldsymbol{\gamma}_1)=\frac{1}{\sqrt{5}}(0\times 2+3\times(-1)+1\times 0)=-\frac{3}{\sqrt{5}}$$

$$\boldsymbol{\beta}_2=\boldsymbol{\alpha}_2-(\boldsymbol{\alpha}_2,\boldsymbol{\gamma}_1)\boldsymbol{\gamma}_1=\begin{bmatrix}0\\3\\1\end{bmatrix}+\frac{3}{\sqrt{5}}\times\frac{1}{\sqrt{5}}\times\begin{bmatrix}2\\-1\\0\end{bmatrix}=\begin{bmatrix}\frac{6}{5}\\\frac{12}{5}\\1\end{bmatrix}$$

$$(\boldsymbol{\beta}_2,\boldsymbol{\beta}_2)=\left(\frac{6}{5}\right)^2+\left(\frac{12}{5}\right)^2+1^2=\frac{41}{5},\quad \|\boldsymbol{\beta}_2\|=\sqrt{\frac{41}{5}}$$

$$\boldsymbol{\gamma}_2=\boldsymbol{\beta}_2/\|\boldsymbol{\beta}_2\|=\frac{1}{\sqrt{205}}\begin{bmatrix}6\\12\\5\end{bmatrix}$$

$$(\boldsymbol{\alpha}_3,\boldsymbol{\gamma}_1)=\frac{1}{\sqrt{5}}((-10)\times 2+4\times(-1)+(-2)\times 0)=-\frac{24}{\sqrt{5}}$$

$$(\boldsymbol{\alpha}_3,\boldsymbol{\gamma}_2)=\frac{1}{\sqrt{205}}((-10)\times 6+4\times 12+(-2)\times 5)=-\frac{22}{\sqrt{205}}$$

$$\boldsymbol{\beta}_3=\boldsymbol{\alpha}_3-(\boldsymbol{\alpha}_3,\boldsymbol{\gamma}_1)\boldsymbol{\gamma}_1-(\boldsymbol{\alpha}_3,\boldsymbol{\gamma}_2)\boldsymbol{\gamma}_2$$

$$=\begin{bmatrix}-10\\4\\-2\end{bmatrix}+\frac{24}{\sqrt{5}}\times\frac{1}{\sqrt{5}}\begin{bmatrix}2\\-1\\0\end{bmatrix}+\frac{22}{\sqrt{205}}\times\frac{1}{\sqrt{205}}\begin{bmatrix}6\\12\\5\end{bmatrix}=\begin{bmatrix}\frac{10}{41}\\\frac{20}{41}\\-\frac{60}{41}\end{bmatrix}$$

$$(\boldsymbol{\beta}_3,\boldsymbol{\beta}_3)=\left(\frac{10}{41}\right)^2+\left(\frac{20}{41}\right)^2+\left(-\frac{60}{41}\right)^2=\frac{100}{41},\quad \|\boldsymbol{\beta}_3\|=\frac{10}{\sqrt{41}}$$

$$\boldsymbol{\gamma}_3=\boldsymbol{\beta}_3/\|\boldsymbol{\beta}_3\|=\frac{1}{\sqrt{41}}\begin{bmatrix}1\\2\\-6\end{bmatrix}$$

记

$$\boldsymbol{Q}=(\boldsymbol{\gamma}_1,\boldsymbol{\gamma}_2,\boldsymbol{\gamma}_3)=\begin{bmatrix}\frac{2}{\sqrt{5}} & \frac{6}{\sqrt{205}} & \frac{1}{\sqrt{41}}\\ -\frac{1}{\sqrt{5}} & \frac{12}{\sqrt{205}} & \frac{2}{\sqrt{41}}\\ 0 & \frac{5}{\sqrt{205}} & -\frac{6}{\sqrt{41}}\end{bmatrix}$$

$$\boldsymbol{R}=\begin{bmatrix}\|\boldsymbol{\beta}_1\| & (\boldsymbol{\alpha}_2,\boldsymbol{\gamma}_1) & (\boldsymbol{\alpha}_3,\boldsymbol{\gamma}_1)\\ & \|\boldsymbol{\beta}_2\| & (\boldsymbol{\alpha}_3,\boldsymbol{\gamma}_2)\\ & & \|\boldsymbol{\beta}_3\|\end{bmatrix}=\begin{bmatrix}\sqrt{5} & -\frac{3}{\sqrt{5}} & -\frac{24}{\sqrt{5}}\\ & \sqrt{\frac{41}{5}} & -\frac{22}{\sqrt{205}}\\ & & \frac{10}{\sqrt{41}}\end{bmatrix}$$

则

$$\boldsymbol{A}=\boldsymbol{Q}\boldsymbol{R}$$

8.4.2 QR 算法

设 $\boldsymbol{A}=\boldsymbol{A}_1$ 为 $n\times n$ 阶非奇异矩阵，对 $\boldsymbol{A}_1$ 进行 QR 分解，则

$$\boldsymbol{A}_1=\boldsymbol{Q}_1\boldsymbol{R}_1$$

再令

$$\boldsymbol{A}_2=\boldsymbol{R}_1\boldsymbol{Q}_1$$

这就完成一次迭代。一般迭代公式为

$$\boldsymbol{A}_k=\boldsymbol{Q}_k\boldsymbol{R}_k\quad(k=1,2,\cdots)\tag{4.7}$$

$$\boldsymbol{A}_{k+1}=\boldsymbol{R}_k\boldsymbol{Q}_k\quad(k=1,2,\cdots)\tag{4.8}$$

由此得到一矩阵序列 $\{\boldsymbol{A}_k\}$。不难验证，这个矩阵序列中的每一个矩阵都与原矩阵 $\boldsymbol{A}_1$ 相似。事实上，因为 $\boldsymbol{A}_{k+1}=\boldsymbol{R}_k\boldsymbol{Q}_k=\boldsymbol{Q}_k^{-1}\boldsymbol{A}_k\boldsymbol{Q}_k$，所以 $\boldsymbol{A}_{k+1}$ 与 $\boldsymbol{A}_k$ 相似。重复运用上述关系，则得

$$\begin{aligned}\boldsymbol{A}_{k+1}&=\boldsymbol{Q}_k^{-1}\boldsymbol{Q}_{k-1}^{-1}\cdots\boldsymbol{Q}_1^{-1}\boldsymbol{A}_1\boldsymbol{Q}_1\boldsymbol{Q}_2\cdots\boldsymbol{Q}_k\\&=(\boldsymbol{Q}_1\boldsymbol{Q}_2\cdots\boldsymbol{Q}_k)^{-1}\boldsymbol{A}_1(\boldsymbol{Q}_1\boldsymbol{Q}_2\cdots\boldsymbol{Q}_k)\quad(k=1,2,\cdots)\end{aligned}\tag{4.9}$$

于是 $\boldsymbol{A}_{k+1}$ 与 $\boldsymbol{A}_1$ 相似，因此 $\boldsymbol{A}_{k+1}$ 与 $\boldsymbol{A}_1$ 有相同的特征值。

设 $\boldsymbol{A}$ 的 n 个特征值满足条件

$$|\lambda_1|>|\lambda_2|>\cdots>|\lambda_n|>0$$

则当 $k\rightarrow\infty$ 时,矩阵序列$\{\boldsymbol{A}_k\}$本质上收敛于上三角矩阵 $\boldsymbol{R}^*$,于是 $\boldsymbol{R}$ 主对角线上的元素就是所求的全部特征值,特别是当 $\boldsymbol{A}$ 是对称矩阵时,$\boldsymbol{A}_k$ 收敛于对角阵。其证明参见文献[2]。

把式(4.9)改写成

$$\boldsymbol{Q}_1\boldsymbol{Q}_2\cdots\boldsymbol{Q}_k\boldsymbol{A}_{k+1}=\boldsymbol{A}_1\boldsymbol{Q}_1\boldsymbol{Q}_2\cdots\boldsymbol{Q}_k \tag{4.10}$$

并令

$$\boldsymbol{Q}_1\boldsymbol{Q}_2\cdots\boldsymbol{Q}_k=\boldsymbol{Q}^{(k)},\quad \boldsymbol{R}_k\boldsymbol{R}_{k-1}\cdots\boldsymbol{R}_1=\boldsymbol{R}^{(k)}$$

则得

$$\begin{aligned}\boldsymbol{Q}^{(k)}\boldsymbol{R}^{(k)}&=\boldsymbol{Q}_1\boldsymbol{Q}_2\cdots\boldsymbol{Q}_{k-1}\boldsymbol{Q}_k\boldsymbol{R}_k\boldsymbol{R}_{k-1}\cdots\boldsymbol{R}_2\boldsymbol{R}_1\\&=\boldsymbol{Q}_1\boldsymbol{Q}_2\cdots\boldsymbol{Q}_{k-2}\boldsymbol{Q}_{k-1}\boldsymbol{A}_k\boldsymbol{R}_{k-1}\cdots\boldsymbol{R}_2\boldsymbol{R}_1\\&=\boldsymbol{Q}_1\boldsymbol{Q}_2\cdots\boldsymbol{Q}_{k-2}\boldsymbol{A}_{k-1}\boldsymbol{Q}_{k-1}\boldsymbol{R}_{k-1}\cdots\boldsymbol{R}_2\boldsymbol{R}_1\\&=\boldsymbol{A}_1\boldsymbol{Q}_1\boldsymbol{Q}_2\cdots\boldsymbol{Q}_{k-1}\boldsymbol{R}_{k-1}\cdots\boldsymbol{R}_2\boldsymbol{R}_1\\&=\boldsymbol{A}_1\boldsymbol{Q}^{(k-1)}\boldsymbol{R}^{(k-1)}\end{aligned} \tag{4.11}$$

这是一个递推公式,由此可得

$$\boldsymbol{Q}^{(k)}\boldsymbol{R}^{(k)}=\boldsymbol{A}_1^k \tag{4.12}$$

上式说明,$\boldsymbol{Q}^{(k)}$ 和 $\boldsymbol{R}^{(k)}$ 是原矩阵 $\boldsymbol{A}_1$ 的 k 次幂的QR分解,而且这种分解应是唯一的。

上述算法称为QR方法,它有一个重要性质:如果 $\boldsymbol{A}_1$ 为对称带状矩阵,则 $\boldsymbol{A}_2$,$\boldsymbol{A}_3$,…,$\boldsymbol{A}_k$ 均为对称带状矩阵,且带宽不变;如果 $\boldsymbol{A}_1$ 为对称三对角阵,则 $\boldsymbol{A}_2$,$\boldsymbol{A}_3$,…,$\boldsymbol{A}_k$ 也为对称三对角阵。

矩阵特征值问题的计算方法是线性代数计算方法中一个重要的内容,方法很多,我们不再去一一叙述了。

小　　结

矩阵求特征值问题要比解线性方程组困难得多,计算过程的误差分析更加复杂。本章介绍的几种方法在算法上都比较成熟,精度和收敛性也都可以保证。但在实际计算中选择何种方法较好,还需认真考虑。

幂法是求矩阵主特征值的一种有效方法,特别当矩阵为大型稀疏(即矩阵元素中零元素较多)时,更显得如此。但由于特征值的分布无法事先预测,因此不能控制收敛速度,往往需要利用某些加速技巧。反幂法用于求最小模的特征值,但每迭代一次需要解一个线性方程组,计算量较大,矩阵的LU分解在这里非常有用。

---

* 所谓本质上收敛于上三角矩阵是指矩阵列$\{\boldsymbol{A}_k\}$收敛于上三角矩阵,而这个上三角矩阵除主对角元素外极限并不要求一定存在。

对于中小型实对称矩阵，用雅可比法求全部特征值及特征向量是有效的，而且使求得的特征向量能保持良好的正交性。如果原矩阵具有稀疏性，但经过一次变换后稀疏性会被破坏，所以雅可比法的计算量也很大。

对大型矩阵(对称的、非对称的、实的、复的和稀疏的)QR 法都适用，这里我们介绍了一种基于施密特正交化的 QR 分解法。对 QR 分解可用平面旋转变换、平面反射变换等方法，有兴趣的读者，可以参考有关著作，如文献[3]。

复 习 思 考 题

1. 乘幂法可求矩阵哪些特征值及特征向量?写出迭代格式。

2. 在应用乘幂法求矩阵特征值时，如何判别按绝对值最大的特征值是实重根?复根?

3. 反幂法的思想是什么?它求哪些特征值?

4. 雅可比法的基本思想是什么?推导公式(3.12),(3.14),(3.15)。

5. 什么是雅可比过关法?优点何在?

6. QR 法的原理是什么?

习 题 8

1. 用幂法计算矩阵

$$\boldsymbol{A}=\begin{bmatrix}7&3&-2\\3&4&-1\\-2&-1&3\end{bmatrix},\quad \boldsymbol{B}=\begin{bmatrix}3&7&9\\7&4&3\\9&3&8\end{bmatrix}$$

的绝对值最大的特征值及对应的特征向量。(当特征值有二位小数稳定时，停止计算)

2. 对第 1 题的矩阵 $\boldsymbol{A}$,$\boldsymbol{B}$，用 Rayleigh 商加速法求绝对值最大的特征值。

3. 用雅可比法求矩阵

$$\boldsymbol{A}=\begin{bmatrix}3&1&0\\1&2&1\\0&1&1\end{bmatrix},\quad \boldsymbol{B}=\begin{bmatrix}4&2&3&7\\2&8&5&1\\3&5&12&9\\7&1&9&1\end{bmatrix}$$

的特征值及一组特征向量。(精确至二位有效数字)

4. 设矩阵 $\boldsymbol{A}$ 非奇异，且有一个特征值为 λ，对应的特征向量为 $\boldsymbol{v}$。证明：

(1) $\dfrac{1}{\lambda}$ 为 $\boldsymbol{A}^{-1}$ 的一个特征值，对应的特征向量为 $\boldsymbol{v}(\lambda\neq 0)$；

(2) $\alpha\lambda$ 为 $\alpha\boldsymbol{A}$ 的一个特征值(α 为常数)；

(3) $\lambda+\alpha$ 为 $\boldsymbol{A}+\alpha\boldsymbol{I}$ 的一个特征值($\boldsymbol{I}$ 为单位阵)。

5. 对矩阵

$$A=\begin{bmatrix}3 & 1 & 0\\1 & 4 & 2\\0 & 2 & 1\end{bmatrix}$$

作QR分解。

6. 用QR方法计算矩阵$A=\begin{bmatrix}3 & 1\\1 & 4\end{bmatrix}$的特征值和特征向量，精确至二位有效数字。

第2篇　计算实习

本篇内容主要是为了让读者在学习了第1篇各章内容之后能及时将所学方法在计算机上实习而编写的,因此应与第1篇各章内容平行学习。

为了引导大家上机实习,本篇给出了一些在Visual C++6.0和Matlab 6.5上调试通过的程序实例,读者可以将其转化为其他语言或用更高版本的C++或Matlab进行编译和运行,以达到理解算法的目的。本书介绍的程序主要根据教学要求编制,希望读者根据自己的需要和实际情况编写出更好的程序。这主要包含两方面的涵义:第一,提高程序本身内在的质量,即在算法稳定性好、收敛速度快、误差控制好的前提下尽量节省内存,减少计算步骤,节约机时;第二,尽量使程序简单,使用方便,适用性强,可读性好,即尽量做到程序整齐、简洁、易读,数据输入输出方便。希望读者能从一开始上机编程就注意这方面的要求,养成一个良好的习惯,为今后从事科学计算和软件开发打下良好的基础。

1　舍入误差与数值稳定性

1.1　目的与要求

(1) 通过上机编程,复习巩固以前所学程序设计语言及上机操作指令;
(2) 通过上机计算,了解舍入误差所引起的数值不稳定性。

1.2　舍入误差和数值稳定性

1.2.1　概要

舍入误差在计算方法中是一个很重要的概念。在实际计算中如果选用了不同的算法,由于舍入误差的影响,将会得到截然不同的结果。因此,选取稳定的算法在实际计算中是十分重要的。

1.2.2　程序和实例

例　对 $n=0,1,2,\cdots,40$ 计算定积分

$$\int_0^1 \frac{x^n}{x+5}\mathrm{d}x$$

算法 1　利用递推公式

$$y_n = \frac{1}{n} - 5y_{n-1} \quad (n = 1,2,\cdots,40)$$

取

$$y_0 = \int_0^1 \frac{1}{x+5}\mathrm{d}x = \ln 6 - \ln 5 \approx 0.182\ 322$$

算法 2　利用递推公式

$$y_{n-1} = \frac{1}{5n} - \frac{1}{5}y_n \quad (n = 40,39,\cdots,1)$$

注意到

$$\frac{1}{246} = \frac{1}{6}\int_0^1 x^{40}\mathrm{d}x \leqslant \int_0^1 \frac{x^{40}}{x+5}\mathrm{d}x \leqslant \frac{1}{5}\int_0^1 x^{40}\mathrm{d}x = \frac{1}{205}$$

取

$$y_{40} \approx \frac{1}{2}\left(\frac{1}{205} + \frac{1}{246}\right) \approx 0.004\ 471\ 5$$

算法 1 的 C 语言程序如下：

```
/* 数值不稳定算法 */
#include<stdio.h>
#include<math.h>
void main()
{
    double y_0 = log(6.0/5.0),y_1;
    int n = 1;
    printf("y[0] = %-20f",y_0);
    while(1)
    {
        y_1 = 1.0/n - 5 * y_0;
        printf("y[%d] = %-20f",n,y_1);
        if(n >= 40) break;
        y_0 = y_1;
        n++;
        if(n%2 == 0) printf("\n");
    }
}
```

算法 1 的 Matlab 程序如下：

```
y0 = log(6.0/5.0);
fprintf('y[%d] = %f\n',0,y0);
n = 1;
while(1)
    y1 = 1.0/n - 5 * y0;
    fprintf('y[%d] = %f\n',n,y1);
    if(n >= 40) break;
    end
    y0 = y1;
    n = n+1;
end
```

算法 1 的输出结果如下：

```
y[0] = 0.182 322                      y[1] = 0.088 392
y[2] = 0.058 039                      y[3] = 0.043 139
y[4] = 0.034 306                      y[5] = 0.028 468
y[6] = 0.024 325                      y[7] = 0.021 233
y[8] = 0.018 837                      y[9] = 0.016 926
y[10] = 0.015 368                     y[11] = 0.014 071
y[12] = 0.012 977                     y[13] = 0.012 040
y[14] = 0.011 229                     y[15] = 0.010 522
y[16] = 0.009 890                     y[17] = 0.009 372
y[18] = 0.008 696                     y[19] = 0.009 151
y[20] = 0.004 243                     y[21] = 0.026 406
y[22] =-0.086 575                     y[23] = 0.476 352
y[24] =-2.340 094                     y[25] = 11.740 469
y[26] =-58.663 883                    y[27] = 293.356 454
y[28] =-1 466.746 558                 y[29] = 7 333.767 272
y[30] =-36 668.803 026                y[31] = 183 344.047 389
y[32] =-916 720.205 694               y[33] = 4 583 601.058 771
y[34] =-22 918 005.264 446            y[35] = 114 590 026.350 799
y[36] =-572 950 131.726 219           y[37] = 2 864 750 658.658 124
y[38] =-14 323 753 293.264 303        y[39] = 71 618 766 466.347 153
y[40] =-358 093 832 331.710 750
```

算法2的C语言程序如下：

```
#include<stdio.h>
#include<math.h>
void main()
{
    double y_0 = (1/205.0 + 1/246.0)/2, y_1;
    int n = 40;
    printf("y[40] = %-20f", y_0);
    while(1)
    {
        y_1 = 1/(5.0 * n) - y_0/5.0;
        printf("y[%d] = %-20f", n-1, y_1);
        if(n <= 1) break;
        y_0 = y_1;
        n--;
        if(n%3 == 0) printf("\n");
    }
}
```

算法2的Matlab程序如下：

```
y0 = (1/205 + 1/246)/2;
n = 40;
fprintf('y[%d] = %f\n', n, y0);
while(1)
    y1 = 1/(5 * n) - y0/5;
    fprintf('y[%d] = %f\n', n-1, y1);
    if(n <= 1) break;
    end
    y0 = y1;
    n = n-1;
end
```

算法2的输出结果如下：

```
y[40] = 0.004 472    y[39] = 0.004 106    y[38] = 0.004 307
y[37] = 0.004 402    y[36] = 0.004 525    y[35] = 0.004 651
y[34] = 0.004 784    y[33] = 0.004 926    y[32] = 0.005 076
```

y[31] = 0.005 235	y[30] = 0.005 405	y[29] = 0.005 586
y[28] = 0.005 779	y[27] = 0.005 987	y[26] = 0.006 210
y[25] = 0.006 450	y[24] = 0.006 710	y[23] = 0.006 991
y[22] = 0.007 297	y[21] = 0.007 631	y[20] = 0.007 998
y[19] = 0.008 400	y[18] = 0.008 846	y[17] = 0.009 342
y[16] = 0.009 896	y[15] = 0.010 521	y[14] = 0.011 229
y[13] = 0.012 040	y[12] = 0.012 977	y[11] = 0.014 071
y[10] = 0.015 368	y[9] = 0.016 926	y[8] = 0.018 837
y[7] = 0.021 233	y[6] = 0.024 325	y[5] = 0.028 468
y[4] = 0.034 306	y[3] = 0.043 139	y[2] = 0.058 039
y[1] = 0.088 392	y[0] = 0.182 322	

说明：从计算结果可以看出，算法 1 是数值不稳定的，而算法 2 是数值稳定的。

实　习　题　1

1. 用两种不同的顺序计算 $\sum_{n=1}^{10\,000} n^{-2} \approx 1.644\,834$，分析其误差的变化。

2. 已知连分数

$$f = b_0 + \frac{a_1}{b_1 + a_2/(b_2 + a_3/(\cdots + a_n/b_n))}$$

利用下面的算法计算 f：

$$d_n = b_n,\quad d_i = b_i + \frac{a_{i+1}}{d_{i+1}}\quad (i = n-1, n-2, \cdots, 0)$$

$$f = d_0$$

写一程序，读入 $n, b_0, b_1, \cdots, b_n, a_1, \cdots, a_n$，计算并打印 f。

3. 给出一个有效的算法和一个无效的算法计算积分

$$y_n = \int_0^1 \frac{x^n}{4x+1}\mathrm{d}x\quad (n = 0, 1, \cdots, 10)$$

4. 设 $S_N = \sum_{j=2}^{N} \frac{1}{j^2 - 1}$，已知其精确值为 $\frac{1}{2}\left(\frac{3}{2} - \frac{1}{N} - \frac{1}{N+1}\right)$。

(1) 编制按从大到小的顺序计算 S_N 的程序；

(2) 编制按从小到大的顺序计算 S_N 的程序；

(3) 按两种顺序分别计算 $S_{1\,000}, S_{10\,000}, S_{30\,000}$，并指出有效位数。

2　方 程 求 根

2.1　目的与要求

(1) 通过对二分法与牛顿迭代法作编程练习与上机运算，进一步体会二分法与牛顿迭代法的不同特点；

(2) 编写割线迭代法的程序，求非线性方程的解，并与牛顿迭代法作比较。

2.2　二 分 法

2.2.1　算法

给定区间$[a,b]$，并设$f(a)$与$f(b)$符号相反，取ε为根的容许误差，δ为$|f(x)|$的容许误差。

① 令$c=(a+b)/2$。

② 如果$(c-a)<\varepsilon$或$|f(c)|<\delta$，则输出c，结束；否则执行 ③。

③ 如果$f(a)f(c)>0$，则令$a=c$；否则令$b=c$，重复 ①②③。

2.2.2　程序与实例

例 2.1　求方程$f(x)=x^3+4x^2-10=0$在 1.5 附近的根。

C 语言程序如下：

```
#include<stdio.h>
#include<math.h>
#define eps 5e-6
#define delta 1e-6

float Bisection(float a,float b,float(*f)(float))
{
    float c,fc,fa=(*f)(a),fb=(*f)(b);
    int n=1;
    printf(" 二分次数 \t\tc\t\t f(c)\n");
    while (1)
```

```
    {
        if(fa * fb > 0) {printf(" 不能用二分法求解");break;}
        c = (a+b)/2,fc = ( * f)(c);
        printf("%d\t\t%f\t\t%f\n",n++,c,fc);
        if(fabs(fc) < delta) break;
        else if(fa * fc < 0){b = c;fb = fc;}
        else {a = c;fa = fc;}
        if(b - a < eps) break;
    }
    return c;
}

float f(float x)
{
    return x * x * x + 4 * x * x - 10;
}

int main(int argc, char * argv[])
{
    float a = 1,b = 2;
    float x;
    x = Bisection(a,b,f);
    printf("\n 方程的根为 %f",x);
    return 0;
}
```

Matlab 程序如下：

```
eps = 5e-6;
delta = 1e-6;
a = 1;
b = 2;
fa = f2_1(a);
fb = f2_1(b);
n = 1;
while (1)
    if(fa * fb > 0)
```

```
        break;
    end

    c = (a + b)/2;
    fc = f2_1(c);
    if(abs(fc) < delta)
        break;
    else if(fa * fc < 0)
        b = c;
        fb = fc;
    else
        a = c;
        fa = fc;
    end
    if(b - a < eps)
        break;
    end
    n = n + 1;
    fprintf ('n = %d c = %f fc = %f\n',n,c,fc);
end

function output = f2_1(x)
    output = x * x * x + 4 * x * x - 10;
end
```

输出结果如下：

二分次数	c	f(c)
1	1.500 000	2.375 000
2	1.250 000	−1.796 875
3	1.375 000	0.162 109
4	1.312 500	−0.848 389
5	1.343 750	−0.350 983
6	1.359 375	−0.096 409
7	1.367 188	0.032 356
8	1.363 281	−0.032 150
9	1.365 234	0.000 072

10	1.364 258	−0.016 047
11	1.364 746	−0.007 989
12	1.364 990	−0.003 959
13	1.365 112	−0.001 944
14	1.365 173	−0.000 936
15	1.365 204	−0.000 432
16	1.365 219	−0.000 180
17	1.365 227	−0.000 054
18	1.365 231	0.000 009

方程的根为 1.365 231

2.3 牛顿迭代法

2.3.1 算法

给定初始值 x_0，ε 为根的容许误差，η 为 $|f(x)|$ 的容许误差，N 为迭代次数的容许值。

① 如果 $f'(x_0)=0$ 或迭代次数大于 N，则算法失败，结束；否则执行 ②。

② 计算 $x_1 = x_0 - \dfrac{f(x_0)}{f'(x_0)}$。

③ 若 $|x_1 - x_0| < \varepsilon$ 或 $|f(x_1)| < \eta$，则输出 x_1，程序结束；否则执行 ④。

④ 令 $x_0 = x_1$，转向 ①。

2.3.2 程序与实例

例 2.2 求方程 $f(x)=x^3+x^2-3x-3=0$ 在 1.5 附近的根。

C 语言程序如下：

```
#include<stdio.h>
#include<math.h>
#define N 100
#define eps 1e-6
#define eta 1e-8

float Newton(float(*f)(float),float(*f1)(float),float x0)
{
    float x1,d;
    int k=0;
    do
```

```
    {
        x1 = x0 - ( * f)(x0)/( * f1)(x0);
        if( k++> N || fabs( ( * f1)(x1) ) < eps)
        {
            printf("\n Newton 迭代发散 ");
            break;
        }
        d = fabs(x1) < 1? x1 - x0: (x1 - x0)/x1;
        x0 = x1;
        printf("x(%d) = %f\t",k,x0);
    }
    while(fabs(d) > eps&&fabs(( * f)(x1)) > eta);
    return x1;
}

float f(float x)
{
    return x * x * x + x * x - 3 * x - 3;
}

float f1(float x)
{
    return 3.0 * x * x + 2 * x - 3;
}

void main()
{
    float x0,y0;
    printf(" 请输入迭代初值 x0\n");
    scanf("%f",&x0);
    printf("x(0) = %f\n",x0);
    y0 = Newton(f,f1,x0);
    printf(" 方程的根为 %f\n",y0);
}
```

Matlab 程序如下：

```
eps = 5e-6;
delta = 1e-6;
N = 100;
k = 0;
x0 = 1.0;
while(1)
    x1 = x0 - func2_2(x0)/func2_2_1(x0);
    k = k+1;
    if(k > N | abs(x1) < eps)
        disp('Newton method failed');
        break;
    end
    if abs(x1) < 1
        d = x1 - x0;
    else
        d = (x1 - x0)/x1;
    end
    x0 = x1;
    if(abs(d) < eps | abs(func2_2(x1)) < delta)
        break;
    end
end
fprintf('%f',x0);

function y = func2_2_1(x)
    y = 3*x*x+2*x-3;
end

function y = func2_2(x)
    y = x*x*x+x*x-3*x-3;
end
```

注：用 Matlab 求非线性方程的根可用函数 fzero(@myfun,x0)，其中，myfun 是方程函数，x0 是初值。

输出结果如下：

若取初值 x(0) = 1.000 000，则

x(1) = 3.000 000　　x(2) = 2.200 000　　x(3) = 1.830 151

x(4) = 1.737 795　　x(5) = 1.732 072　　x(6) = 1.732 051

x(7) = 1.732 051

原方程的根为 x = 1.732 051。

若取初值 x(0) = 1.500 000，则

x(1) = 1.777 778　　x(2) = 1.733 361

x(3) = 1.732 052　　x(4) = 1.732 051

原方程的根为 x = 1.732 051。

若取初值 x(0) = 2.500 000，则

x(1) = 1.951 807　　x(2) = 1.758 036　　x(3) = 1.732 482

x(4) = 1.732 051　　x(5) = 1.732 051

原方程的根为 x = 1.732 051。

说明：上面程序取 3 个不同初值得到同样的结果，但迭代次数不同。初值越接近所求的根，迭代次数越少。

例 2.3　求方程 $x^3 - x - 0.2 = 0$ 的所有实根。

只要将上述程序中的函数 f 及 f1 改为下面的函数：

```
float f(float x)
{
    return x * x * x - x - 0.2;
}

float f1(float x)
{
    return 3.0 * x * x - 1;
}
```

分析知该方程有 3 个实根。输出结果如下：

若取初值 x(0) = 1，则

x(1) = 1.100 000　　x(2) = 1.088 213　　x(3) = 1.088 034

方程的根为 x = 1.088 034。

若取初值 x(0) =－0.1，则

x(1) =－0.204 124　　x(2) =－0.209 131　　x(3) =－0.209 149

方程的根为 x =－0.209 149。

若取初值 x(0) =－0.6，则

x(1) =－2.899 997　　x(2) =－2.004 868　　x(3) =－1.439 358

x(4) =－1.105 216　　x(5) =－0.938 278　　x(6) =－0.884 808

x(7) =－0.878 954　　x(8) =－0.878 885　　x(9) =－0.878 885

方程的根为 x =－0.878 885。

实习题 2

1. 用牛顿法求下列方程的根：

(1) $x^2 - e^x = 0$；

(2) $xe^x - 1 = 0$；

(3) $\lg x + x - 2 = 0$。

2. 编写一个割线法的程序，求解上述各方程。

3　线性方程组数值解法

3.1　目的与要求

(1) 熟悉求解线性方程组的有关理论和方法；

(2) 会编制列主元消去法、LU分解法、雅可比迭代法及高斯-塞德尔迭代法的程序；

(3) 通过实际计算，进一步了解各种方法的优缺点，选择合适的数值方法。

3.2　列主元高斯消去法

3.2.1　算法

将方程用增广矩阵$[\boldsymbol{A} \mid \boldsymbol{b}] = (a_{ij})_{n\times(n+1)}$表示。

(1) 消元过程

对$k = 1,2,\cdots,n-1$：

① 选主元，找$i_k \in \{k,k+1,\cdots,n\}$，使得

$$\mid a_{i_k,k} \mid = \max_{k\leqslant i\leqslant n} \mid a_{ik} \mid$$

② 如果$a_{i_k,k} = 0$，则矩阵$\boldsymbol{A}$奇异，程序结束；否则执行③。

③ 如果$i_k \neq k$，则交换第k行与第i_k行对应元素位置，即

$$a_{kj} \leftrightarrow a_{i_kj} \quad (j = k,k+1,\cdots,n+1)$$

④ 消元，对$i = k+1,k+2,\cdots,n$计算

$$l_{ik} = a_{ik}/a_{kk}$$

对$j = k+1,k+2,\cdots,n+1$计算

$$a_{ij} = a_{ij} - l_{ik}a_{kj}$$

(2) 回代过程

① 若$a_{nn} = 0$，则矩阵$\boldsymbol{A}$奇异，程序结束；否则执行②。

② $x_n = a_{n,n+1}/a_{nn}$；对$i = n-1,\cdots 2,1$计算

$$x_i = (a_{i,n+1} - \sum_{j=i+1}^{n} a_{ij}x_j)/a_{ii}$$

3.2.2　程序与实例

例3.1　解方程组

$$\begin{cases}2x_1+4x_2+x_3=4,\\2x_1+6x_2-x_3=10,\\x_1+5x_2+2x_3=2\end{cases}$$

C 语言程序如下：

```
#include<stdio.h>
#include<math.h>
void main()
{
    void ColPivot(float *,int,float []);
    int i;
    float x[3];
    float c[3][4] = {2,4,1,4,
                     2,6,-1,10,
                     1,5,2,2};
    ColPivot(c[0],3,x);
    for(i = 0;i<= 2;i++) printf("x[%d] = %f\n",i,x[i]);
}

void ColPivot(float *c,int n,float x[])
{
    int i,j,t,k;
    float p;
    for(i = 0;i<= n-2;i++)
    {
        k = i;
        for(j = i+1;j<= n-1;j++)
            if(fabs(*(c+j*(n+1)+i))>(fabs(*(c+k*(n+1)+
i)))) k = j;
        if(k! = i)
            for(j = i;j<= n;j++)
            {
                p = *(c+i*(n+1)+j);
                *(c+i*(n+1)+j) = *(c+k*(n+1)+j);
                *(c+k*(n+1)+j) = p;
            }
        for(j = i+1;j<= n-1;j++)
```

```
        {
            p = ( * (c+j * (n+1) +i))/( * (c+i * (n+1) +i));
            for(t = i;t<= n;t++) * (c+j * (n+1) +t) -= p * ( * (c
+i * (n+1) +t));
        }
    }
    for(i = n-1;i >= 0;i--)
    {
        for(j = n-1;j >= i+1;j--)
            ( * (c+i * (n+1)+n)) -= x[j] * ( * (c+i * (n+1)+j));
          x[i] = * (c+i * (n+1) +n)/( * (c+i * (n+1) +i));
    }
}
```

Matlab 程序如下：

```
function GEpiv(A,b) % b 为列向量
[m,n] = size(A);
nb = n+1;Ab = [A b];
%…… 消元
for i = 1:m-1
    [pivot,p] = max(abs(Ab(i:n,i))); % 见下
    ip = p+i-1; % 计算出主元的行下标
    if ip ~= i
        Ab([i ip],:) = Ab([ip i],:); % 行交换
    end
    pivot = Ab(i,i);
    for k = i+1:m
        Ab(k,i:nb) = Ab(k,i:nb) - (Ab(k,i)/pivot) * Ab(i,i:nb);
    end
end
%…… 回代
x = zeros(n,1);
x(n) = Ab(n,nb)/Ab(n,n);
for i = n-1:-1:1
    x(i) = (Ab(i,nb) - Ab(i,i+1:n) * x(i+1:n,1))/Ab(i,i);
```

```
end
for k = 1:n
    fprintf('x[%d] = %f\n',k,x(k));
end
```

%[pivot,p] = max(abs(Ab(i:n,i))) 返回绝对值最大的元素(主元) 及其在列向量 Ab(i:n,i) 中的下标。若最大元素在增广矩阵的主对角线上,那么 p = 1

注:当 $\boldsymbol{A}$ 为非奇异方阵,求解线性方程组 $\boldsymbol{Ax} = \boldsymbol{b}$ 可直接用语句 $\boldsymbol{x} = \boldsymbol{A}\backslash\boldsymbol{b}$。

输出结果如下:

x[0] = 1.000 000

x[1] = 1.000 000

x[2] =−2.000 000

例 3.2 解方程组

$$\begin{cases}8.77B+2.40C+5.66D+1.55E+1.0F=-32.04,\\4.93B+1.21C+4.48D+1.10E+1.0F=-20.07,\\3.53B+1.46C+2.92D+1.21E+1.0F=-8.53,\\5.05B+4.04C+2.51D+2.01E+1.0F=-6.30,\\3.54B+1.04C+3.47D+1.02E+1.0F=-12.04\end{cases}$$

计算结果如下:

$B=-1.464\,954$

$C=\ 1.458\,125$

$D=-6.004\,824$

$E=-2.209\,018$

$F=\ 14.719\,421$

3.3 矩阵直接三角分解法

3.3.1 算法

将方程组 $\boldsymbol{Ax} = \boldsymbol{b}$ 中的 $\boldsymbol{A}$ 分解为 $\boldsymbol{A} = \boldsymbol{LU}$,其中 $\boldsymbol{L}$ 为单位下三角矩阵,$\boldsymbol{U}$ 为上三角矩阵,则方程组 $\boldsymbol{Ax} = \boldsymbol{b}$ 化为解两个方程组 $\boldsymbol{Ly} = \boldsymbol{b}$,$\boldsymbol{Ux} = \boldsymbol{y}$,具体算法如下。

① 对 $j = 1,2,3,\cdots,n$ 计算

$$u_{1j} = a_{1j}$$

对 $i = 2,3,\cdots,n$ 计算

$l_{i1} = a_{i1}/a_{11}$

② 对 $k = 2, 3, \cdots, n$:

a) 对 $j = k, k+1, \cdots, n$ 计算

$$u_{kj} = a_{kj} - \sum_{q=1}^{k-1} l_{kq} u_{qi}$$

b) 对 $i = k+1, k+2, \cdots, n$ 计算

$$l_{ik} = \left(a_{ik} - \sum_{q=1}^{k-1} l_{iq} u_{qk}\right) \Big/ u_{kk}$$

③ $y_1 = b_1$, 对 $k = 2, 3, \cdots, n$ 计算

$$y_k = b_k - \sum_{q=1}^{k-1} l_{kq} y_q$$

④ $x_n = y_n / u_{nn}$, 对 $k = n-1, n-2, \cdots, 2, 1$ 计算

$$x_k = \left(y_k - \sum_{q=k+1}^{n} u_{kq} x_q\right) \Big/ u_{kk}$$

注：由于计算 $\boldsymbol{u}$ 的公式与计算 $\boldsymbol{y}$ 的公式形式上一样，故可直接对增广矩阵

$$[\boldsymbol{A} \mid \boldsymbol{b}] = \begin{bmatrix} a_{11} & a_{12} & \cdots & a_{1n} & a_{1,n+1} \\ a_{21} & a_{22} & \cdots & a_{2n} & a_{2,n+1} \\ \vdots & \vdots & & \vdots & \vdots \\ a_{n1} & a_{n2} & \cdots & a_{nn} & a_{n,n+1} \end{bmatrix}$$

施行算法 ② 和 ③，此时 $\boldsymbol{U}$ 的第$(n+1)$ 列元素即为 $\boldsymbol{y}$。

3.3.2　程序与实例

例 3.3　求解方程组 $\boldsymbol{Ax} = \boldsymbol{b}$，其中

$$\boldsymbol{A} = \begin{bmatrix} 1 & 2 & -12 & 8 \\ 5 & 4 & 7 & -2 \\ -3 & 7 & 9 & 5 \\ 6 & -12 & -8 & 3 \end{bmatrix}, \quad \boldsymbol{b} = \begin{bmatrix} 27 \\ 4 \\ 11 \\ 49 \end{bmatrix}$$

C 语言程序如下：

```
#include<stdio.h>
void main()
{
    float x[4];
    int i;
    float a[4][5] = {1,2,-12,8,27,
                     5,4,7,-2,4,
```

```
                    -3,7,9,5,11,
                    6,-12,-8,3,49};
        void DirectLU(float *,int,float[]);
        DirectLU(a[0],4,x);
        for(i = 0;i <= 3;i++) printf("x[%d] = %f\n",i,x[i]);
    }

    void DirectLU(float * u,int n,float x[])
    {
        int i,r,k;
        for(r = 0;r <= n-1;r++)
        {
            for(i = r;i <= n;i++)
                for(k = 0;k <= r-1;k++)
                    *(u+r*(n+1)+i) -= *(u+r*(n+1)+k)*(*(u+
k*(n+1)+i));
                for(i = r+1;i <= n-1;i++)
                {
                    for(k = 0;k <= r-1;k++)
                        *(u+i*(n+1)+r) -= *(u+i*(n+1)+
k)*(*(u+k*(n+1)+r));
                    *(u+i*(n+1)+r)/= *(u+r*(n+1)+r);
                }
        }
        for(i = n-1;i >= 0;i--)
        {
            for(r = n-1;r >= i+1;r--)
                *(u+i*(n+1)+n) -= *(u+i*(n+1)+r)*x[r];
            x[i] = *(u+i*(n+1)+n)/(*(u+i*(n+1)+i));
        }
    }
```

Matlab 程序如下：

```
function LUpiv(A,b)
[m,n] = size(A);
```

```
nb = n+1;Ab = [A b];
Ab(2:m,1) = Ab(2:m,1)/Ab(1,1);
for k = 2:m
    for j = k:nb
        Ab(k,j) = Ab(k,j) - Ab(k,1:k-1) * Ab(1:k-1,j);
    end
    for i = k+1:m
        Ab(i,k) = (Ab(i,k)-Ab(i,1:k-1) * Ab(1:k-1,k))/Ab(k,k);
    end
end
x = zeros(n,1);
x(n) = Ab(n,nb)/Ab(n,n);
for k = n-1:-1:1
    x(k) = (Ab(k,nb) - Ab(k,k+1:n) * x(k+1:n,1))/Ab(k,k);
end
for k = 1:n
    fprintf('x[%d] = %f\n',k,x(k));
end
```

注：语句 [L U] = lu(A) 可用于直接进行 LU 分解。

结果为

```
x[0] =  3.000 001
x[1] =- 2.000 001
x[2] =  1.000 000
x[3] =  5.000 000
```

3.4　迭代法

3.4.1　雅可比迭代法

(1) 算法

设方程组 $\boldsymbol{Ax}=\boldsymbol{b}$ 的系数矩阵的对角线元素 $a_{ii}\neq 0(i=1,2,\cdots,n)$，$M$ 为迭代次数容许的最大值，ε 为容许误差。

① 取初始向量 $\boldsymbol{x}=(x_1^{(0)},x_2^{(0)},\cdots,x_n^{(0)})^{\mathrm{T}}$，令 $k=0$。

② 对 $i=1,2,\cdots,n$ 计算

$$x_i^{(k+1)} = \frac{1}{a_{ii}}\Big(b_i - \sum_{\substack{j=1\\j\neq i}}^{n} a_{ij}x_j^{(k)}\Big)$$

③ 如果$\sum\limits_{i=1}^{n} | x_i^{(k+1)} - x_i^{(k)} | < \varepsilon$,则输出$\boldsymbol{x}^{(k+1)}$,结束;否则执行④。

④ 如果$k \geqslant M$,则不收敛,终止程序;否则$k \leftarrow k+1$,转②。

(2) 程序与实例

例 3.4 用雅克比迭代法解线性方程组

$$\begin{cases} 4x_1 - x_2 - x_3 = 1, \\ -x_1 + 4x_2 - x_4 = 2, \\ -x_1 + 4x_3 - x_4 = 0, \\ - x_2 - x_3 + 4x_4 = 1 \end{cases}$$

C 语言程序如下:

```
#include<stdio.h>
#include<math.h>
#define eps 1e-6
#define max 100
void Jacobi(float *a,int n,float x[])
{
    int i,j,k = 0;
    float epsilon,s;
    float *y = new float[n];
    for(i = 0;i < n;i++) x[i] = 0;
    while(1)
    {
        epsilon = 0;
        k++;
        for(i = 0;i < n;i++)
        {
            s = 0;
            for(j = 0;j < n;j++)
            {
                if(j == i) continue;
                s += *(a+i*(n+1)+j)*x[j];
            }
            y[i] = (*(a+i*(n+1)+n)-s)/(*(a+i*(n+1)+i));
```

```
            epsilon += fabs(y[i] - x[i]);
        }
        for(i = 0;i < n;i++) x[i] = y[i];
        if(epsilon < eps)
        {printf("迭代次数为 %d\n",k); return;}
        if(k >= max)
        {printf("迭代发散");return;}
    }
    delete y;
}

void main()
{
    int i;
    float a[4][5] = {4,-1,-1,0,1,-1,4,0,-1,2,-1,0,4,-1,0,0,
-1,-1,4,1};
    float x[4];
    Jacobi(a[0],4,x);
    for(i = 0;i < 4;i++) printf("x[%d] = %f\n",i,x[i]);
}
```

Matlab 程序如下：

```
function Jacobi(A,b,max,eps) % max为迭代次数容许的最大值,eps为容许
误差
n = length(A);x = zeros(n,1);x1 = zeros(n,1);k = 0;
while 1
    x1(1) = (b(1) - A(1,2:n) * x(2:n,1))/A(1,1);
    for i = 2:n-1
        x1(i) = (b(i)-A(i,1:i-1) * x(1:i-1,1)-A(i,i+1:n) * x(i+1:n,1))/A(i,i);
    end
    x1(n) = (b(n) - A(n,1:n-1) * x(1:n-1,1))/A(n,n);
    k = k+1;
    if sum(abs(x1 - x)) < eps
        fprintf('number = %d\n',k);
        break;
```

```
        end
        if k >= max
            fprintf('The Method is disconvergent\n');
            break;
        end
        x = x1;
    end
    if k < max
        for i = 1:n
            fprintf('x[%d] = %f\n',i,x1(i));
        end
    end
```

结果为

```
迭代次数为 21
x[0] = 0.500 000
x[1] = 0.750 000
x[2] = 0.250 000
x[3] = 0.500 000
```

3.4.2　高斯-赛德尔迭代法

(1) 算法

设方程组 $\boldsymbol{Ax}=\boldsymbol{b}$ 的系数矩阵的对角线元素 $a_{ii}\neq 0(i=1,2,\cdots,n)$，$M$ 为迭代次数容许的最大值，ε 为容许误差。

① 取初始向量 $\boldsymbol{x}=(x_1^{(0)},x_2^{(0)},\cdots,x_n^{(0)})^{\mathrm{T}}$，令 $k=0$。

② 对 $i=1,2,\cdots,n$，计算

$$x_i^{(k+1)}=\frac{1}{a_{ii}}\left(b_i-\sum_{j=1}^{i-1}a_{ij}x_j^{(k+1)}-\sum_{j=i+1}^{n}a_{ij}x_j^{(k)}\right)$$

③ 如果 $\sum_{i=1}^{n}|x_i^{(k+1)}-x_i^{(k)}|<\varepsilon$，则输出 $\boldsymbol{x}^{(k+1)}$，结束；否则执行 ④。

④ 如果 $k\geqslant M$，则不收敛，终止程序；否则 $k\leftarrow k+1$，转 ②。

(2) 程序与实例

例 3.5　用高斯 - 赛德尔迭代法解线性方程组

$$\begin{cases} 4x_1 - x_2 - x_3 = 1, \\ -x_1 + 4x_2 - x_4 = 2, \\ -x_1 + 4x_3 - x_4 = 0, \\ - x_2 - x_3 + 4x_4 = 1 \end{cases}$$

C语言程序如下：

```
#include<stdio.h>
#include<math.h>
#define N 500
void main()
{
    int i;
    float x[4];
    float c[4][5] = {4,-1,-1,0,1,-1,4,0,-1,2,-1,0,4,-1,0,0,
-1,-1,4,1};
    void GaussSeidel(float *,int,float[]);
    GaussSeidel(c[0],4,x);
    for(i = 0;i <= 3;i++) printf("x[%d] = %f\n",i,x[i]);
}

void GaussSeidel(float *a,int n,float x[])
{
    int i,j,k = 1;
    float d,dx,eps;
    for(i = 0;i <= n-1;i++) x[i] = 0.0;
    while(1)
    {
        eps = 0;
        for(i = 0;i <= n-1;i++)
        {
            d = 0;
            for(j = 0;j <= n-1;j++)
            {
                if(j == i) continue;
                d += *(a+i*(n+1)+j) * x[j];
            }
```

```
            dx = ( * (a+i * (n+1) + n) - d)/( * (a+i * (n+1) + i));
            eps += fabs(dx - x[i]);
            x[i] = dx;
        }
        if(eps < 1e-6) {printf("迭代次数为 %d\n",k);return;}
        if(k > N)
        {
            printf("迭代发散\n");
            return;
        }
        k++;
    }
}
```

Matlab 程序如下：

```
function GauseSeidel(A,b,max,eps)
n = length(A);x = zeros(n,1);x1 = zeros(n,1);k = 0;
while 1
    x1(1) = (b(1) - A(1,2:n) * x(2:n,1))/A(1,1);
    for i = 2:n-1
      x1(i) = (b(i)-A(i,1:i-1) * x1(1:i-1,1)-A(i,i+1:n) * x(i+1:n,1))/A(i,i);
    end
    x1(n) = (b(n) - A(n,1:n-1) * x1(1:n-1,1))/A(n,n);
    k = k+1;
    if sum(abs(x1 - x)) < eps
        fprintf('number = %d\n',k);
        break;
    end
    if k >= max
        fprintf('The Method is disconvergent\n');
        break;
    end
    x = x1;
end
if k < max
```

```
    for i = 1:n
        fprintf('x[%d] = %f\n',i,x1(i));
    end
end
```

结果为

```
  迭代次数为 12
  x[0] = 0.500 000
  x[1] = 0.750 000
  x[2] = 0.250 000
  x[3] = 0.500 000
```

例 3.6　用雅可比迭代法解方程组

$$\begin{cases} x_1+2x_2-2x_3=7, \\ x_1+x_2+x_3=2, \\ 2x_1+2x_2+x_3=5 \end{cases}$$

迭代 4 次得解$(1,2,-1)^T$,若用高斯-赛德尔迭代法则发散。

用高斯-赛德尔迭代法解方程组

$$\begin{cases} x_1+0.9x_2+0.9x_3=1.9, \\ 0.9x_1+x_2+0.9x_3=2.0, \\ 0.9x_1+0.9x_2+x_3=1.7 \end{cases}$$

迭代 84 次得解$(1,2,-1)^T$,若用雅可比迭代法则发散。

实　习　题　3

1. 用列主元消去法解下列方程组:

(1) $\begin{cases} x_1+x_2+3x_4=4, \\ 2x_1+x_2-x_3+x_4=1, \\ 3x_1-x_2-x_3+3x_4=-3, \\ -x_1+2x_2+3x_3-x_4=4; \end{cases}$

(2) $\begin{cases} x_1-x_2+2x_3-x_4=-8, \\ 2x_1-2x_2+3x_3-3x_4=-20, \\ x_1+x_2+x_3=-2, \\ x_1-x_2+4x_3+3x_4=4。 \end{cases}$

2. 用 LU 分解法解方程组 $\boldsymbol{Ax}=\boldsymbol{b}$,其中

$$A=\begin{bmatrix}48 & -24 & 0 & -12\\ -24 & 24 & 12 & 12\\ 0 & 6 & 20 & 2\\ -6 & 6 & 2 & 16\end{bmatrix},\quad b=\begin{bmatrix}4\\4\\-2\\-2\end{bmatrix}$$

3. 编写用改进的平方根法解方程组 $Ax=b$ 的程序，并解下列方程组：

(1) $$A=\begin{bmatrix}0.5 & -0.5 & 0 & 0 & 0 & 0\\ -0.5 & 1.5 & -0.5 & -0.25 & 0.25 & 0\\ 0 & -0.5 & 1.5 & 0.25 & -0.25 & 0\\ 0 & -0.25 & 0.25 & 1.5 & -0.5 & 0\\ 0 & 0.25 & -0.25 & -0.5 & 1.5 & -0.5\\ 0 & 0 & 0 & 0 & -0.5 & 0.5\end{bmatrix}$$

$b=(-1,0,0,0,0,0)^{\mathrm T}$

(2) $$A=\begin{bmatrix}1.35 & & & & & & & \\ 0.35 & 1.35 & & & & & & \\ 2.00 & 2.00 & 1.35 & & & & \text{(对称)} & \\ 2.00 & -1.00 & -0.35 & 1.35 & & & & \\ -0.35 & -0.35 & 1.00 & 2.00 & 1.35 & & & \\ -0.35 & -0.35 & 2.00 & 2.00 & 0.35 & 1.35 & & \\ -1.00 & 2.00 & -0.35 & 0.35 & 2.00 & 2.00 & 1.35 & \\ 2.00 & 2.00 & 0.35 & -0.35 & 2.00 & -1.00 & -0.35 & 1.35\end{bmatrix}$$

$b=(2.00,2.00,12.00,12.00,2.00,2.00,2.00,2.00)^{\mathrm T}$

4. 编写用追赶法解三对角线性方程组的程序，并解下列方程组：

(1) $$\begin{cases}2x_1-x_2=5,\\ -x_1+2x_2-x_3=-12,\\ -x_2+2x_3-x_4=11,\\ -x_3+2x_4=-1;\end{cases}$$

(2) $Ax=b$，其中

$$A_{10\times10}=\begin{bmatrix}-4 & 1 & & & & \\ 1 & -4 & 1 & & & \\ & 1 & -4 & 1 & & \\ & & \ddots & \ddots & \ddots & \\ & & & 1 & -4 & 1\\ & & & & 1 & -4\end{bmatrix},\quad b_{10\times1}=\begin{bmatrix}-27\\-15\\-15\\ \vdots\\-15\\-15\end{bmatrix}$$

5. 分别用雅可比迭代法与高斯-赛德尔迭代法解下列方程组：

(1) $\begin{cases} 10x_1 - x_2 + 2x_3 = -11, \\ 8x_2 - x_3 + 3x_4 = -11, \\ 2x_1 - x_2 + 10x_3 = 6, \\ -x_1 + 3x_2 - x_3 + 11x_4 = 25; \end{cases}$

(2) $\boldsymbol{RI} = \mathbf{V}$,其中

$$\boldsymbol{R} = \begin{bmatrix} 31 & -13 & 0 & 0 & 0 & -10 & 0 & 0 & 0 \\ -13 & 35 & -9 & 0 & -11 & 0 & 0 & 0 & 0 \\ 0 & -9 & 31 & -10 & 0 & 0 & 0 & 0 & 0 \\ 0 & 0 & -10 & 79 & -30 & 0 & 0 & 0 & -9 \\ 0 & 0 & 0 & -30 & 57 & -7 & 0 & -5 & 0 \\ 0 & 0 & 0 & 0 & 7 & 47 & -30 & 0 & 0 \\ 0 & 0 & 0 & 0 & 0 & -30 & 41 & 0 & 0 \\ 0 & 0 & 0 & 0 & -5 & 0 & 0 & 27 & -2 \\ 0 & 0 & 0 & 0 & 0 & 0 & 0 & -2 & 29 \end{bmatrix}$$

$\mathbf{V} = (-15, 27, -23, 0, -20, 12, -7, 7, -10)^{\mathrm{T}}$

4 插 值 法

4.1 目的与要求

(1) 熟悉拉格朗日插值多项式和牛顿插值多项式，注意其不同特点；

(2) 会用三次样条插值解决一些实际问题。

4.2 拉格朗日插值多项式

4.2.1 算法

① 输入 $x_i, y_i (i = 0,1,2,\cdots,n)$，令 $L_n(x) = 0$；

② 对 $i = 0,1,2,\cdots,n$ 计算

$$l_i(x) = \prod_{\substack{j=0\\ j\neq i}}^{n} \frac{x - x_j}{x_i - x_j}$$

$$L_n(x) \leftarrow L_n(x) + l_i(x) y_i$$

4.2.2 程序与实例

例 4.1 已知函数表

x_i	0.3	0.4	0.5	0.6
y_i	1.222 2	1.268 1	1.303 3	1.329 3

试用三次拉格朗日插值多项式求 $x = 0.45$ 时的函数近似值。

C 语言程序如下：

```
#include<stdio.h>
float Lagrange(float x[],float y[],float xx,int n)
{
    int i,j;
    float *a,yy=0;
    a=new float[n];
    for(i=0;i<=n-1;i++)
    {
```

```
        a[i] = y[i];
        for(j = 0;j <= n-1;j++)
            if(j! = i) a[i]* = (xx-x[j])/(x[i]-x[j]);
            yy+= a[i];
    }
    delete a;
    return yy;
}
void main()
{
    float x[4] = {0.3,0.4,0.5,0.6};
    float y[4] = {1.2222,1.2681,1.3033,1.3293};
    float xx = 0.45,yy;
    yy = Lagrange(x,y,xx,4);
    printf("x = %f,y = %f\n",xx,yy);
}
```

Matlab 程序如下：

```
function lagrint(x,y,xi)
dxi = xi-x;
n = length(x);
L = zeros(size(y));
L(1) = prod(dxi(2:n))/prod(x(1)-x(2:n)); % 见下
L(n) = prod(dxi(1:n-1))/prod(x(n)-x(1:n-1));
for j = 2:n-1
    num = prod(dxi(1:j-1)) * prod(dxi(j+1:n));
    den = prod(x(j)-x(1:j-1)) * prod(x(j)-x(j+1:n));
    L(j) = num/den;
end
yi = sum(y. * L);
fprintf('x = %f,y = %f',xi,yi);
```

注：内置函数 prod 用来计算向量元素的乘积，子表达式 prod(dxi(1:j-1)) 等价于(x-x(1)) * (x-x(2)) * … * (x-x(j-1))。

运行后结果为

x = 0.450 000， y = 1.286 944

4.3 牛顿插值多项式

4.3.1 算法

① 输入 $n, x_i, y_i (i = 0,1,2,\cdots,n)$。

② 对 $k = 1,2,3,\cdots,n; i = 1,2,\cdots,k$ 计算各阶差商 $f[x_0, x_1, \cdots, x_k]$。

③ 计算函数值

$$N_n(x) = f(x_0) + f[x_0, x_1](x - x_0) + \cdots + f[x_0, x_1, \cdots, x_n](x - x_0)(x - x_1)\cdots(x - x_{n-1})$$

4.3.2 程序与实例

例 4.2 已知函数表

x_i	0.4	0.55	0.65	0.8	0.9
y_i	0.410 75	0.578 15	0.696 75	0.888 11	1.026 52

用牛顿插值多项式求 $N_n(0.596)$ 和 $N_n(0.895)$。

C 语言程序如下：

```
#include<stdio.h>
#define N 4

void Difference(float x[],float y[],int n)
{
    float *f = new float[n+1];
    int k,i;
    for(k = 1;k <= n;k++)
    {
        f[0] = y[k];
        for(i = 0;i < k;i++)
            f[i+1] = (f[i] - y[i])/(x[k] - x[i]);
        y[k] = f[k];
    }
    delete f;
    return;
```

```
}
void main()
{
    int i;
    float b,varx = 0.895;
    float x[N+1] = {0.4,0.55,0.65,0.8,0.9};
    float y[N+1] = {0.41075,0.57815,0.69675,0.88811,1.02652};
    Difference(x,y,N);
    b = y[N];
    for(i = N-1;i >= 0;i--)
        b = b * (varx - x[i]) + y[i];
    printf("Nn(%f) = %f",varx,b);
}
```

Matlab 程序如下：

```
function newtint(x,y,xhat)
n = length(y);
c = y(:);
for j = 2:n
    for i = n:-1:j
        c(i) = (c(i) - c(i-1))/(x(i) - x(i-j+1));
    end
end
yhat = c(n);
for i = n-1:-1:1
    yhat = yhat * (xhat - x(i)) + c(i);
end
fprintf('N(%f) = %f',xhat,yhat);
```

输出结果如下：

$N_n(0.596) = 0.631\ 918$

$N_n(0.895) = 1.019\ 368$

实 习 题 4

1. 按下列数据

x_i	-3.0	-1.0	1.0	2.0	3.0
y_i	1.0	1.5	2.0	2.0	1.0

作二次插值，并求 $x_1=-2, x_2=0, x_3=2.75$ 时的函数近似值。

2. 按下列数据

x_i	0.30	0.42	0.50	0.58	0.66	0.72
y_i	1.044 03	1.084 62	1.118 03	1.156 03	1.198 17	1.232 23

作五次插值，并求 $x_1=0.46, x_2=0.55, x_3=0.60$ 时的函数近似值。

3. 编写一个用牛顿前插公式计算函数值的程序，要求先输出差分表，再计算 x 点的函数值，并应用于下面的问题：

x_i	20	21	22	23	24
y_i	1.301 03	1.322 22	1.342 42	1.361 73	1.380 21

求 $x=21.4$ 时的三次插值多项式的值。

5　曲线拟合

5.1　目的与要求

(1) 了解最小二乘法的基本原理，通过计算机解决实际问题；
(2) 了解超定方程组的最小二乘解法。

5.2　最小二乘法

5.2.1　算法

已知数据对$(x_j,y_j)(j=1,2,\cdots,n)$，求多项式$P(x)=\sum_{i=0}^{m}a_ix^i(m<n)$，使得$\Phi(a_0,a_1,\cdots,a_m)=\sum_{j=1}^{n}\left(\sum_{i=0}^{m}a_ix_j^i-y_j\right)^2$为最小。注意到此时$\varphi_k(x)=x^k$，多项式系数$a_0,a_1,\cdots,a_m$满足下面的线性方程组：

$$\begin{bmatrix} S_0 & S_1 & \cdots & S_m \\ S_1 & S_2 & \cdots & S_{m+1} \\ \vdots & \vdots & & \vdots \\ S_m & S_{m+1} & \cdots & S_{2m} \end{bmatrix}\begin{bmatrix} a_0 \\ a_1 \\ \vdots \\ a_m \end{bmatrix}=\begin{bmatrix} T_0 \\ T_1 \\ \vdots \\ T_m \end{bmatrix} \tag{1.1}$$

其中

$$S_k=\sum_{j=1}^{n}x_j^k \quad (k=0,1,2,\cdots,2m)$$

$$T_k=\sum_{j=1}^{n}y_jx_j^k \quad (k=0,1,2,\cdots,m)$$

然后只要调用解线性方程组的函数程序即可。

5.2.2　程序与实例

例5.1　由化学实验得到某物质浓度与时间的关系如下：

时间 t	1	2	3	4	5	6	7	8
浓度 y	4.00	6.40	8.00	8.80	9.22	9.50	9.70	9.86
时间 t	9	10	11	12	13	14	15	16
浓度 y	10.00	10.20	10.32	10.42	10.50	10.55	10.58	10.60

求浓度与时间的二次拟合曲线。

C语言程序如下：

```
#include<stdio.h>
#include<math.h>
void main()
{
    int i;
    float a[3];
    float x[16] = {1,2,3,4,5,6,7,8,9,10,11,12,13,14,15,16};
    float y[16] = {4,6.4,8,8.8,9.22,9.5,9.7,9.86,10,10.2,10.32,
                   10.42,10.50,10.55,10.58,10.6};
    void Approx(float[],float[],int,int,float[]);
    Approx(x,y,16,2,a);
    for(i = 0;i <= 2;i++)
        printf("a[%d] = %f\n",i,a[i]);
}
void Approx(float x[],float y[],int m,int n,float a[])
{
    int i,j,t;
    float *c = new float[(n+1)*(n+2)];
    float power(int,float);
    void ColPivot(float *,int,float[]);
    for(i = 0;i <= n;i++)
    {
        for(j = 0;j <= n;j++)
        {
            *(c+i*(n+2)+j) = 0;
            for(t = 0;t <= m-1;t++)
                *(c+i*(n+2)+j) += power(i+j,x[t]);
        }
        *(c+i*(n+2)+n+1) = 0;
```

```
        for(j = 0;j <= m-1;j++)
            *(c+i*(n+2)+n+1) += y[j]*power(i,x[j]);
    }
    ColPivot(c,n+1,a);
    delete c;

}

void ColPivot(float *c,int n,float x[])
{
    int i,j,t,k;
    float p;
    for(i = 0;i <= n-2;i++)
    {
        k = i;
        for(j = i+1;j <= n-1;j++)
            if(fabs(*(c+j*(n+1)+i)) > (fabs(*(c+k*(n+1)+i))))
                k = j;
        if(k! = i)
            for(j = i;j <= n;j++)
            {
                p = *(c+i*(n+1)+j);
                *(c+i*(n+1)+j) = *(c+k*(n+1)+j);
                *(c+k*(n+1)+j) = p;
            }
        for(j = i+1;j <= n-1;j++)
        {
            p = (*(c+j*(n+1)+i))/(*(c+i*(n+1)+i));
            for(t = i;t <= n;t++) *(c+j*(n+1)+t) -= p*(*(c
+i*(n+1)+t));
        }
    }
    for(i = n-1;i >= 0;i--)
    {
        for(j = n-1;j >= i+1;j--)
```

```
            (*(c+i*(n+1)+n))-=x[j]*(*(c+i*(n+1)+j));
        x[i] = *(c+i*(n+1)+n)/(*(c+i*(n+1)+i));
    }
}

float power(int i,float v)
{
    float a = 1;
    while(i--) a *= v;
    return a;
}
```

Matlab 程序如下：

```
function ZXE(x,y,m) % m 为所要求的拟合曲线的次数
S = zeros(1,2*m+1);T = zeros(m+1,1);
for k = 1:2*m+1
    S(k) = sum(x.^(k-1));
end
for k = 1:m+1
    T(k) = sum(x.^(k-1).*y);
end
A = zeros(m+1,m+1);a = zeros(m+1,1);
for i = 1:m+1
    for j = 1:m+1
        A(i,j) = S(i+j-1);
    end
end
a = A\T;
for k = 1:m+1
    fprintf('a[%d] = %f\n',k,a(k));
end
```

注：最小二乘法曲线拟合可用函数 p = polyfit(x,y,n) 实现，其中 x,y 为 m 维向量，n+1 < m，函数返回一个长度为(n+1) 的向量，顺序是从 n 次项到常数项。

输出结果为

a[0] =　4.387 500

a[1] =　1.065 962

a[2] =− 0.044 466

因此二次拟合多项式为 $y(t) = 4.3875 + 1.065962t - 0.044466t^2$。

注：(1) 方程(1.1) 中的系数矩阵当阶数较大时是坏条件的，会产生很大的误差；

(2) 由于方程(1.1) 中的系数矩阵是对称正定的且只有 $(2m+1)$ 个不同元素，读者可采用其他方法解此方程，比如改进的平方根法等。

例 5.2　工程中经常遇到 $y = ax\mathrm{e}^{-bx}$ 类型的曲线，其中 a 与 b 是正数。试用最小二乘拟合下面的数据：

x_i	5	10	15	20	23.75
y_i	22.50	35.75	42.50	44.00	42.00

令 $z = \ln \dfrac{y}{x}, a_0 = \ln a, a_1 = -b$，则原曲线化为 $z = a_0 + a_1 x$。

计算结果为 $y = 2.35074x\mathrm{e}^{0.00066x}$。

实　习　题　5

1. 试分别用抛物线 $y = a + bx + cx^2$ 和指数曲线 $y = a\mathrm{e}^{bx}$ 拟合下列数据：

x_i	1	1.5	2	2.5	3
y_i	33.4	79.50	122.65	159.05	189.15
x_i	3.5	4	4.5	5	5.5
y_i	214.15	238.65	252.50	267.55	280.50
x_i	6	6.5	7	7.5	8
y_i	296.65	301.40	310.40	318.15	325.15

并比较这两个拟合函数的优劣。

2. 已知实验数据如下：

x_i	1.0	2.5	3.5	4.0
y_i	3.8	1.50	26.0	33.0

试用形如 $y = a + bx^2$ 的抛物线进行最小二乘拟合。

3. 编写求超定方程组的最小二乘解的程序，并解下列方程组：

$$\begin{cases} 2x + 4y = 10, \\ 3x - 5y = -13, \\ 10x - 12y = -26, \\ 4x + 11y = 25 \end{cases}$$

6 数值积分

6.1 目的与要求

（1）通过实际计算体会各种方法的精确度；

（2）会编写用龙贝格算法求定积分的程序。

6.2 复化梯形公式与复化辛卜生公式的自适应算法

6.2.1 复化辛卜生公式

（1）算法

复化辛卜生公式为 $S_n = \frac{h}{6}\sum_{k=0}^{n-1}\left[f(x_k)+4f\left(x_k+\frac{h}{2}\right)+f(x_{k+1})\right]$，计算过程如下：

① 令 $h=(b-a)/n, s_1=f(a+h/2), s_2=0$；

② 对 $k=1,2,\cdots,n-1$ 计算

$$s_1 = s_1 + f(a+kh+h/2),\quad s_2 = s_2 + f(a+kh)$$

③ $s=\frac{h}{6}(f(a)+4s_1+2s_2+f(b))$。

（2）程序与实例

例 6.1 用复化辛卜生公式计算积分 $I=\int_0^1 \frac{\mathrm{d}x}{\sqrt{1+x^3}}$。

C 语言程序如下：

```
#include<stdio.h>
#include<math.h>

float Simpson(float(*f)(float),float a,float b,int n)
{
    int k;
    float s,s1,s2=0;
    float h=(b-a)/n;
    s1=(*f)(a+h/2);
```

```
    for(k = 1;k <= n-1;k++)
    {
        s1 += (*f)(a+k*h+h/2);
        s2 += (*f)(a+k*h);
    }
    s = h/6*((*f)(a)+4*s1+2*s2+(*f)(b));
    return s;
}

float f(float x)
{
    return 1/sqrt(1+x*x*x);
}
void main()
{
    int i,n = 2;
    float s;
    for(i = 0;i <= 4;i++)
    {
        s = Simpson(f,0,1,n);
        printf("s(%d) = %f\n",n,s);
        n* = 2;
    }
}
```

Matlab 程序如下：

```
function Simpson(a,b) % a 为积分上限,b 为积分下限
n = 2;
for i = 1:3
    x = a:(b-a)/(2*n):b;
    m = 2*n+1;
    h = (b-a)/n;
    s = (h/6)*(f(a)+2*sum(f(x(3:2:m-2)))+4*sum(f(x(2:2:m-
1)))+f(b));
    fprintf('s(%d) = %f\n',n,s);
```

```
    n = n * 2;
end

function y = f(x) % f为被积函数的表达式
y = 1./sqrt(1 + x. * x * x);
```

注：用 Simpson 求数值积分可使用语句 quad('fun.m',a,b)，其中 fun.m 文件中所放的是被积函数的表达式，a 为积分上限，b 为积分下限。

运行结果为

s(2) = 0.909 696
s(4) = 0.909 611
s(8) = 0.909 605
s(16) = 0.909 604
s(32) = 0.909 604

说明：本例用复化辛卜生公式计算了5次，当 $n = 2^5 = 32$ 时计算结果与 $n = 2^4 = 16$ 时有6位数字相同；若用复化梯形公式计算，则当 $n = 512$ 时有此结果(请参考后面的例6.3)。

例6.2 用复化辛卜生公式计算积分 $I = \int_0^5 \frac{\sin x}{x} dx$。

只要将函数定义为

```
float f(float x)
{
    if (x == 0) ruturn 1;
    else return sin(x)/x;
}
```

在 main 函数中调用 Simpson 函数改为

```
s = Simpson(f,0,5,n);
```

运行结果为

s(2) = 1.547 533
s(4) = 1.549 800
s(8) = 1.549 923
s(16) = 1.549 931
s(32) = 1.549 931

6.2.2　自适应梯形公式

(1) 算法

变步长梯形算法依据公式 $T_{2n}=\frac{1}{2}T_n+\frac{h_n}{2}\sum_{k=0}^{n-1}f(x_{k+1/2})\ \left(h_n=\frac{b-a}{n}\right)$,计算时可按如下步骤:

① 输入精度 $\varepsilon, n=1, h=b-a, T_1=\frac{b-a}{2}[f(a)+f(b)]$;

② $s=0$;

③ 对 $k=0,1,2,\cdots,n-1$ 计算

$s=s+f(x),\quad x=a+k\times h+h/2$

④ $T_2=\frac{1}{2}(T_1+h\times s), n=2n$;

⑤ 如果 $|T_2-T_1|<\varepsilon$,则结束,否则执行 ⑥;

⑥ $h=h/2, T_1=T_2$,转 ②。

(2) 程序与实例

例 6.3　用变步长梯形公式计算积分 $I=\int_0^1\frac{\mathrm{d}x}{\sqrt{1+x^3}}$。

C 语言程序如下:

```
#include<stdio.h>
#include<math.h>
int n;

float AutoTrap(float(*f)(float),float a,float b)
{
    int i;
    float x,s,h=b-a;
    float t1,t2=h/2*((*f)(a)+(*f)(b));
    n=1;
    do
    {
        s=0;
        t1=t2;
        for(i=0;i<=n-1;i++)
        {
```

```
            x = a + i * h + h/2;
            s += (*f)(x);
        }
        t2 = (t1 + s * h)/2;
        n * = 2;
        h/ = 2;
    }
    while(fabs(t2 - t1) > 1e-6);
    return t2;
}
float f(float x)
{
    return 1/sqrt(1 + x * x * x);
}
void main()
{
    float s;
    s = AutoTrap(f,0,1);
    printf("T(%d) = %f\n",n,s);
}
```

Matlab 程序如下：

```
function adaptTrap(a,b,eps)
h = b - a;T1 = 0;T2 = (b - a)/2 * (f(a) + f(b));n = 1;
while abs(T1 - T2) > eps
    T1 = T2;
    m = 2 * n + 1;
    x = a:(b - a)/(2 * n):b;
    s = sum(f(x(2:2:m - 1)));
    T2 = 1/2 * (T1 + h * s);
    n = n * 2;h = h/2;
end
fprintf('T(%d) = %f\n',n,T2);
function y = f(x)
y = 1./sqrt(1 + x. * x * x);
```

运行结果为

T(512) = 0.909 604

例 6.4　用变步长梯形公式计算积分 $I=\int_0^5 \frac{\sin x}{x}\mathrm{d}x$。

只要将函数 f 和 main 改为

```
float f(float x)
{
    if(x == 0) return 1;
    else return sin(x)/x;
}
void main()
{
    float s;
    s = AutoTrap(f,0,5);
    printf("T(%d) = %f\n",n,s);
}
```

运行结果为

T(4096) = 1.549 931

6.3　龙贝格算法

6.3.1　算法

$$T_{2n}=\frac{1}{2}\left(T_n+h_n\sum_{k=0}^{n-1}f(x_{k+1/2})\right)\quad\left(h_n=\frac{b-a}{n},x_{k+1/2}=a+\left(k+\frac{1}{2}\right)h_n\right)$$

$$S_n=T_{2n}+\frac{1}{3}(T_{2n}-T_n)$$

$$C_n=S_{2n}+\frac{1}{15}(S_{2n}-S_n)$$

$$R_n=C_{2n}+\frac{1}{63}(C_{2n}-C_n)$$

用事后估计法控制精度 $|R_{2n}-R_n|<\varepsilon$。

6.3.2 程序与实例

例 6.5 用龙贝格方法计算积分 $I=\int_0^1 \frac{dx}{\sqrt{1+x^3}}$。

C 语言程序如下：

```
#include<stdio.h>
#include<math.h>

float f(float x)
{
    return 1/sqrt(1+x*x*x);
}
float Romberg(float a,float b,float(*f)(float),float eps)
{
    int n=1,k;
    float h=b-a,x,temp;
    float T1,T2,S1,S2,C1,C2,R1,R2;
    T1=(b-a)/2*((*f)(a)+(*f)(b));
    while(1)
    {
        temp=0;
        for(k=0;k<=n-1;k++)
        {
            x=a+k*h+h/2;
            temp+=(*f)(x);
        }
        T2=(T1+temp*h)/2;
        if(fabs(T2-T1)<eps) return T2;
        S2=T2+(T2-T1)/3;
        if(n==1){T1=T2;S1=S2;h/=2;n*=2;continue;}
        C2=S2+(S2-S1)/15;
        if(n==2){C1=C2;T1=T2;S1=S2;h/=2;n*=2;continue;}
        R2=C2+(C2-C1)/63;
        if(n==4){R1=R2;C1=C2;T1=T2;S1=S2;h/=2;n*=2;continue;}
        if(fabs(R2-R1)<eps) return R2;
```

```
        R1 = R2;C1 = C2;T1 = T2;S1 = S2;h/ = 2;n* = 2;
    }
}

void main()
{
    float eps = 5e-6;
    printf("R = %f",Romberg(0,1,f,eps));
}
```

Matlab 程序如下：

```
function Romberg(a,b,eps)
A = zeros(4,4);A(1,1) = (b-a)/2*(f(a)+f(b));
i = 1;n = 1;
while 1
    i = i+1;
    m = 2*n+1;
    x = a:(b-a)/(2*n):b;
    A(i,1) = 1/2*(A(i-1,1)+(b-a)/n*sum(f(x(2:2:m-1))));
    if i > 4
        k = 4;
    else
        k = i;
    end
    for j = 2:k
        A(i,j) = A(i,j-1)+1/(4^(j-1)-1)*(A(i,j-1)-A(i-1,j-1));
    end
    if abs(A(i,4)-A(i-1,4)) < eps & A(i-1,4) ~= 0
        break;
    end
    n = n*2;
end
fprintf('R = %f\n',A(i,4));
function y = f(x)
y = 1./sqrt(1+x.*x*x);
```

运行结果为

R = 0.909 604

例 6.6 用龙贝格方法计算积分 $I=\int_0^5 \frac{\sin x}{x}dx$。

只要将函数 f 和 main 改为

```
float f(float x)
{
    if(x == 0)return 1;
    else return sin(x)/x;
}
void main()
{
    float eps = 5e-6;
    printf("R = %f",Romberg(0,5,f,eps));
}
```

运行结果为

R = 1.549 931

注:用龙贝格方法计算上面两积分时实际只等分了 4 次,区间分为 16 等分,得到了梯形法 $n=4\ 096$ 时的结果。

实 习 题 6

1. 编写复化柯特斯求积公式的程序,并计算例 1 和例 2,观察 n 为多少时有 6 位有效数字。

2. 用龙贝格方法上机计算:

(1) $\int_0^{0.8} e^{-x^2}dx$;

(2) $\int_0^{\frac{\pi}{2}} \sin(2\cos x)\sin^2 x dx$;

(3) $\int_0^{\frac{\pi}{2}} \frac{\sin x}{\sqrt{1-0.25\sin^2 x}}dx$。

7　常微分方程数值解法

7.1　目的与要求

(1) 熟悉求解常微分方程初值问题的有关方法和理论，主要是改进欧拉法、四阶龙格-库塔法与阿当姆斯方法；

(2) 会编制上述方法的计算程序，包括求解微分方程组的计算程序；

(3) 针对实习题编制程序，并上机计算其所需要的结果；

(4) 通过对各种求解方法的计算实习，体会各种解法的功能、优缺点及适用场合，会选取适当的求解方法。

7.2　改进欧拉方法

7.2.1　算法概要

解一阶常微分方程初值问题

$$\begin{cases} y' = f(x,y) \quad (a \leqslant x \leqslant b); \\ y(x_0) = y_0 \end{cases}$$

将区间$[a,b]$作n等分，取步长$h = \dfrac{b-a}{n}$。

欧拉公式为

$$y_{i+1} = y_i + hf(x_i, y_i)$$

梯形公式为

$$y_{i+1} = y_i + \frac{h}{2}[f(x_i, y_i) + f(x_{i+1}, y_{i+1})]$$

改进欧拉法，采用公式

$$\begin{cases} \bar{y}_{i+1} = y_i + hf(x_i, y_i), \\ y_{i+1} = y_i + \dfrac{h}{2}[f(y_i, y_i) + f(x_{i+1}, \bar{y}_{i+1})] \end{cases}$$

或表为

$$\begin{cases} y_p = y_i + hf(x_i, y_i), \\ y_c = y_i + hf(x_{i+1}, y_p), \\ y_{i+1} = \dfrac{1}{2}(y_p + y_c) \end{cases}$$

7.2.2　程序与实例

例 7.1　用改进欧拉法求初值问题

$$\begin{cases} y' = -x^2y^3 \quad (0 \leqslant x \leqslant 5); \\ y(0) = 1 \end{cases}$$

C 语言程序如下：

```
#include<stdio.h>
#define N 20
void ModEuler(float(*f)(float,float),float x0,float y0,float xn,int n)
{
    int i;
    float yp,yc,x=x0,y=y0,h=(xn-x0)/n;
    printf("x[0]=%f\ty[0]=%f\n",x,y);
    for(i=1;i<=n;i++)
    {
        yp=y+h*(*f)(x,y);
        x=x0+i*h;
        yc=y+h*(*f)(x,yp);
        y=(yp+yc)/2;
        printf("x[%d]=%f\ty[%d]=%f\n",i,x,i,y);
    }
}
float f(float x,float y)
{
    return -x*x*y*y*y;
}

void main()
{
    float xn=5,x0=0,y0=1;
    ModEuler(f,x0,y0,xn,N);
}
```

Matlab 程序如下：

```
function Heun(a,b,y0,n) % y0 为 y 的初值,n 为区间等分数
```

```
h = (b - a)/n; x = a:h:b;
y = y0 * ones(1,n+1);
for j = 2:n+1
    yp = y(j-1) + h * f(x(j-1),y(j-1));
    yc = y(j-1) + h * f(x(j),yp);
    y(j) = 1/2 * (yp + yc);
end
for k = 1:n+1
    fprintf('x[%d] = %f\ty[%d] = %f\n',k-1,x(k),k-1,y(k));
end
function z = f(xx,yy) % f为y一阶导数的函数表达式
y =- xx * xx * yy * yy * yy;
```

输出结果为

```
x[0] = 0.000 000      y[0] = 1.000 000
x[1] = 0.250 000      y[1] = 0.992 188
x[2] = 0.500 000      y[2] = 0.955 420
x[3] = 0.750 000      y[3] = 0.876 752
x[4] = 1.000 000      y[4] = 0.769 594
x[5] = 1.250 000      y[5] = 0.657 571
x[6] = 1.500 000      y[6] = 0.556 131
x[7] = 1.750 000      y[7] = 0.470 645
x[8] = 2.000 000      y[8] = 0.400 887
x[9] = 2.250 000      y[9] = 0.344 571
x[10] = 2.500 000     y[10] = 0.299 072
x[11] = 2.750 000     y[11] = 0.262 076
x[12] = 3.000 000     y[12] = 0.231 718
x[13] = 3.250 000     y[13] = 0.206 558
x[14] = 3.500 000     y[14] = 0.185 493
x[15] = 3.750 000     y[15] = 0.167 687
x[16] = 4.000 000     y[16] = 0.152 498
x[17] = 4.250 000     y[17] = 0.139 431
x[18] = 4.500 000     y[18] = 0.128 102
x[19] = 4.750 000     y[19] = 0.118 211
x[20] = 5.000 000     y[20] = 0.109 517
```

7.3 龙格-库塔方法

7.3.1 算法概要

对于初值问题：

$$\begin{cases} y' = f(x,y) \quad (a \leqslant x \leqslant b); \\ y(x_0) = y_0 \end{cases} \tag{3.1}$$

常用的是四阶龙格-库塔公式为

$$\begin{cases} y_{i+1} = y_i + \dfrac{h}{6}(k_1 + 2k_2 + 2k_3 + k_4), \\ k_1 = f(x_i, y_i), \\ k_2 = f\left(x_i + \dfrac{h}{2}, y_i + \dfrac{h}{2}k_1\right), \\ k_3 = f\left(x_i + \dfrac{h}{2}, y_i + \dfrac{h}{2}k_2\right), \\ k_4 = f(x_i + h, y_i + hk_3) \end{cases} \tag{3.2}$$

取步长为 h，由初值 y_0 出发可得未知函数 $y(x)$ 在区间$[a,b]$上各节点处的近似值。

7.3.2 程序与实例

例 7.2 用龙格-库塔方法求初值问题

$$\begin{cases} y' = -x^2 y^3 \quad (0 \leqslant x \leqslant 5); \\ y(0) = 1 \end{cases}$$

C 语言程序如下：

```
#include<stdio.h>
void Runge_Kutta(float(*f)(float x,float y),float a,float b,float y0,int N)
{
    float x = a,y = y0,K1,K2,K3,K4;
    float h = (b - a)/N;
    int i;
    printf("x[0] = %f\ty[0] = %f\n",x,y);
    for(i = 1;i <= N;i++)
    {
        K1 = (*f)(x,y);
        K2 = (*f)(x+h/2,y+h*K1/2);
```

```
        K3 = (*f)(x+h/2,y+h*K2/2);
        K4 = (*f)(x+h,y+h*K3);
        y = y+h*(K1+2*K2+2*K3+K4)/6;
        x = a+i*h;
        printf("x[%d] = %f\ty[%d] = %f\n",i,x,i,y);
    }
}

float f(float x,float y)
{
    return -x*x*y*y*y;
}

void main()
{
    float a = 0,b = 5,y0 = 1;
    Runge_Kutta(f,a,b,y0,20);
}
```

Matlab 程序如下：

```
function odeRK4(a,b,y0,n)
h = (b-a)/n;x = a:h:b;
y = y0*ones(1,n+1);
for j = 2:n+1
    k1 = f(x(j-1),y(j-1));
    k2 = f(x(j-1)+h/2,y(j-1)+h/2*k1);
    k3 = f(x(j-1)+h/2,y(j-1)+h/2*k2);
    k4 = f(x(j-1)+h,y(j-1)+h*k3);
    y(j) = y(j-1)+h/6*(k1+k4)+h/3*(k2+k3);
end
for k = 1:n+1
    fprintf('x[%d] = %f\ty[%d] = %f\n',k-1,x(k),k-1,y(k));
end
function z = f(xx,yy)
z =-xx*xx*yy*yy*yy;
```

注:对常微分方程初值问题用 4 阶龙格-库塔方法求解时,可使用语句[X Y] = ode45('fun. m',[x0,xfinal],y0) 实现,其中 fun. m 文件中放的是 y 一阶导数的函数表达式。

输出结果如下:

x[0] = 0.000 000	y[0] = 1.000 000
x[1] = 0.250 000	y[1] = 0.994 829
x[2] = 0.500 000	y[2] = 0.960 761
x[3] = 0.750 000	y[3] = 0.883 428
x[4] = 1.000 000	y[4] = 0.774 563
x[5] = 1.250 000	y[5] = 0.659 067
x[6] = 1.500 000	y[6] = 0.554 710
x[7] = 1.750 000	y[7] = 0.467 654
x[8] = 2.000 000	y[8] = 0.397 385
x[9] = 2.250 000	y[9] = 0.341 144
x[10] = 2.500 000	y[10] = 0.295 978
x[11] = 2.750 000	y[11] = 0.259 388
x[12] = 3.000 000	y[12] = 0.229 428
x[13] = 3.250 000	y[13] = 0.204 623
x[14] = 3.500 000	y[14] = 0.183 863
x[15] = 3.750 000	y[15] = 0.166 312
x[16] = 4.000 000	y[16] = 0.151 335
x[17] = 4.250 000	y[17] = 0.138 443
x[18] = 4.500 000	y[18] = 0.127 260
x[19] = 4.750 000	y[19] = 0.117 489
x[20] = 5.000 000	y[20] = 0.108 895

7.4 阿当姆斯方法

7.4.1 算法概要

阿当姆斯方法是一种线性多步法,其四阶显式公式为

$$y_{i+1} = y_i + h(55f_i - 59f_{i-1} + 37f_{i-2} - 9f_{i-3})/24 \tag{4.1}$$

四阶隐式公式为

$$y_{i+1} = y_i + h(9f_{i+1} + 19f_i - 5f_{i-1} + f_{i-2})/24 \tag{4.2}$$

公式(4.1) 和(4.2) 均具有四阶精度,将它们组成阿当姆斯预测-校正系统:

$$\begin{cases} \bar{y}_{i+1} = y_i + h(55f_i - 59f_{i-1} + 37f_{i-2} - 9f_{i-3})/24, \\ \bar{f}_{i+1} = f(x_{i+1}, \bar{y}_{i+1}), \\ y_{i+1} = y_i + h(9\bar{f}_{i+1} + 19f_i - 5f_{i-1} + f_{i-2})/24, \\ f_{i+1} = f(x_{i+1}, y_{i+1}) \end{cases} \tag{4.3}$$

这是一个四步方法,计算 y_{i+1} 时要用到 $y_i, y_{i-1}, y_{i-2}, y_{i-3}$,因此它不是自开始的,一般借助于同阶的龙格-库塔公式为其提供出发值 y_1, y_2, y_3。

7.4.2　程序与实例

例 7.3　用 4 阶阿当姆斯预测-校正方法求初值问题

$$\begin{cases} y' = -x^2 y^3 \quad (0 \leqslant x \leqslant 5); \\ y(0) = 1 \end{cases}$$

C 语言程序如下:

```
#include<stdio.h>
float f(float x,float y)
{
    return -x*x*y*y*y;
}

void Runge_Kutta(float(*f)(float x,float y),float a,float b,float y0,int N,float yy[])
{
    float x=a,y=y0,K1,K2,K3,K4;
    float h=(b-a)/N;
    int i;
    for(i=1;i<=3;i++)
    {
        K1=(*f)(x,y);
        K2=(*f)(x+h/2,y+h*K1/2);
        K3=(*f)(x+h/2,y+h*K2/2);
        K4=(*f)(x+h,y+h*K3);
        y=y+h*(K1+2*K2+2*K3+K4)/6;
        x=a+i*h;
        yy[i-1]=y;
    }
}
```

```
void Adams(float a,float b,int N,float( * f)(float x,float y),float y0)
{
    int i;
    float y1,y2,y,yp,yc,yy[3],h,x;
    printf("x[0] = %f\ty[0] = %f\n",a,y0);
    Runge_Kutta(f,a,b,y0,N,yy);
    y1 = yy[0];
    y2 = yy[1];
    y = yy[2];
    h = (b - a)/N;
    for(i = 1;i <= 3;i++)
        printf("x[%d] = %f\ty[%d] = %f\n",i,a+i*h,i,yy[i-1]);
    for(i = 3;i < N;i++)
    {
        x = a + i * h;
        yp = y + h * (55 * ( * f)(x,y) - 59 * ( * f)(x - h,y2) + 37 * (f)(x
- 2 * h,y1) - 9 * ( * f)(x - 3 * h,y0))/24;
        yc = y + h * (9 * ( * f)(x + h,yp) + 19 * ( * f)(x,y) - 5 * ( * f)(x
- h,y2) + ( * f)(x - 2 * h,y1))/24;
        printf("x[%d] = %f\ty[%d] = %f\n",i + 1,x + h,i + 1,yc);
        y0 = y1;
        y1 = y2;
        y2 = y;
        y = yc;
    }
}

void main()
{
    float a = 0,b = 5,y0 = 1;
    int N = 20;
    Adams(a,b,N,f,y0);
}
```

Matlab 程序如下：

```
function Adams(a,b,y0,n)
h = (b - a)/n; x = a:h:b;
y = y0 * ones(1,n + 1);
for j = 2:4
    k1 = f(x(j - 1),y(j - 1));
    k2 = f(x(j - 1) + h/2,y(j - 1) + h/2 * k1);
    k3 = f(x(j - 1) + h/2,y(j - 1) + h/2 * k2);
    k4 = f(x(j - 1) + h,y(j - 1) + h * k3);
    y(j) = y(j - 1) + h/6 * (k1 + k4) + h/3 * (k2 + k3);
end
for j = 5:n + 1
    yp = y(j-1) + h * ( 55 * f(x(j-1),y(j-1)) - 59 * f(x(j-2),y(j-2))
+ 37 * f(x(j - 3),y(j - 3)) - 9 * f(x(j - 4),y(j - 4)))/24;
    y(j) = y(j - 1) + h * (9 * f(x(j),yp) + 19 * f(x(j - 1),y(j - 1))
- 5 * f(x(j - 2),y(j - 2)) + f(x(j - 3),y(j - 3)))/24;
end
for k = 1:n + 1
    fprintf('x[%d] = %f\ty[%d] = %f\n',k - 1,x(k),k - 1,y(k));
end
function z = f(xx,yy)
z =- xx * xx * yy * yy * yy;
```

结果为

```
x[0] = 0.000 000     y[0] = 1.000 000
x[1] = 0.250 000     y[1] = 0.994 829
x[2] = 0.500 000     y[2] = 0.960 761
x[3] = 0.750 000     y[3] = 0.883 428
x[4] = 1.000 000     y[4] = 0.774 144
x[5] = 1.250 000     y[5] = 0.656 741
x[6] = 1.500 000     y[6] = 0.552 301
x[7] = 1.750 000     y[7] = 0.466 688
x[8] = 2.000 000     y[8] = 0.397 237
x[9] = 2.250 000     y[9] = 0.341 174
x[10] = 2.500 000    y[10] = 0.296 058
```

x[11] = 2.750 000　　y[11] = 0.259 466
x[12] = 3.000 000　　y[12] = 0.229 477
x[13] = 3.250 000　　y[13] = 0.204 650
x[14] = 3.500 000　　y[14] = 0.183 877
x[15] = 3.750 000　　y[15] = 0.166 317
x[16] = 4.000 000　　y[16] = 0.151 335
x[17] = 4.250 000　　y[17] = 0.138 441
x[18] = 4.500 000　　y[18] = 0.127 256
x[19] = 4.750 000　　y[19] = 0.117 484
x[20] = 5.000 000　　y[20] = 0.108 891

实　习　题　7

1. 分别用改进欧拉法与四阶龙格-库塔公式(取 $h = 0.1$)求解下列微分方程初值问题：

(1) $\begin{cases} y' = x^2 + y^2 & (0 \leqslant x \leqslant 1.0), \\ y(0) = 0; \end{cases}$

(2) $\begin{cases} y' = (1 + y^2)^{-1} & (0 \leqslant x \leqslant 1.0), \\ y(0) = 0; \end{cases}$

(3) $\begin{cases} y' = y - 2x/y & (0 \leqslant x \leqslant 1.0), \\ y(0) = 1。 \end{cases}$

2. 用四阶龙格-库塔公式(取 $h = 0.1$)解下列微分方程组初值问题：

(1) $\begin{cases} y_1' = 120 - 2y_1 + 2y_2 & (0 \leqslant x \leqslant 1.0), \\ y_2' = 2y_1 - 5y_2, \\ y_1(0) = y_2(0) = 0; \end{cases}$

(2) $\begin{cases} u' = x + u + v, \quad u(0) = 0 & (0 \leqslant x \leqslant 1.0), \\ v' = -x + u, \quad v(0) = 1, \\ w' = u + w, \quad w(0) = 1。 \end{cases}$

3. 用阿当姆斯方法(取 $h = 0.1$)求解下列微分方程初值问题(用四阶龙格-库塔公式提供出发值)：

(1) $\begin{cases} y' = y^2 & (0 \leqslant x \leqslant 1), \\ y(0) = 1; \end{cases}$

(2) $\begin{cases} y' = 0.1(x^3 + y^2) & (0 \leqslant x \leqslant 1), \\ y(0) = 1。 \end{cases}$

8　矩阵的特征值与特征向量的计算

8.1　目的与要求

(1) 领会求矩阵特征值及特征向量的幂法与雅可比法的理论及方法；

(2) 会编制上述两种方法的计算程序，并用来计算有关问题。

8.2　幂法

8.2.1　算法概要

幂法是求矩阵主特征值的一种迭代方法。设 $\mathbf{A}\in\mathbf{R}^{n\times n}$ 有 n 个线性无关的特征向量 $\boldsymbol{X}_1,\boldsymbol{X}_2,\cdots,\boldsymbol{X}_n$，而相应的特征值满足 $|\lambda_1|>|\lambda_2|\geqslant\cdots\geqslant|\lambda_n|$，则对任意非零初始向量 $\boldsymbol{V}_0=\boldsymbol{U}_0\neq\mathbf{0}$，按下述公式构造向量序列：

$$\begin{cases}\boldsymbol{V}_0=\boldsymbol{U}_0\neq\mathbf{0},\\ \boldsymbol{V}_k=\boldsymbol{A}\boldsymbol{U}_{k-1}, & (k=0,1,2,\cdots)\\ \boldsymbol{U}_k=\boldsymbol{V}_k/\max(\boldsymbol{V}_k)\end{cases}$$

其中 $\max(\boldsymbol{V}_k)$ 表示 $\boldsymbol{V}_k$ 中模最大的分量，并有 $\lim\limits_{k\to\infty}\boldsymbol{U}_k=\dfrac{\boldsymbol{X}_1}{\max(\boldsymbol{X}_1)}$，$\lim\limits_{k\to\infty}\max(\boldsymbol{V}_k)=\lambda_1$。

用幂法计算实对称矩阵的特征值时，可用 Rayleigh 商作加速。设 $\boldsymbol{U}_k$ 的 Rayleigh 商为 R_k，则

$$R_k=\frac{(\boldsymbol{A}\boldsymbol{U}_k,\boldsymbol{U}_k)}{(\boldsymbol{U}_k,\boldsymbol{U}_k)}=\frac{(\boldsymbol{V}_{k+1},\boldsymbol{U}_k)}{(\boldsymbol{U}_k,\boldsymbol{U}_k)}$$

$$=\frac{(\boldsymbol{A}^{k+1}\boldsymbol{U}_0,\boldsymbol{A}^k\boldsymbol{U}_0)}{(\boldsymbol{A}^k\boldsymbol{U}_0,\boldsymbol{A}^k\boldsymbol{U}_0)}=\frac{\sum\limits_{j=1}^{n}a_j^2\lambda_j^{2k+1}}{\sum\limits_{j=1}^{n}a_j^2\lambda_j^{2k}}=\lambda_1+O\left(\left(\frac{\lambda_2}{\lambda_1}\right)^{2k}\right)$$

当 $k\to\infty$ 时，R_k 将比 $\max(\boldsymbol{V}_k)$ 更快地趋于 λ_1。

8.2.2　程序与实例

例　求下面矩阵的主特征值和对应的特征向量：

(1) $\begin{bmatrix}4&2&2\\2&4&2\\2&2&4\end{bmatrix}$ （主特征值为 8，对应的特征向量为 $(1,1,1)^{\mathrm{T}}$）

C 语言程序如下：

```
#include<stdio.h>
#include<math.h>
#define N 3
#define eps 1e-6
#define KM 30
float MaxValue(float x[],int n)
{
    float Max = x[0];
    int i;
    for(i = 1;i < n;i++)
        if(fabs(x[i]) > fabs(Max)) Max = x[i];
        return Max;
}

void PowerMethod(float A[N][N])
{
    float U[N],V[N],r1,r2,temp;
    int i,j,k = 0;
    for(i = 0;i < N;i++) U[i] = 1;
    while(k < KM)
    {
        k++;
        for(i = 0;i < N;i++)
        {
            temp = 0;
            for(j = 0;j < N;j++) temp += A[i][j] * U[j];
            V[i] = temp;
        }
        temp = MaxValue(V,N);
        for(i = 0;i < N;i++) U[i] = V[i]/temp;
        if(k == 1) r1 = temp;
        else
            {
              r2 = temp;
              if(fabs(r2 - r1) < eps) break;
              r1 = r2;
            }
```

```
    }
    printf("r = %f\n",r2);
    for(i = 0;i < N;i++) printf("x[%d] = %f\n",i+1,U[i]);
}

void main()
{
    float A[N][N] = {{4,2,2},{2,4,2},{2,2,4}};
    PowerMethod(A);
}
```

Matlab 程序如下:

```
function iterMult(A,u,KM,eps) % u 为初始列向量,KM 是最大迭代次数,
                                eps 是容许误差
k = 0;r1 = 0;
while k < KM
    k = k+1;
    v = A * u;
    r2 = norm(v,Inf);
    u = v/r2;
    if(abs(r1 - r2) < eps) break;
    end
    r1 = r2;
end
if k >= KM
    fprintf('The Method is disconvergent\n');
else
    fprintf('r = %f\n',r2);
    for i = 1:length(u)
        fprintf('x[%d] = %f\n',i,u(i));
    end
end
```

注:特征值和特征向量可用语句[V D] = eig(A) 求出,其中 D 的对角线为 A 的特征值,V 为对应的特征向量。关系是 A * V = V * D.

运行结果为

r = 8.000 000

x[1] = 1.000 000
x[2] = 1.000 000
x[3] = 1.000 000

(2) $\begin{bmatrix} 2 & 1 & 0 & 0 \\ 1 & 2 & 1 & 0 \\ 0 & 1 & 2 & 1 \\ 0 & 0 & 1 & 2 \end{bmatrix}$

$\left(\text{主特征值为 } 2+\frac{\sqrt{5}+1}{2}\text{，对应的特征向量为}\left(\frac{\sqrt{5}-1}{2},1,1,\frac{\sqrt{5}-1}{2}\right)^{\mathrm{T}}\right)$

只要将程序中的 N 定义为 4，主函数改为

```
void main()
{
    float A[N][N] = {{2,1,0,0},{1,2,1,0},{0,1,2,1},{0,0,1,2}};
    PowerMethod(A);
}
```

运行结果为

r = 3.618 034
x[1] = 0.618 034
x[2] = 1.000 000
x[3] = 1.000 000
x[4] = 0.618 034

实　习　题　8

用幂法求矩阵按模最大的特征值 λ_1 及其相应的特征向量 $\boldsymbol{x}_1$，使 $|R_k - R_{k-1}| < 10^{-5}$：

$$\boldsymbol{A}=\begin{bmatrix} -1 & 2 & 1 \\ 2 & -4 & 1 \\ 1 & 1 & -6 \end{bmatrix},\quad \boldsymbol{B}=\begin{bmatrix} 5 & -4 & 1 \\ -4 & 6 & -4 \\ 1 & -4 & 7 \end{bmatrix}$$

$$\boldsymbol{C}=\begin{bmatrix} 25 & -41 & 10 & -6 \\ -41 & 68 & -17 & 10 \\ 10 & -17 & 5 & -3 \\ -6 & 10 & -3 & 2 \end{bmatrix},\quad \boldsymbol{D}=\begin{bmatrix} 4 & -2 & 7 & 3 & -1 & 8 \\ -2 & 5 & 1 & 1 & 4 & 7 \\ 7 & 1 & 7 & 2 & 3 & 5 \\ 3 & 1 & 2 & 6 & 5 & 1 \\ -1 & 4 & 3 & 5 & 3 & 2 \\ 8 & 7 & 5 & 1 & 2 & 4 \end{bmatrix}$$

实习题参考答案

实 习 题 1

1. 1.644 725,1.644 834

3. 有效的算法

$$\begin{cases} y_n = \dfrac{1}{4n} - \dfrac{1}{4} y_{n-1} \quad (n = 1, 2, \cdots, 10); \\ y_0 = \dfrac{1}{4} \ln \dfrac{5}{4} \end{cases}$$

无效的算法

$$\begin{cases} y_{n-1} = \dfrac{1}{n} - 4 y_n \quad (n = 10, 9, \cdots, 1); \\ y_{10} \approx \dfrac{3}{55} \end{cases}$$

实 习 题 2

1. (1) −0.703 467　(2) 0.567 143　(3) 1.557 146

实 习 题 3

1. (1) $x[1]=-1.333\,333$, $x[2]=2.333\,333$, $x[3]=-0.333\,333$, $x[4]=1.000\,000$
   (2) $x[1]=-7.000\,000$, $x[2]=3.000\,000$, $x[3]=2.000\,000$, $x[4]=2.000\,000$
2. $x[1]=0.521\,179$, $x[2]=1.005\,525$, $x[3]=-0.375\,691$, $x[4]=-0.259\,669$
3. (1) $x[1]=-3.252\,747$, $x[2]=1.252\,747$, $x[3]=-0.373\,626$, $x[4]=-0.087\,912$, $x[5]=0.175\,824$, $x[6]=0.175\,824$
   (2) $x[1]=1.416\,667$, $x[2]=-2.333\,333$, $x[3]=2.000\,000$, $x[4]=-2.333\,333$, $x[5]=2.000\,000$, $x[6]=3.750\,000$, $x[7]=-1.083\,333$, $x[8]=1.250\,000$
4. (1) $x[1]=1.000\,000$, $x[2]=-3.000\,000$, $x[3]=5.000\,000$, $x[4]=2.000\,000$
   (2) $x[1]=8.705\,758$, $x[2]=7.823\,032$, $x[3]=7.586\,371$, $x[4]=7.522\,453$, $x[5]=7.503\,440$, $x[6]=7.491\,306$, $x[7]=7.461\,785$, $x[8]=7.355\,835$, $x[9]=6.961\,556$, $x[10]=5.490\,389$
5. (1) $x[1]=-1.467\,391$, $x[2]=-2.358\,696$, $x[3]=0.657\,609$, $x[4]=2.842\,391$
   (2) $x[1]=-0.200\,550$, $x[2]=0.368\,393$, $x[3]=-0.731\,860$, $x[4]=-0.300\,318$, $x[5]=-0.446\,577$, $x[6]=0.399\,384$, $x[7]=0.121\,500$, $x[8]=0.151\,792$, $x[9]=-0.334\,359$

实习题 4

1. $x=-2$ 时 $y=1.375\ 000$, $x=0$ 时 $y=1.712\ 500$, $x=2.75$ 时 $y=1.395\ 874$
2. $x=0.46$ 时 $y=1.100\ 724$, $x=0.55$ 时 $y=1.141\ 271$, $x=0.60$ 时 $y=1.166\ 194$
3. 差分表为

1.301 0	0	0	0	0
1.322 2	0.021 2	0	0	0
1.342 4	0.020 2	−0.001 0	0	0
1.361 7	0.019 3	−0.000 9	0.000 1	0
1.380 2	0.018 5	−0.000 8	0.000 1	−0.000 0

当 $x=21.4$ 时 $y=1.330\ 412$

实习题 5

1. 抛物线方程为 $y=-45.333\ 297+94.230\ 200x-6.131\ 610x^2$，指数曲线方程为 $y=67.402\ 6e^{0.238\ 960x}$
2. 抛物线方程为 $y=-3.495\ 708+2.205\ 150x^2$
3. $x=0.081\ 7, y=2.283\ 6$

实习题 6

1. $c(2)=0.785\ 398, c(4)=0.785\ 398, n=4$ 时有 6 位有效数字

   $c(2)=0.946\ 083, c(4)=0.946\ 083, n=4$ 时有 6 位有效数字
2. (1) $R=0.657\ 670$

   (2) $R=0.507\ 967$

   (3) $R=1.098\ 612$

实习题 7

1. (1) 用改进欧拉法求解得

$x[0]=0.000\ 000$ $y[0]=0.000\ 000$, $x[1]=0.100\ 000$ $y[1]=0.000\ 500$
$x[2]=0.200\ 000$ $y[2]=0.003\ 000$, $x[3]=0.300\ 000$ $y[3]=0.009\ 503$
$x[4]=0.400\ 000$ $y[4]=0.022\ 025$, $x[5]=0.500\ 000$ $y[5]=0.042\ 621$
$x[6]=0.600\ 000$ $y[6]=0.073\ 442$, $x[7]=0.700\ 000$ $y[7]=0.116\ 817$
$x[8]=0.800\ 000$ $y[8]=0.175\ 396$, $x[9]=0.900\ 000$ $y[9]=0.252\ 374$
$x[10]=1.000\ 000$ $y[10]=0.351\ 830$

用四阶龙格-库塔公式求解得

$x[0]=0.000\ 000$ $y[0]=0.000\ 000$, $x[1]=0.100\ 000$ $y[1]=0.000\ 333$
$x[2]=0.200\ 000$ $y[2]=0.002\ 667$, $x[3]=0.300\ 000$ $y[3]=0.009\ 003$

$x[4]=0.400\,000$　$y[4]=0.021\,359$，　$x[5]=0.500\,000$　$y[5]=0.041\,791$

$x[6]=0.600\,000$　$y[6]=0.072\,448$，　$x[7]=0.700\,000$　$y[7]=0.115\,660$

$x[8]=0.800\,000$　$y[8]=0.174\,081$，　$x[9]=0.900\,000$　$y[9]=0.250\,908$

$x[10]=1.000\,000$　$y[10]=0.350\,234$

（2）用改进欧拉法求解得

$x[0]=0.000\,000$　$y[0]=0.000\,000$，　$x[1]=0.100\,000$　$y[1]=0.099\,505$

$x[2]=0.200\,000$　$y[2]=0.197\,119$，　$x[3]=0.300\,000$　$y[3]=0.291\,286$

$x[4]=0.400\,000$　$y[4]=0.380\,966$，　$x[5]=0.500\,000$　$y[5]=0.465\,636$

$x[6]=0.600\,000$　$y[6]=0.545\,185$，　$x[7]=0.700\,000$　$y[7]=0.619\,772$

$x[8]=0.800\,000$　$y[8]=0.689\,706$，　$x[9]=0.900\,000$　$y[9]=0.755\,359$

$x[10]=1.000\,000$　$y[10]=0.817\,120$

用四阶龙格-库塔公式求解得

$x[0]=0.000\,000$　$y[0]=0.000\,000$，　$x[1]=0.100\,000$　$y[1]=0.099\,670$

$x[2]=0.200\,000$　$y[2]=0.197\,435$，　$x[3]=0.300\,000$　$y[3]=0.291\,724$

$x[4]=0.400\,000$　$y[4]=0.381\,493$，　$x[5]=0.500\,000$　$y[5]=0.466\,220$

$x[6]=0.600\,000$　$y[6]=0.545\,802$，　$x[7]=0.700\,000$　$y[7]=0.620\,402$

$x[8]=0.800\,000$　$y[8]=0.690\,336$，　$x[9]=0.900\,000$　$y[9]=0.755\,983$

$x[10]=1.000\,000$　$y[10]=0.817\,731$

（3）用改进欧拉法求解得

$x[0]=0.000\,000$　$y[0]=1.000\,000$，　$x[1]=0.100\,000$　$y[1]=1.095\,909$

$x[2]=0.200\,000$　$y[2]=1.184\,097$，　$x[3]=0.300\,000$　$y[3]=1.266\,201$

$x[4]=0.400\,000$　$y[4]=1.343\,360$，　$x[5]=0.500\,000$　$y[5]=1.416\,402$

$x[6]=0.600\,000$　$y[6]=1.485\,956$，　$x[7]=0.700\,000$　$y[7]=1.552\,514$

$x[8]=0.800\,000$　$y[8]=1.616\,475$，　$x[9]=0.900\,000$　$y[9]=1.678\,166$

$x[10]=1.000\,000$　$y[10]=1.737\,867$

用四阶龙格-库塔公式求解得

$x[0]=0.000\,000$　$y[0]=1.000\,000$，　$x[1]=0.100\,000$　$y[1]=1.095\,446$

$x[2]=0.200\,000$　$y[2]=1.183\,217$，　$x[3]=0.300\,000$　$y[3]=1.264\,912$

$x[4]=0.400\,000$　$y[4]=1.341\,642$，　$x[5]=0.500\,000$　$y[5]=1.414\,216$

$x[6]=0.600\,000$　$y[6]=1.483\,242$，　$x[7]=0.700\,000$　$y[7]=1.549\,196$

$x[8]=0.800\,000$　$y[8]=1.612\,455$，　$x[9]=0.900\,000$　$y[9]=1.673\,325$

$x[10]=1.000\,000$　$y[10]=1.732\,056$

2. (1) $x[0]=0.000\,000$　$y1[0]=0.000\,000$　$y2[0]=0.000\,000$

$x[1]=0.100\,000$　$y1[1]=10.938\,000$　$y2[1]=0.963\,000$

$x[2]=0.200\,000$　$y1[2]=20.194\,472$　$y2[2]=3.115\,640$

$x[3]=0.300\,000$　$y1[3]=28.218\,107$　$y2[3]=5.767\,364$

$x[4]=0.400\,000$　$y1[4]=35.284\,822$　$y2[4]=8.553\,487$

$x[5]=0.500\,000$　$y1[5]=41.572\,812$　$y2[5]=11.286\,951$

$x[6] = 0.600\,000$　$y1[6] = 47.204\,054$　$y2[6] = 13.877\,027$
$x[7] = 0.700\,000$　$y1[7] = 52.267\,347$　$y2[7] = 16.284\,758$
$x[8] = 0.800\,000$　$y1[8] = 56.831\,186$　$y2[8] = 18.498\,599$
$x[9] = 0.900\,000$　$y1[9] = 60.951\,039$　$y2[9] = 20.521\,123$
$x[10] = 1.000\,000$　$y1[10] = 64.673\,520$　$y2[10] = 22.361\,814$

(2) $x[0] = 0.000\,000$　$u[0] = 0.000\,000$　$v[0] = 1.000\,000$　$w[0] = 1.000\,000$
$x[1] = 0.100\,000$　$u[1] = 0.110\,350$　$v[1] = 1.000\,342$　$w[1] = 1.109\,767$
$x[2] = 0.200\,000$　$u[2] = 0.242\,949$　$v[2] = 1.002\,810$　$w[2] = 1.243\,609$
$x[3] = 0.300\,000$　$u[3] = 0.400\,480$　$v[3] = 1.009\,761$　$w[3] = 1.406\,493$
$x[4] = 0.400\,000$　$u[4] = 0.586\,171$　$v[4] = 1.023\,843$　$w[4] = 1.604\,206$
$x[5] = 0.500\,000$　$u[5] = 0.803\,885$　$v[5] = 1.048\,061$　$w[5] = 1.843\,512$
$x[6] = 0.600\,000$　$u[6] = 1.058\,230$　$v[6] = 1.085\,839$　$w[6] = 2.132\,315$
$x[7] = 0.700\,000$　$u[7] = 1.354\,682$　$v[7] = 1.141\,108$　$w[7] = 2.479\,872$
$x[8] = 0.800\,000$　$u[8] = 1.699\,737$　$v[8] = 1.218\,393$　$w[8] = 2.897\,025$
$x[9] = 0.900\,000$　$u[9] = 2.101\,087$　$v[9] = 1.322\,928$　$w[9] = 3.396\,484$
$x[10] = 1.000\,000$　$u[10] = 2.567\,824$　$v[10] = 1.460\,785$　$w[10] = 3.993\,158$

3. (1) $x[0] = 0.000\,000$　$y[0] = 1.000\,000$,　$x[1] = 0.100\,000$　$y[1] = 1.111\,110$
$x[2] = 0.200\,000$　$y[2] = 1.249\,998$,　$x[3] = 0.300\,000$　$y[3] = 1.428\,566$
$x[4] = 0.400\,000$　$y[4] = 1.666\,676$,　$x[5] = 0.500\,000$　$y[5] = 2.000\,002$
$x[6] = 0.600\,000$　$y[6] = 2.499\,772$,　$x[7] = 0.700\,000$　$y[7] = 3.331\,135$
$x[8] = 0.800\,000$　$y[8] = 4.978\,325$,　$x[9] = 0.900\,000$　$y[9] = 9.602\,002$
$x[10] = 1.000\,000$　$y[10] = 42.004\,759$

(2) $x[0] = 0.000\,000$　$y[0] = 1.000\,000$,　$x[1] = 0.100\,000$　$y[1] = 1.010\,155$
$x[2] = 0.200\,000$　$y[2] = 1.020\,661$,　$x[3] = 0.300\,000$　$y[3] = 1.031\,628$
$x[4] = 0.400\,000$　$y[4] = 1.043\,229$,　$x[5] = 0.500\,000$　$y[5] = 1.055\,708$
$x[6] = 0.600\,000$　$y[6] = 1.069\,378$,　$x[7] = 0.700\,000$　$y[7] = 1.084\,629$
$x[8] = 0.800\,000$　$y[8] = 1.101\,928$,　$x[9] = 0.900\,000$　$y[9] = 1.121\,828$
$x[10] = 1.000\,000$　$y[10] = 1.144\,976$

实 习 题 8

矩阵 $\boldsymbol{A}$ 时，$\lambda_1 = 6.421\,042$，$x[1] = 0.046\,166$，$x[2] = 0.374\,882$，$x[3] = -1.000\,000$

矩阵 $\boldsymbol{B}$ 时，$\lambda_1 = 12.254\,321$，$x[1] = 0.674\,020$，$x[2] = -1.000\,000$，$x[3] = 0.889\,560$

矩阵 $\boldsymbol{C}$ 时，$\lambda_1 = 98.521\,698$，$x[1] = -0.603\,972$，$x[2] = 1.000\,000$，$x[3] = -0.251\,135$，$x[4] = 0.148\,953$

矩阵 $\boldsymbol{D}$ 时，$\lambda_1 = 21.305\,271$，$x[1] = 0.872\,408$，$x[2] = 0.540\,061$，$x[3] = 0.997\,350$，$x[4] = 0.564\,388$，$x[5] = 0.497\,225$，$x[6] = 1.000\,000$

参 考 文 献

[1] 孙志忠. 计算方法典型例题分析. 第 2 版. 北京：科学出版社，2005

[2] Szidarovszky F, Yakowitz S；施明光，潘仲雄译. 数值分析的原理及过程. 上海：上海科学技术文献出版社，1982

[3] 曹志浩，张玉德，李瑞遐. 矩阵计算与方程求根. 北京：人民教育出版社，1979

[4] 孙志忠，袁慰平，闻震初. 数值分析. 第 3 版. 南京：东南大学出版社，2011

[5] Atkinson K E. An Introduction to Numerical Analysis. New York：Wiley, 1978

[6] Stoer K, Bulirsch R；孙文瑜等译. 数值分析引论. 南京：南京大学出版社，1995

[7] 何旭初，苏煜诚，包雪松. 计算数学简明教程. 北京：人民教育出版社，1980

[8] 李庆扬，王能超，易大义. 数值分析. 第 5 版. 北京：清华大学出版社，2008

[9] 李岳生，黄友谦. 数值逼近. 北京：人民教育出版社，1978

[10] 孙志忠，吴宏伟，曹婉容. 数值分析全真试题解析. 第 2 版. 南京：东南大学出版社，2010

[11] 孙志忠. 计算方法与实习学习指导与习题解析. 第 2 版. 南京：东南大学出版社，2011